北方阳光系列丛书

大学计算机基础及应用

主　编　马　睿　李丽芬　王先水

副主编　邵兰洁　李　珊　丁　群　陈　宇

参　编　雷明敏　刘诗瑾　贺　真　廖伟国

　　　　屈　晓　杨知玲　程春梅

科学出版社

北　京

内 容 简 介

本书是根据教育部非计算机专业计算机基础课程教学指导分委员会最新制定的教学大纲、2013 年全国计算机等级考试调整后的考试大纲，并紧密结合高等学校非计算机专业培养目标和最新的计算机技术而编写的，本书共 7 章，主要内容包括：认识计算机、Windows 操作系统、计算机网络基础与网络信息应用、文字处理 Word 2010、数据处理 Excel 2010、演示文稿制作 PowerPoint 2010 和多媒体技术。各章均配有习题。

本书内容新颖、结构合理、语言流畅、图文并茂，突出能力培养，强调知识的实用性、完整性和可操作性。本书配套有《大学计算机基础与应用实训指导》，相关的实验内容、综合训练、常用工具软件的使用均在该书中有详细阐述。

本书可作为高等学校非计算机专业计算机基础教学用书，也可作为全国计算机等级考试一级参考用书和广大计算机爱好者的自学用书。

图书在版编目（CIP）数据

大学计算机基础及应用/马睿，李丽芬，王先水主编. —北京：科学出版社，2016

（北方阳光系列丛书）

ISBN 978-7-03-049642-3

Ⅰ. ①大… Ⅱ. ①马… ②李 ③王… Ⅲ. 电子计算机–高等学校–教材 Ⅳ. ①TP3

中国版本图书馆 CIP 数据核字（2016）第 200203 号

责任编辑：胡云志 滕亚帆 / 责任校对：贾伟娟
责任印制：徐晓晨 / 封面设计：华路天然工作室

科 学 出 版 社 出版

北京东黄城根北街 16 号
邮政编码：100717
http://www.sciencep.com

北京虎彩文化传播有限公司 印刷

科学出版社发行 各地新华书店经销

*

2016 年 8 月第 一 版 开本：787×1092 1/16
2019 年 8 月第七次印刷 印张：22
字数：521 000

定价：53.00 元

（如有印装质量问题，我社负责调换）

前　言

大学计算机基础与应用是非计算机专业高等教育的公共必修课程,旨在培养学生使用计算机解决实际问题的能力。同时,大部分学生有参加全国计算机等级考试的要求,如何将知识和技能的培养与等级考试有机地结合起来是我们一直以来都在思考的问题,本书是根据教育部高等学校大学计算机基础教学指导委员会《关于进一步加强高等学校计算机基础教学的意见暨计算机基础课程教学基本要求(试行)》,结合《2013 年全国计算机等级考试大纲》调整方案,在深入研究国内外有关大学计算机基础的教材和大量资料的基础上,结合作者科研任务及多年的教学经验编写的。

本书的特点是:①按照教育部高等学校非计算机专业计算机基础课程教学指导分委员会提出的要求编写;②教材注重基本概念、基本原理、基本应用,反映计算机的最新应用知识;③本书主要面向对象是应用型本科的非计算机类专业的学生;④注重教材,全方位建设,除教材外,还配备《大学计算机基础与应用实训指导》和电子教案。使学生学习起来方便、快捷,在快乐中学习,在快乐中获取知识。

本书以 Windows 7 和 Office 2010 为主要平台进行介绍,分 7 章,主要包括:认识计算机、Windows 操作系统、计算机网络基础与网络信息应用、文字处理 Word 2010、数据处理 Excel 2010、演示文稿制作 PowerPoint 2010 和多媒体技术。

本书配有丰富的习题和例题。习题的类型包括选择题、操作题和简答题。每章后的习题能够加深对各章内容的认识,让学生通过动手操作掌握知识。

本书由具有多年从事计算机基础课程教学经验的教师集体编写,本书中第 1 章和第 6 章由马睿编写,第 2 章和第 7 章由邵兰洁编写,第 3 章和第 4 章由李珊编写,第 5 章由李丽芬编写,附录 A 由马睿编写,全书由马睿统稿,由孙丽云和云彩霞审稿。

由于计算机技术发展很快,加上作者水平有限,书中不妥之处在所难免,恳请读者批评指正,不胜感激!

编　者

2016 年 5 月于北京

目　　录

第1章 认识计算机

计算机是一种能够自动、快捷、准确地实现信息存放、数值计算、数据处理、过程控制等多种功能的电子设备，其基本功能是进行数字化信息处理。随着计算机技术的不断发展，计算机应用非常广泛，目前已渗透到社会的各个领域，涉及工业、农业、科技、军事、文教、卫生、家庭生活等领域。计算机已成为当代社会人们分析问题、解决问题的重要工具。运用计算机的能力是现代人文化素质的重要标志之一。

本章内容主要包括：

（1）计算机的发展概述。

（2）计算机的应用领域。

（3）计算机系统的工作原理。

（4）计算机硬件系统和软件系统。

（5）计算机中的数据表示和常用编码形式。

1.1 计算机的发展和分类

电子计算机（electronic computer）俗称电脑，诞生于 20 世纪 40 年代，是一种能够在其内部指令控制下运行，并能够自动、高速而准确地对信息进行处理的现代化电子设备。它通过输入设备接收字符、数字、声音、图片和动画等数据，通过中央处理器（CPU）进行计算、统计、文档编辑、图形图像处理和逻辑判断等数据处理，通过输出设备以文档、声音、图片或各种控制信号的形式输出处理结果，通过存储器将数据、处理结果和程序存储起来以备后用。

1.1.1 计算机的产生和发展

1. 世界上第一台计算机 ENIAC

20 世纪初，电子技术得到了迅猛发展，这为第一台电子计算机的诞生奠定了基础。1943 年，由于军事上弹道计算问题的需要，美国军械部与宾夕法尼亚大学合作研制电子计算机。1946 年 2 月 15 日，世界上第一台电子数字积分计算机（electronic numerical integrator and calculator，ENIAC）在美国宾夕法尼亚大学研制成功，如图 1-1 所示。该机重量达 30t，体积约为 90m³，占地 170m²，使用了 18800 个电子管，1500 个继电器，10000 只电容，70000 个电阻及其他电气元件，耗电量 140kW·h，运算速度为每秒 5000 次加法或 400 次乘法。正是这个原始而粗糙的"庞然大物"，成为了计算机发展史上的一座丰碑，是人类在探索计算技术历程中到达的一个新高度。

图 1-1　世界上第一台计算机 ENIAC

2. 计算机发展的四个时代

在电子计算机问世以后的短短几十年发展历史中，它所采用的电子元器件经历了电子管时代、晶体管时代、小规模集成电路时代、大规模和超大规模集成电路时代。按所使用的主要元器件来划分，电子计算机的发展主要经历了 4 个阶段。

（1）第一代计算机（1946～1958 年）电子管时代。

第一代计算机使用电子管作为计算机的逻辑元件。内存为磁鼓，外存为磁带，机器的总体结构以运算器为中心，使用机器语言或汇编语言编程，运算速度为几千次每秒。这一时期的计算机运算速度慢，体积较大，重量较重，价格较高，应用范围小，主要应用于科学和工程计算。

（2）第二代计算机（1959～1964 年）晶体管时代。

第二代计算机的标志是晶体管代替电子管。点触型晶体管是在 1947 年由贝尔实验室的布拉顿和巴丁发明，面结型晶体管是在 1950 年由肖克利发明。第一台晶体管计算机 TRADIC 于 1955 年由贝尔实验室研制成功。它装有 800 只晶体管，功率仅 100W，占地 0.85m^2。晶体管计算机具有体积小、成本低、功能强、耗电少、可靠性高等优点。

当晶体管作为产品进入市场后三年，IBM 公司推出了晶体管化的 IBM7090 型计算机，它的运算速度达到每秒 10 万次以上，运算速度提高了两个数量级，它还采用了快速磁芯存储器，主存储器的容量达到 10 万字节以上。IBM7090 型计算机从 1960～1964 年一直统治着科学计算领域，是第二代计算机的典型代表。

在软件方面，出现了高级程序设计语言，用"操作系统"软件对整个计算机的资源进行管理，提高了计算机的使用效率，计算机的应用从单一的计算发展到了工程设计、数据处理、事务处理和过程控制。

（3）第三代计算机（1965～1970 年）小规模集成电路时代。

随着电子制造业的发展，1958 年美国物理学家基尔比和诺伊斯同时发明集成电路（integrated circuit，IC），在几平方毫米的单晶体硅片上集成几十个甚至几百个晶体管逻辑电路。第三代计算机的特点是可靠性更高、计算速度更快。软件方面，操作系统进一步完善，高级语言数量增多，出现了并行处理、多处理机、虚拟存储系统以及面向用户的应用软件。1965 年开发出的 BASIC 语言，使计算机的应用得到了很大的普及。Intel 公司在 1969 年开发出了世界上第一个微处理器 Intel 14004。第三代计算机的代表是 IBM 公司 1964 年研制出的 IBMS/360 系列计算机。

（4）第四代计算机（1971 年至今）大规模、超大规模集成电路时代。

随着半导体技术的发展，集成度越来越高，大规模集成电路（large scale integrated circuit，LSI）和超大规模集成电路（very large scale integrated circuit，VLSI）在一个晶片上集成了几千万甚至上亿个晶体管，进一步提高了计算的速度和可靠性。这一时期的计算机无论是在体系结构方面还是在软件技术方面都有了较大的提高，并行处理、多机系统、计算机网络都快速发展，软件更加丰富。计算机的应用范围急剧扩大，广泛应用于数据处理、工业控制、辅助设计、图像识别、语言识别等方面，渗透到人类社会的各个领域包括进入了家庭。

第四代计算机的特点是：采用半导体主存储器，普遍使用了微处理器，使用操作系统，应用软件蓬勃发展。

1.1.2 计算机的发展趋势

以超大规模集成电路为基础，未来的计算机朝着巨型化、微型化、智能化、网络化和多媒体化的方向发展。

1. 巨型化

随着科学和技术的不断发展，在一些科技尖端领域，要求计算机有更高的速度、更大的存储容量和更高的可靠性，从而促使计算机向巨型化方向发展。

2. 微型化

随着计算机应用领域的不断扩大，对计算机的要求也越来越高，人们要求计算机体积更小、重量更轻、价格更低，能够应用于各种领域、各种场合。为了迎合这种需求，出现了各种笔记本计算机和掌上型计算机等，这些都是在向微型化方向发展。

3. 智能化

尽管人们有时把微型计算机叫做电脑，其实它并没有人脑的智慧。人们期待计算机能像人一样学习，能够获取新的知识，则其效率就会不断提高。为了这个梦想，人们努力探索，开发出像人脑一样有智慧的计算机。目前，智能计算机的研发已经取得了一些成果，在人工智能、知识库、知识推理、知识获取等方面都有了很大进展。

研制智能计算机的任务主要是知识的获取、知识的表示、知识库建立以及知识推理等。

4. 网络化

网络化是指把计算机组成更广泛的网络，以实现资源共享和信息交换。

5. 多媒体化

多媒体技术是 20 世纪 80 年代中后期兴起的一门跨学科的新技术。采用这种技术，可以使计算机具有处理图、文、声、像等多种媒体的能力（即成为多媒体计算机），从而使计算机的功能更加完善，并提高了计算机的应用能力。当前全世界已形成一股开发应用多媒体技术的热潮。

1.1.3　计算机的分类

根据计算机的主要性能（如字长、存储容量、运算速度、规模和价格）将计算机分为巨型机、大型机、小型机、微型机和工作站等。

1. 巨型机

巨型机是计算机中性能最高、功能最强、具有巨大数值计算能力和数据信息处理能力的计算机。它的特点是运算速度快，可达几百亿次每秒，存储容量大，结构复杂，价格昂贵。巨型机从技术方面来看，一方面是开发高性能器件，缩短时钟周期，提高单机性能，另一方面是采用多处理器结构，提高整机性能。

巨型机在国防尖端领域中有着广泛的应用。在一些数据量极大的应用领域中，如核武器、反导弹武器、空间技术和大范围天气预报等，要求计算机具有很高的运算速度和很大的存储容量，必须使用巨型机。

巨型机的生产和研制具有很高要求，是衡量一个国家经济实力和科技水平的重要标志。我国自行研制的银河系列巨型机的运算速度已达每秒百亿次，从而成为世界上能研制巨型机的少数国家之一。

2. 大型机

大型机又称为大型通用机。它具有大型、通用、综合处理能力强、性能覆盖面广等特点。主要应用于大公司、银行、政府部门和制造企业等大型机构中，是事务处理、商业处理、信息管理的主要工具，是大型数据库和数据通信的主要支柱。例如，IBM 公司的 OS360 是早期大型计算机的代表产品。

3. 小型机

小型机具有体积小、价格低、性能价格比高、易于操作和维护等优点，可广泛应用于工业控制、数据采集、分析计算、企业管理以及大学和研究所的科学计算中，也可用作巨型机或大型机系统的辅助机。DEC 公司的 PDP-11 系列是 16 位小型机的早期代表。

4. 微型机

微型机简称微机，是当今世界上使用最广泛、产量最大的一类计算机。从 1971 年 Intel 公司成功地在一枚芯片上实现了中央处理器的功能，研制出世界上第一片微处理器 MPU 以来，微型机的性能迅速提高。在过去的几十年中，微处理器芯片平均每两年集成度增加一倍，处理速度提高一倍，价格却降低一半。随着芯片性能的提高，许多功能如虚拟存储、高速缓存等都从小型机或大型机移植到微型机，从而使现在的微机具有了以前大型机才能实现的功能。

5. 工作站

工作站是介于微型机和小型机之间的一种高档微机系统。工作站的特点是易于联网、有较大容量内存，具有较强的网络通信功能和图形处理功能，在工程领域中的计算机辅助设计上得到了迅速推广。Sun、HP 和 SGI 等公司都是著名的工作站厂商。

1.1.4　计算机的应用领域

计算机的应用已渗透到社会的各个领域，正在改变着人们的工作、学习和生活的方式，推动着社会的发展。归纳起来可分为以下几个方面。

1. 科学计算

科学计算又称为数值计算。计算机最早是为解决科学研究和工程设计中遇到的大量数学问题的数值计算而研制的计算工具。随着现代科学技术的进一步发展，数值计算在现代科学研究中的地位不断提高，在尖端科学领域中，显得尤为重要。例如，人造卫星轨迹的计算、房屋抗震强度的计算以及火箭、宇宙飞船的研究设计等，都离不开计算机的精确计算。计算机已应用到工业、农业以及人类社会的各领域中。

2. 信息处理

信息处理也称为数据处理。使用计算机可对大量的数据进行分类、排序、合并、统计等加工处理。信息处理已经超过科学计算，成为最大的计算机应用领域。统计资料显示，世界上 80%左右的计算机主要用于信息处理。从财务管理、情报检索、市场预测到经营决策、生产管理、人事管理等，无不与信息处理有关。

3. 过程控制

生产过程的自动控制、实时控制是计算机应用中的又一广泛领域。其特点是反应灵敏、反应速度快、控制的精确度高。若用于生产过程控制，则能显著提高生产的安全性和自动化水平，提高产品质量，降低成本，减轻劳动强度。常见的应用领域有军事指挥、交通管理以及冶金、电力、机械、化工等部门。

4. 辅助系统

（1）计算机辅助设计（computer aided design，CAD）。利用计算机，各类设计人员直接在屏幕上绘图，加快设计速度，提高绘图的质量与精度。目前 CAD 技术已应用于飞机设计、船舶设计、建筑设计、机械设计、大规模集成电路设计等。

（2）计算机辅助制造（computer aided manufacturing，CAM）。利用计算机系统进行生产设备的管理、控制和操作的过程。例如，在产品的制造过程中，用计算机控制机器的运行，处理生产过程中所需的数据，控制材料的流动，以提高产品的质量，降低成本，缩短生产周期。数控机床是 CAM 的一个典型应用。

（3）计算机辅助教学（computer aided instruction，CAI）。利用计算机来辅助完成教学计划或模拟某个实验过程。计算机可按不同要求，以不同方式呈现所需教材内容，还可以进行个别教学，及时指出该学生在学习中出现的错误，根据计算机对该生的测试成绩决定该生的学习从一个阶段进入另一个阶段。CAI 不仅能减轻教师的负担，还能激发学生的学习兴趣，提高教学质量，为培养现代化高质量人才提供了有效方法。

5. 人工智能

人工智能（artificial intelligence，AI）是计算机应用的一个前沿领域，是用计算机来模拟人的某些智能活动，使其具有学习、判断、理解、推理、问题求解等功能。AI 的研究方向主要有模式识别、自然语言理解、知识表达、专家系统、机器人、智能检索等。现在 AI 的研究已取得不少成果，有些已开始走向实用阶段。例如，能模拟高水平医学专家进行疾病诊疗的专家系统，具有一定"思维"能力的机器人等。

6. 网络与通信

计算机技术与现代通信技术的结合构成了计算机网络。利用计算机网络，实现不同地区计算机之间的软、硬件资源共享，可以大大促进和发展地区间、国际间的通信和数据的传输及处理。现代计算机的应用已离不开计算机网络。例如，银行服务系统、交通（航空、车、船）订票系统、电子商务（EC）、公用信息通信网、大企业管理信息系统都建立在计算机网络基础上。人们可以通过因特网（Internet）接收和传送电子邮件、查阅网上各种信息等。

1.2　计算机的组成

一个完整的计算机系统是由硬件系统和软件系统两部分组成的，如图 1-2 所示。

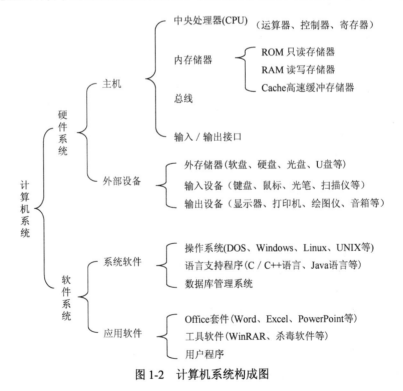

图 1-2　计算机系统构成图

　　计算机硬件系统是组成计算机的各种物理设备，它们是构成计算机看得见、摸得着的物理实体的总称，是计算机的"躯体"。它包括主机和外部设备等。软件系统是能在计算机硬件系统上运行的程序和各种文档的集合，是计算机的"灵魂"。

　　没有任何软件支持的计算机称为裸机。裸机本身几乎不能完成任何工作。同样，离开了硬件系统，再好的软件也无法工作。所以软件系统与硬件系统二者相辅相成、缺一不可。

1.2.1　计算机硬件系统的组成

　　现在我们所使用的计算机硬件系统的结构一直沿用了美籍匈牙利科学家约翰·冯·诺依曼（John von Neumann）提出的模型，它由运算器、控制器、存储器、输入设备及输出设备五大部件组成。

　　这五大部分通过系统总线完成指令所传达的操作。当计算机在接受指令后，由控制器指挥，将数据从输入设备传送到存储器存放，再由控制器将需要参加运算的数据传送到运算器，由运算器进行处理，处理后的结果由输出设备输出，其过程如图 1-3 所示。

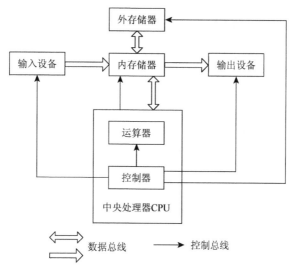

图 1-3　计算机硬件系统基本结构

1. 运算器

　　运算器又称算术逻辑单元（arithmetic logic unit，ALU），是用来进行二进制算术运算和逻辑运算的部件，是计算机对信息进行加工的场所。计算机所进行的各种运算都是转换为加法和移位这两种基本操作来进行的，因此运算器的核心功能单元是加法器。除此之外，还有用来临时存放数据的寄存器（register）等。

2. 控制器

　　控制器（control unit，CU）是整个计算机系统的控制中心，它指挥计算机各部分协调地工作，保证计算机按照预先规定的目标和步骤有条不紊地进行操作及处理。

控制器负责从存储器中逐条取出指令，分析每条指令规定的是什么操作以及所需数据的存放位置等，然后根据分析的结果向计算机其他部分发出控制信号，统一指挥整个计算机执行指令所规定的操作，完成一条指令后再取下一条指令并执行该指令。因此控制器的基本任务就是不停地取指令和执行指令。

运算器和控制器是按逻辑功能来划分的，实际上在计算机中，它们是结合在一起的一个集成电路块，这个集成电路块称为中央处理器。

中央处理器（central processing unit，CPU）是计算机硬件系统的核心，是计算机的心脏，如图 1-4 所示。CPU 品质的高低直接决定了计算机系统的档次。能够处理的数据位数是 CPU 的一个最重要的品质标志。人们通常所说的 32 位机、64 位机即指 CPU 可同时处理长度为 32 位、64 位的二进制数据。字长越长，其性能越强。

图 1-4　CPU 外观

3. 存储器

存储器（memory unit）是计算机系统中的记忆设备，用来存放程序、数据、运算结果等需要保存的信息，是计算机系统中的一个非常重要的组成部分。按照存储器与中央处理器的关系，可以把存储器分为内部存储器（简称主存）和外部存储器（简称辅存）两大类。

1）内部存储器

内部存储器是计算机主机的组成部分，也称内存或主存。用来存储当前运行的程序及所需要的数据，CPU 可以直接访问内存并与其交换信息，外形如图 1-5 所示。相对外部存储器，内存的存储容量小、存取速度快。由于 CPU 要频繁地访问内存，所以内存的性能在很大程度上影响了整个计算机系统的性能。

图 1-5　内存条外观

内存包括随机存储器(random access memory,RAM)和只读存储器(read only memory, ROM)两种。

(1)随机存储器是可读可写的存储器,CPU 可以对 RAM 单元的内容随机地进行读写访问,并且对任何一个单元的读出和写入的时间是一样的,即存取时间相同,与存储单元在存储器中所处的位置无关。RAM 读写方便,使用灵活,但断电后信息会丢失。随机存储器又可分为静态随机存储器(SRAM)和动态随机存储器(DRAM)。静态 RAM 的存储单元电路是利用触发器来保存信息,速度快,价格贵,高速缓冲存储器一般采用高速的SRAM 制作。动态 RAM 的存储单元是依靠 MOS 电路中的栅极电容来存储信息的,虽然栅极电容上的电荷能保存一段时间,但是经过一段时间后仍然会被泄放掉,因此每隔一定时间必须向栅极电容补充一次电荷,这个过程称为"刷新"。所以称为动态存储器。动态 RAM 比静态 RAM 的价格低,但速度也较慢,主要用作主存。

(2)只读存储器可以看作 RAM 的一种特殊形式,其特点是:存储器的内容只能随机读出,而不能写入。这类存储器用来存放那些不需要改变的信息。由于信息一旦写入存储器就固定不变,即使断电信息也不会丢失,所以也称为固定存储器。通常用它存放某些系统程序,还用来存放专门的子程序,或用作函数发生器、字符发生器及微程序控制器中的控制存储器。有些 ROM 在特定条件下用特殊的装置或者特殊程序可以重新写入。只读存储器又可分为掩模只读存储器(MROM)、可编程一次写入只读存储器(PROM)、可编程可擦除只读存储器(EPROM)、可编程可电擦除只读存储器(EEPROM)、闪速存储器(Flash Memory)等。

2)外部存储器

外部存储器也称作辅助存储器,简称外存或者辅存。外存用于存放当前不参加运行的程序和数据,以及一些需要永久保存的信息。外存的存储容量大,但存取速度相对较慢,且 CPU 不能直接访问它,而是必须通过专门的设备才能对它进行读写(如磁盘驱动器等),这是它与内存之间一个本质的区别。

常用的外存有硬盘、光盘存储器和 U 盘等。

(1)硬盘。

硬盘具有容量大、价格低、可脱机保存信息等特点,是最常用、最主要的外部存储器。作为主存的后援设备,其容量、性能对计算机系统整体性能也有很大的影响。

硬盘上的所有信息都存储在磁道中,磁道是磁盘盘片表面上不同周长的同心圆,从零开始排序,零磁道位于盘片的最外沿,向内靠近圆心依次递增。读写磁头沿半径方向移动进行读写数据的操作。

影响硬盘性能的主要因素有以下几个方面。

①寻道时间:是指硬盘读写磁头在磁盘上不同磁道间搜寻数据所花费的时间,是描述硬盘性能的关键指标之一。

②高速缓存容量:内存的速度要比硬盘快很多,所以通常内存要花费大量的时间去等待硬盘读出数据,从而也使 CPU 效率降低。于是,人们采用了高速缓冲存储器(又叫高速缓存)技术来解决这个矛盾。从硬盘读取数据时,硬盘会将读取的资料先存入缓冲区,等全部读完或缓冲区填满后再以接口速率快速向主机发送;在对硬盘进行写入操作时,也

是先将数据写入缓冲区再发送到磁头，等磁头写入完毕后再报告主机写入完毕。硬盘上的缓存容量越大越好，大容量的缓存对提高硬盘速度很有好处，不过提高缓存容量就意味着成本上升。目前市面上的硬盘缓存容量通常为 4～32MB。

③主轴电机转速：是决定硬盘内部传输率的决定因素之一，它的快慢在很大程度上决定了硬盘的速度，同时也是区别硬盘档次的重要标志。如今 IDE 硬盘的转速多为 5400r/min（每分钟的转速）与 7200r/min，从目前的情况来看，7200r/min 硬盘是市场的主流。

④随机存取时间：存取时间是反映硬盘整体性能的最有说服力的指标。不过它是由硬盘中的很多随机性能指标共同作用的参数。最常用的定义是：存取时间=命令预执行时间+寻道时间+存取操作时间+潜伏时间。

⑤接口：硬盘接口是硬盘与主机系统之间的连接部件，作用是在硬盘缓存和主机内存之间传输数据。不同的硬盘接口决定着硬盘与计算机之间的连接速度，在整个系统中，硬盘接口的优劣直接影响着程序运行快慢和系统性能好坏。从整体的角度上，硬盘接口分为 IDE、SATA、SCSI 和光纤通道四种，IDE 接口硬盘又称为并口硬盘，在早期多用于家用产品中，也有部分应用于服务器中，SATA 接口硬盘又称为串口硬盘，是目前在家用市场中较为流行使用的硬盘接口类型，有着广泛的前景，SCSI 接口硬盘则主要应用于服务器市场，而光纤通道只在高端服务器上应用，价格昂贵。

目前的硬盘有两种：固定式硬盘和移动式硬盘。所谓固定式硬盘就是固定在主机箱内，当容量不足时，可根据需要再扩充另一个硬盘，如图 1-6 所示。而移动式硬盘可以轻松传输、携带、分享和存储资料，可以在笔记本和台式机之间，办公室、学校、网吧和家庭之间实现数据的传输，是私人资料保存的最佳工具。同时它还具有写保护、无驱动、无需外接电源、高速读写、支持大容量硬盘等特点，如图 1-7 所示。

图 1-6　固定式硬盘

图 1-7　移动式硬盘

（2）光盘存储器。

光盘存储器由光盘和光盘驱动器组成。光盘驱动器分为只读型和可擦写型两种，由于只读光盘的成本低，所以，目前使用最多的是只读光盘（CD-ROM）。但随着可擦写光盘成本的逐步降低，可擦写光盘的使用率正在上升。

光盘存储器的最大特点是存储容量大且价格便宜，是目前广泛使用的辅助存储器。

（3）U 盘。

U 盘全称为 USB 闪存驱动器，英文名"USB Flash Disk"。它是一种使用 USB 接口的无需物理驱动器的微型高容量移动存储产品，通过 USB 接口与计算机连接，实现即插即用。它具有小巧、轻便、即插即用、支持热插拔；可具有写保护开关，用来防止误删除重要数据；无需安装设备驱动，抗震，数米以上自由落体的碰撞也能保证安全；持久存储数据，耐用，可重复擦写 100 万次以上等特点。

在计算机系统中，我们希望存储器的容量尽量大、速度足够快、价格又不算太高，但是存储器容量的大小、速度的快慢、价格的高低三者之间是相互矛盾、相互制约的，无法达到最优状态。例如，光盘、硬盘的容量大，但存取速度低；内存储器速度快，但容量有限，价格也较贵。为了满足对存储器速度、容量和价格的要求，计算机采用多级存储体系结构，如图 1-8 所示。

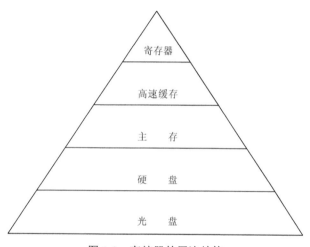

图 1-8　存储器的层次结构

图 1-8 中由上至下，价位越来越低，速度越来越慢，容量越来越大，CPU 访问的频度也越来越少。最上层的寄存器通常都制作在 CPU 芯片的内部，寄存器中的数值直接参与 CPU 的运算。它们的速度最快、价位最高、容量最小。主存用来存放将要参与运行的程序和数据，其速度与 CPU 速度差距较大。为了使它们之间速度更好地匹配，在主存与 CPU 之间插入了一种比主存速度更快、容量较小的高速缓冲存储器 Cache。第四、五层是辅助存储器，其容量比主存大得多，大都用来存放暂时未用到的程序和数据文件。辅助存储器的速度要比主存慢得多，CPU 不能直接访问辅存，辅助存储器只能与主存储器交换信息。辅助存储器的价位是最低廉的。

4. 输入设备

输入设备是计算机接收外来信息的设备，人们用它来输入程序、数据和命令。在传送过程中，它先把各种信息转化为计算机所能识别的电信号，然后传入计算机。常用的输入装置有键盘、鼠标、扫描仪、光笔、条形码读入器等。不同的输入设备其性能差别很大，输入设备与主机通过一个称为"接口电路"的部件相连，实现信息交换。

（1）键盘。

键盘是最常用、最基本的输入设备。用户在使用计算机时，各种命令、数据和程序都可以通过键盘输入到计算机内部。

键盘的类型很多，如 104 键键盘、多媒体键盘、手写键盘、人体工学键盘和红外遥感键盘，我们通常使用的 Windows 键盘是 104 键键盘，如图 1-9 所示。整个键盘分为五个区域：功能键区、主键盘区、编辑键区、小键盘区、状态指示区。

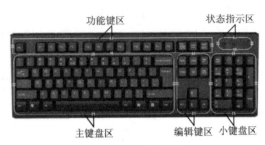

图 1-9　104 键键盘

其中功能键区是键盘上方第一排，包括 Esc 键、F1～F12 键等。主键盘区在中间区域，包括数字键 0～9，字母键 A～Z 及部分符号键和一些特殊功能键。编辑键区位于主键盘区右边。小键盘区在键盘右侧。状态指示区位于键盘右上角，由三只指示灯组成。以下重点介绍下面键区的功能。

①字母键。

标准计算机键盘有 26 个字母键。在字母键位上，每个键可输入大、小写两种字母，大、小写的转换可用上档键（Shift 键）或大小写字母转换键（Caps Lock 键）来实现。

②数字键和符号键。

数字键和符号键位于字母键的上方和字母键的右侧。每个键面上都有上、下两个字符，也称双字符键，上面的符号称为上档字符（如（、）、*、&、%等），下面的字符称为下档符号，包括数字和一些符号（如−、=等）。

③空格键。

空格键位于主键盘区的最下方，是一个空白长条键。按此键有空白字符键入，也就是每按空格键一次光标就向右面移动一个位置。

④大小写字母转换键（Caps Lock 键）。

大小写字母转换键（Caps Lock 键）是一个开关键，用来转换字母大小写状态。

（a）如果 Caps Lock 指示灯发亮，则键盘处于大写字母锁定状态，若这时直接按下字母键，则输入为大写字母；如果按住上档键（Shift 键）的同时，再按字母键，输入的反而是小写字母。

（b）如果 Caps Lock 指示灯不亮，则大写字母锁定状态被取消。若这时直接按下字母键，则输入为小写字母；如果按住上档键（Shift 键）的同时，再按字母键，则输入的是大写字母。

⑤上档键（Shift 键）。

一般情况上档键（Shift 键）在主键盘区左下角和右下角各有一个，两个键实际上相当于一个，无论按哪个，都将产生同样的效果。上档键的功能主要有两个，一是按住此键再按双字符键即可输入双字符键的上档的字符，例如，要输入字符"2"，直接按数字键"2"即可，如果要输入字符"@"，则需先按住上档键（Shift 键），再按数字键"2"，这时字符"@"即出现在文档中；二是按住此键再按字母键即可取与当前所处状态相反的大写或小写形式。

⑥回车键（Enter 键）。

回车键（Enter 键）也有两个，一个位于主键盘区的右边，一个在小数字键盘的右下角。一般情况下，当用户向计算机输入命令后，计算机并不马上执行，直到按下此键才去执行，所以也称为执行键。在输入信息时，按此键光标将换到下一行开头，所以又称为换行键。

⑦Esc 键。

Esc 键位于键盘的最左上角，一般起退出或取消作用，在不同的环境有不同用途。

⑧退格键（Backspace 或←）。

退格键位于主键盘区的右上角。每按一次该键，将删除当前光标位置的前一个字符。

⑨控制键（Ctrl 键）。

控制键（Ctrl 键）在主键盘区左下角和右下角，两边各有一个，其作用相同。该键必须和其他键配合才能实现各种功能，这些功能是在操作系统或其他应用软件中进行设定的。

⑩转换键（Alt 键）。

转换键（Alt 键）同样在主键盘区左下角和右下角，两边各有一个，其作用相同。该键要与其他键配合起来才能完成某种功能。

⑪数字输入锁定换键（Num Lock 键）。

数字输入锁定换键（Num Lock 键）是一个开关键，它是用小数字键盘进行输入时，数字输入和编辑控制状态之间的切换键。在它正上方的 Num Lock 指示灯就是指示当前小数字键盘所处的状态的，当指示灯亮着的时候，表示小数字键盘区正处于数字输入状态，反之则正处于编辑控制状态。

⑫删除键（Delete 或 Del）。

删除键（Delete 或 Del）位于编辑键区，该键的主要功能是删除光标右侧的一个字符或删除被选择的选择项目。例如，选中一个文件，按下该键文件将会被删除，即被放入回收站。

（2）鼠标。

鼠标也是一种重要的输入设置。它是计算机不可缺少的部件之一，特别是在图形环境和视窗环境下，鼠标发挥着键盘不可替代的作用。

（3）其他输入设备。

除了以上两种主要的输入设备，还有扫描仪、触摸屏、手写笔、条码阅读器、声音（麦克风）和图像（数码相机、摄像头）输入设备等。

扫描仪是一种将图形、图像、文本从外部输入到计算机中的输入设备。如果是文本文件，扫描后还可以用文字识别软件进行识别并转换成 TXT 文件保存起来。

条形码是一种用线条和线条间的间隔表示数据的条形符号,条码阅读器通过光学扫描将条形码符号转换为相应的数字保存到计算机中。

5. 输出设备

输出设备是用来输出信息的部件。输出设备把计算机加工处理的结果(仍然是数字形式的编码)变换为人或其他设备所能接收和识别的信息形式,如文字、数字、图形、声音、电压等。常用的输出设备有显示器、音箱、打印机、绘图仪等。

(1)显示器。

显示器是微型计算机不可缺少的输出设备。按照工作原理可以将显示器分为三类:阴极射线管(CRT)显示器、液晶显示器(LCD)、等离子显示器(PDP)。目前微机以 CRT 和 LCD 彩色显示器为主,如图 1-10 和图 1-11 所示。

图 1-10　CRT 显示器　　　　　　　　　图 1-11　LCD

显示器的显示方式是由显卡来控制的。显卡标准有 MDA、CGA、EGA、VGA 和 AVGA 等,目前常用的是 VGA 标准。显卡一般由以下几个部分组成:显卡主芯片、显存、显示 BIOS、数模转换部分和总线接口。

(2)打印机。

打印机是将计算机中的文字信息或图像信息输出到纸质介质的设备。打印机按工作原理可分为击打式打印机和非击打式打印机两类。目前家庭、办公领域常用的喷墨打印机就属于非击打式打印机的一种。

6. 总线结构

微型计算机是由若干系统功能部件构成的,这些系统功能部件协同工作才能形成一个完整的计算机系统。微型计算机系统大都采用总线结构,这种结构的特点是采用一组公共的信号线作为微型计算机各部件之间的通信线,这组公共信号线称为总线。组成微型计算机的各部件之间、微型计算机系统之间,都有各自的总线。这些总线把各部件联系起来,组成一个能够传递信息和对信息进行处理的整体。因此,总线作为各部件联系的纽带,在接口技术中起着非常重要的作用。

典型的微型计算机系统结构如图 1-12 所示，通常多采用单总线结构，一般按传送信息的类别将总线分为地址总线（address bus，AB）、数据总线（data bus，DB）和控制总线（control bus，CB）。地址总线用于传送存储器地址码或输入输出设备地址码；数据总线用于传送指令和数据；控制总线用于传送各种控制信号。

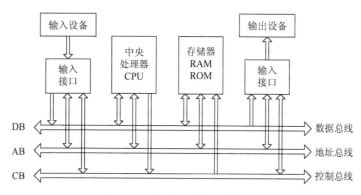

图 1-12　微型计算机结构框架

1.2.2　计算机软件系统

所谓软件是指能指挥计算机工作的程序和程序运行时所需的数据，以及与这些程序与数据有关的文字说明和图表资料。其中文字说明和图表资料又称为文档。软件是计算机在日常工作时不可缺少的。它可以扩大计算机的功能和提高计算机的工作效率，是计算机系统的重要组成部分。根据所起的作用不同，计算机软件可分为系统软件和应用软件两大类，如图 1-13 所示。系统软件是计算机中直接服务于计算机系统的，由计算机厂商或专业软

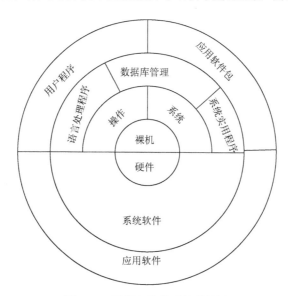

图 1-13　计算机软件系统结构图

件开发商提供的，为释放硬件潜能、方便使用而配备的软件。它包括操作系统、程序语言处理系统、编译和解释系统、数据库管理系统以及系统实用程序等。系统软件处于硬件和应用软件之间，具有计算机各种应用所需的通用功能，是支持应用软件的平台。而应用软件则是用户为解决实际问题开发的专门程序。如财务管理软件包、计算机辅助制造（CAD/CAM）软件等。

1. 系统软件

系统软件能够调度、监控和维护计算机资源，扩充计算机功能，提高计算机效率。系统软件是用户和裸机的接口，主要包括操作系统、语言处理系统、数据库管理系统等。

（1）操作系统。

操作系统（operating system，OS）是最基本的系统软件，是计算机系统本身能有效工作的必备软件。它主要的任务是控制和管理计算机系统中的硬件及软件资源，合理组织计算机的工作流程，为用户使用计算机提供方便，另外，是用户与计算机之间的唯一接口。

操作系统在计算机系统中占有特殊重要的地位。计算机系统的硬件是在操作系统的控制下工作的，所有其他系统软件和大量的应用软件，都是建立在操作系统基础之上并得到它的支持和取得它的服务。如果没有操作系统的功能支持，人就无法有效地操作计算机。因此，所有制造计算机的公司在出售计算机时总是同时提供操作系统软件。

操作系统本身又由许多程序组成。其中有的管理磁盘，有的管理输入输出，有的管理CPU和内存等。当计算机配置了操作系统后，用户不再直接对计算机硬件进行直接操作，而是利用操作系统所提供的命令和其他方面的服务去操作计算机，因此操作系统是用户操作和使用计算机的强有力的工具，或者说，是用户与计算机之间的接口。

目前，微机上常用的操作系统有 Windows 系列操作系统、UNIX 操作系统、Linux 操作系统和运行于苹果 Macintosh 系列计算机上的 Mac OS 操作系统。

（2）语言处理系统。

计算机的一个显著特点，就是只能执行预先由程序安排的事情。因此，人们要利用计算机来解决问题，就必须采用计算机语言来编制程序。编制程序的过程称为程序设计。计算机语言又称为程序设计语言。

计算机语言通常分为机器语言、汇编语言和高级语言三类。其中机器语言和汇编语言又称为低级语言。

①机器语言。

机器语言（machine language）是指一台计算机全部的指令集合。电子计算机所使用的是由"0"和"1"组成的二进制数，二进制是计算机的语言的基础。计算机发明之初，人们只能用计算机的语言去命令计算机工作，一句话，就是写出一串串由"0"和"1"组成的指令序列交由计算机执行，这种计算机能够认识的语言，就是机器语言。使用机器语言是十分痛苦的，特别是在程序有错需要修改时，更是如此。而且，由于不同型号的计算机的指令系统往往各不相同，与其 CPU 的型号有关，所以，在一台计算机上执行的程序，要想在另一台计算机上执行，有时必须另编程序，造成了重复工作。但由于使用的是针对特定型号计算机的语言，故而运算效率是所有语言中最高的。机器语言，是第一代计算机语言。现在通常不用机器语言直接编写程序。

②汇编语言。

为了减轻使用机器语言编程的痛苦，人们进行了一种有益的改进：用一些简洁的英文字母、符号串来替代一个特定的指令的二进制串，例如，用"ADD"代表加法，"MOV"代表数据传递等，这样一来，人们很容易读懂并理解程序在干什么，纠错及维护都变得方便了，这种程序设计语言就称为汇编语言（assemble language），即第二代计算机语言。然而计算机是不认识这些符号的，这就需要一个专门的程序，专门负责将这些符号翻译成二进制数的机器语言，这种翻译程序称为汇编程序。

汇编语言同样十分依赖于机器硬件，移植性不好，但效率仍十分高，针对计算机特定硬件而编制的汇编语言程序，能准确发挥计算机硬件的功能和特长，程序精炼而质量高，所以至今仍是一种常用而强有力的软件开发工具。

③高级语言。

从最初与计算机交流的痛苦经历中，人们意识到，应该设计一种这样的语言，这种语言接近于数学语言或人的自然语言，同时又不依赖于计算机硬件，编出的程序能在所有机器上通用。经过努力，1954 年，第一个完全脱离机器硬件的高级语言（high level language）——FORTRAN 问世了，50 多年来，共有几百种高级语言出现，有重要意义的有几十种，影响较大、使用较普遍的有 FORTRAN、Basic、LISP、PL/1、Pascal、C、Ada、C++、VC、VB、Java 等。

绝大多数用户使用的如 C、Visual Basic、Java 等都是程序设计语言，用这些程序语言编写的程序 CPU 是不认识的，必须经过翻译变成机器语言指令后才能被计算机执行。语言处理系统就是完成这个"翻译"功能的，它一般由汇编程序、编译程序、解释程序和相应的操作程序等组成。其作用是将高级语言源程序翻译成计算机能识别的目标程序。因此，为了在计算机上执行由某种语言编写的程序，就必须配置有该种语言的语言处理系统。

高级语言的发展也经历了从早期语言到结构化程序设计语言，从面向过程到非过程化程序语言的过程。相应地，软件的开发也由最初的个体手工作坊式的封闭式生产，发展为产业化、流水线式的工业化生产。

20 世纪 60 年代中后期，软件越来越多，规模越来越大，而软件的生产基本上是各自为战，缺乏科学规范的系统规划与测试、评估标准，其恶果是大批耗费巨资建立起来的软件系统，由于含有错误而无法使用，甚至带来巨大损失，软件给人的感觉是越来越不可靠，以致几乎没有不出错的软件。这一切，极大地震动了计算机界，史称"软件危机"。人们认识到，大型程序的编制不同于写小程序，它应该是一项新的技术，应该像处理工程一样处理软件研制的全过程。程序的设计应易于保证正确性，也便于验证正确性。1969 年，提出了结构化程序设计方法，1970 年，第一个结构化程序设计语言——Pascal 语言出现，标志着结构化程序设计时期的开始。

20 世纪 80 年代初开始，在软件设计思想上，又产生了一次革命，其成果就是面向对象的程序设计。在此之前的高级语言，几乎都是面向过程的，程序的执行是流水线式的，在一个模块被执行完成前，人们不能干别的事，也无法动态地改变程序的执行方向。这和人们日常处理事物的方式是不一致的，对人而言是希望发生一件事就处理一件事，也就是说，不能面向过程，而应是面向具体的应用功能，也就是对象（object）。其方法就是软件的集成化，如同硬件的集成电路一样，生产一些通用的、封装紧密的功能模块，称为软件集成块，它与具体应用无关，但能相互组合，完成具体的应用功能，同时又能重复使用。对使用者来说，只关心它的接口（输入量、输出量）及能实现的功能，至于如何实现的，那是它内部的事，使用者完全不用关心，C++、Visual Basic、Delphi 等就是典型代表。

高级语言的下一个发展目标是面向应用，也就是说，只需要告诉程序你要干什么，程序就能自动生成算法，自动进行处理，这就是非过程化的程序语言。

（3）数据库管理系统。

信息管理是计算机技术的一个重要应用领域，而信息管理的核心就是数据库管理系统。数据库管理系统（database management system，DBMS）是一种操纵和管理数据库的大型软件，用于建立、使用和维护数据库。它对数据库进行统一的管理和控制，以保证数据库的安全性和完整性。用户通过 DBMS 访问数据库中的数据，数据库管理员也通过 DBMS 进行数据库的维护工作。它提供多种功能，可使多个应用程序和用户用不同的方法在同时或不同时刻去建立、修改和询问数据库。它使用户能方便地定义和操纵数据，维护数据的安全性和完整性，以及进行多用户下的并发控制和恢复数据库。

我们目前所使用的学生管理系统、超市管理系统、图书馆管理系统等需要有数据库管理系统的支持。目前数据库产品有许多，常用的关系数据库系统如 Oracle、Sybase、DB2、Microsoft SQL Server、Microsoft Access、MySQL 等。

2. 应用软件

应用软件是用户利用计算机及其提供的系统软件为解决各种实际问题而编制的计算机程序，是指除了系统软件的所有软件，由各种应用软件包和面向问题的各种应用程序组成。由于计算机已渗透到了各个领域，所以，应用软件是多种多样的。

应用软件主要是为用户提供在各个具体领域中的辅助功能，它也是绝大多数用户学习、使用计算机时最感兴趣的内容。如计算机辅助绘图软件 AutoCAD、办公软件 Microsoft Office、图形图像处理软件 Photoshop、网络聊天软件 QQ 等。

1.2.3　计算机系统的工作原理

微型计算机工作的过程本质上就是执行程序的过程。而程序是由若干条指令组成的，微型计算机逐条执行程序中的指令，就可以完成一个程序的执行，从而完成一项特定的工作。因此，了解微型计算机工作原理的关键，就是要了解指令和指令执行的基本过程。

1. 指令、指令系统和程序的概念

（1）指令（instruction）。指令是一组计算机能识别并能执行的特定操作命令。CPU 就是根据指令来指挥和控制计算机各部分协调地工作，以完成规定的操作。一条指令通常由两个部分组成：操作码和操作数。操作码指明该指令要完成的操作，如加、减、乘、除等；操作数是指参加运算的数据或者数据所在的地址。

（2）指令系统（instruction system）。一台计算机的所有指令的集合。指令系统反映了计算机的基本功能，CPU 型号不同的计算机其指令系统也不尽相同。

（3）程序（program）。为解决某一问题或达到某一目的，而选用的一条条有序指令的集合。程序具有目的性、分步性、有限性、有序性和分支性等特性。

2. 指令与程序的执行

计算机每执行一条指令都分成 3 个阶段进行：获取指令、分析指令和执行指令。

获取指令阶段的任务是根据程序计数器 PC 中的值从存储器读出现行指令，送到指令寄存器 IR，然后 PC 启动加 1 指向下一条指令地址。

分析指令阶段的任务是将 IR 中的指令操作码译码，分析其指令性质。如果指令要求操作数，则寻找操作数地址。

执行指令阶段的任务是取出操作数，执行指令规定的操作，根据指令不同还可能写入操作结果。

计算机程序的执行过程，实际上就是周而复始地完成这三阶段操作的过程，直到遇到程序中止指令时才结束整个程序的运行。

3. 计算机的工作原理

计算机的工作过程就是计算机执行程序的过程。现在的计算机基本都是基于"存储程序"的原理设计制造出来的。存储程序原理是由美籍匈牙利数学家冯·诺依曼于 1946 年提出来的，根据此概念设计的计算机统称为冯·诺依曼机，其构成了现代计算机的体系结构。主要有以下特点。

（1）计算机由五个部分组成：运算器、控制器、存储器、输入设备和输出设备。

（2）程序和数据以同等地位存放在存储器中，并按地址寻访。

（3）程序和数据以二进制表示。

冯·诺依曼的设计思想被誉为计算机发展史上的里程碑，标志着计算机时代的真正开始。

存储程序原理的基本思想是：把程序存储在计算机内，使计算机能像快速存取数据一样快速存取组成程序的指令。为实现控制器自动连续地执行程序，必须先把程序和数据送到具有记忆功能的存储器中保存起来，然后给出程序中第一条指令的地址，控制器就可依据存储程序中的指令顺序周而复始地取出指令、分析指令、执行指令，直到完成全部指令操作为止。由此可见，计算机之所以能自动连续地工作，完全是因为人们预先把程序和有关的数据存入计算机的存储装置中了，这就是存储程序原理。存储程序原理实现了计算机工作的自动化。

1.3　计算机数据表示及信息编码

计算机在目前的信息社会中发挥的作用越来越重要，计算机的功能也得到了很大的改进，从最初的科学计算、数值处理发展到现在的过程检测与控制、信息管理、计算机辅助系统等方面。计算机不仅仅是对数值进行处理，还要对语言、文字、图形、图像和各种符号进行处理，但因为计算机内部只能识别二进制数，所以这些信息都必须经过数字化处理后，才能进行存储、传送等处理。

1.3.1　进位计数制

在人类历史发展的过程中，根据生产和生活的需要，人们创立了各种进位计数制。进位计数制是指用一组特定的数字符号按照一定的进位规则来表示数目的计数方法。

数学运算中一般采用十进制数。在日常生活中，除了采用十进制计数，有时也采用别的进制来计数。例如，时间的计算采用的是六十进制，60min 为 1h，60s 为 1min，计数特点为"逢六十进一"；年份的计算采用的是十二进制，十二个月为一年，计数特点为"逢十二进一"。

1. 基数

在进位计数制中，每个数位所用的不同的数字的个数叫做基数，十进制是现实中最常用的一种进位计数制，由 0，1，2，3，4，…，9 十个不同的数字组成，也就是说十进制的基本符号是（0，1，2，…，9），其基数是 10；二进制有 2 个基本符号（0，1），其基数为 2；R 进制共有 R 个基本符号（0，1，2，…，R-1），其基数为 R（Radix 的首字母）。R 是一个非 1 正整数，R 进制代表任意进位计数制。

2. 位权

在一个十进制数中，同一个数字符号处在不同位置上所代表的值是不同的，例如，数字 3 在十位数位置上表示 30，在百位数位置上表示 300，而在小数点后第 1 位上则表示0.3。同一个数字符号，不管它在哪一个十进制数中，只要在相同位置上，其值是相同的，例如，135 与 1235 中的数字 3 都在十位数位置上，而十位数位置上的 3 的值都是 30。通常称某个固定位置上的计数单位为位权。例如，在十进制计数中，十位数位置上的位权为10，百位数位置上的位权为 10^2，千位数位置上的位权为 10^3，而在小数点后第 1 位上的位权为 10^{-1} 等。由此可见，在十进制计数中，各位上的位权值是基数 10 的若干次幂。例如，十进制数 234.13 用位权表示成：

$$(234.13)_{10}=2\times10^2+3\times10^1+4\times10^0+1\times10^{-1}+3\times10^{-2}$$

3. 常用的计数制

在各种进位计数制中，十进制是人们最熟悉的，二进制在计算机内使用，八进制和十六进制则可看成二进制的压缩形式（表 1-1）。

（1）十进制数。十进制数是现实生活中最常使用的数字，它含有 0，1，2，3，4，5，6，7，8，9 十个基本数字，进位规则是"逢十进一，借一当十"，任意十进制数都可以由这十个数字组合而成。通常十进制的表示形式为（152）$_{10}$、（152）$_D$ 或 152。

（2）二进制数。二进制只含有 0、1 两个数字，进位规则是"逢二进一"。通常二进制的表示形式为（110）$_2$ 或（110）$_B$。

二进制与十进制的运算原理一致，只是在二进制运算时，"逢二进一，借一当二"。例

如，（10.01）$_2$ 的位权表示法为

$$(10.01)_2=1\times2^1+0\times2^0+0\times2^{-1}+1\times2^{-2}$$

（3）八进制数。八进制数含有 0，1，2，3，4，5，6，7 八个基本数字，进位规则为"逢八进一，借一当八"，任意八进制数都可以由这八个数组合而成。通常八进制的表示形式为（152）$_8$ 或（152）$_0$。例如，（23.4）$_8$ 的位权表示法为

$$(23.4)_8=2\times8^1+3\times8^0+4\times8^{-1}$$

（4）十六进制数。十六进制数是计算机中经常使用的数字，它含有 0～9、A、B、C、D、E、F 十六个基本数字，进位规则是"逢十六进一，借一当十六"，任意十六进制数都可以由这十六个数字组合而成。通常十六进制的表示形式为（152）$_{16}$ 或（152）$_H$。例如，（A2.9）$_{16}$ 的位权表示法为

$$（A2.9）_{16}=10\times16^1+2\times16^0+9\times16^{-1}$$

计算机中引进八进制数和十六进制数主要是为了弥补二进制数在书写和读取方面的不足。

表 1-1　四种进制数的对应关系

十进制	二进制	八进制	十六进制	十进制	二进制	八进制	十六进制
0	0	0	0	8	1000	10	8
1	1	1	1	9	1001	11	9
2	10	2	2	10	1010	12	A
3	11	3	3	11	1011	13	B
4	100	4	4	12	1100	14	C
5	101	5	5	13	1101	15	D
6	110	6	6	14	1110	16	E
7	111	7	7	15	1111	17	F

1.3.2　计算机与二进制数

1. 计算机采用二进制的原因

计算机中的数都用二进制表示而不用十进制表示，这是因为数在计算机中是以电子器件的物理状态来表示的。二进制计数只需要两个数字符号 0 和 1，可以用两种不同的状态（低电平和高电平）来表示，其运算电路容易实现。而要制造出具有 10 种稳定状态的电子器件分别代表十进制中的 10 个数字符号是十分困难的。所以计算机采用二进制的优势为以下几个方面。

（1）容易实现：二进制在硬件技术上容易实现，只需两个状态。

（2）运算简单：二进制运算规则简单，操作实现简便。

（3）工作可靠：由于采用两种稳定的状态来表示数字，数据的存储、传送和处理都变得更加可靠。

（4）逻辑判断方便：计算机的工作是建立在逻辑运算基础上的，逻辑代数是逻辑运算的理论依据。两个数码 0 和 1，正好代表逻辑代数中的"真"和"假"。

2. 二进制的算术运算

二进制的算术运算与十进制类似，同样可以进行四则运算，其操作简单、直观，更容易实现。

二进制与十进制的运算原理一致，只是在二进制运算时，逢二进一，借一当二。

（1）二进制加法运算法则。

$0+0=0$，　　$0+1=1$，　　$1+0=1$，　　$1+1=10$（逢二进一）

（2）二进制减法运算法则。

$0-0=0$，　　$10-1=1$（借一当二），　　$1-0=1$，　　$1-1=0$

（3）二进制乘法运算法则。

$0\times0=0$，　　$0\times1=0$，　　$1\times0=0$，　　$1\times1=1$

（4）二进制除法运算法则。

$0\div0=0$，　　$0\div1=0$，　　$1\div0$（无意义），　　$1\div1=1$

二进制的加减运算，可借助于十进制数的加减运算竖式，即在进行两数相加时，首先写出被加数和加数，然后按照由低位到高位的顺序，根据二进制加法运算法则把两个数逐位相加即可。

【例 1-1】求 $1001+1010=?$

解：
$$
\begin{array}{r}
1001 \\
+\ 1010 \\
\hline
10011
\end{array}
$$

所以 $1001+1010=10011$。

【例 1-2】求 $11010-10100=?$

解：
$$
\begin{array}{r}
11010 \\
+\ 10100 \\
\hline
00110
\end{array}
$$

所以 $11010-10100=110$。

【例 1-3】求 $10010\times1001=?$

解：
$$
\begin{array}{r}
10010 \\
\times\quad 1001 \\
\hline
10010 \\
00000\ \\
00000\quad \\
10010\qquad \\
\hline
10100010
\end{array}
$$

所以 $10010\times1001=10100010$。

注：二进制的移位运算与十进制数的移位运算比较。

十进制中每左移 1 位相当于乘以 10，左移 n 位相当于乘以 10^n。

例如，2000=2×10^3（左移三位）。

二进制中每左移 1 位相当于乘以 2，左移 n 位相当于乘以 2^n。

$(10)_2 \times 2 = (100)_2$（左移一位）。

所以二进制乘法运算可以转换为加法和左移位运算，除法可以转换为减法和右移位运算。

为了扩展二进制计数法的计数范围，有必要引用二进制小数，即用小数点左边数字表示数值的整数部分，小数点右边的数字表示数值的小数部分。小数点右面的第一位的位权为 2^{-1}，第二位为 2^{-2}，第三位为 2^{-3}，后面的依此类推（与十进制对应）。

对于带小数的加法，十进制中的方法同样适用于二进制，即两个带小数点的二进制数相加，只要将小数点对齐，按照以前同样的步骤进行即可。

【例 1-4】求 100.01+1101.11=？

解：　　　100.01
　　　　+ 1101.11
　　　　　10010.00

所以 100.01+1101.11=10010.00。

1.3.3　数制转换

将数由一种数制转换成另一种数制称为数制间的转换。由于计算机采用二进制，日常生活中或数学运算中人们习惯使用十进制，所以在使用计算机进行数据处理时必须把输入的十进制数换算成计算机所能接受的二进制数，计算机在运行结束后，再把二进制数换算为人们所习惯的十进制数输出。这两个换算过程完全由计算机系统自动完成，下面介绍其换算原理。

1. 二进制与十进制转换

（1）二进制转换成十进制。

二进制数中只有两个数字符号 0 与 1，其计数特点是"逢二进一，借一当二"。与十进制计数一样，在二进制数中，每一个数字符号（0 或 1）在不同的位置上具有不同的值，各位上的权值是基数 2 的若干次幂。例如：

$(10010)_2 = 1 \times 2^4 + 0 \times 2^3 + 0 \times 2^2 + 1 \times 2^1 + 0 \times 2^0 = (18)_{10}$

二进制小数向十进制小数转换原理也是一样的。

$(101.11)_2 = 1 \times 2^2 + 0 \times 2^1 + 1 \times 2^0 + 1 \times 2^{-1} + 1 \times 2^{-2} = (5.75)_{10}$

（2）十进制转换成二进制。

①十进制整数转换成二进制整数采用"除 2 取余法"。

具体做法为：将十进制数除以 2，得到一个商数和一个余数；再将商数除以 2，又得到一个商数和一个余数……继续这个过程，直到商数等于零为止。每次得到的余数（必定是 0 或 1）就是对应二进制数的各位数字。

> **注意：**
>
> 　　第一次得到的余数为二进制数的最低位，最后一次得到的余数为二进制数的最高位。

【例 1-5】 将十进制数 97 转换成二进制数的过程如下：

```
2|9 7  余数
 2|4 8   1    即 a₀ = 1              低位
  2|2 4   0    即 a₁ = 0              ↑
   2|1 2   0    即 a₂ = 0             |
    2| 6   0    即 a₃ = 0             |
     2| 3   0    即 a₄ = 0            |
      2| 1   1    即 a₅ = 1           |
         0   1    即 a₆ = 1(商为0，结束)  高位
```

最后结果为

$(97)_{10} = (a_6 a_5 a_4 a_3 a_2 a_1 a_0)_2 = (1100001)_2$

②十进制小数转换成二进制小数采用"乘 2 取整法"。

具体做法为：用 2 乘十进制小数，得到一个整数部分和一个小数部分；再用 2 乘小数部分，又得到一个整数部分和一个小数部分……继续这个过程，直到余下的小数部分为 0 或满足精度要求为止。最后将每次得到的整数部分（必定是 0 或 1）从左到右排列即得到所对应的二进制小数。

【例 1-6】 将十进制小数 0.6875 转换成二进制小数的过程如下：

```
        0.6875
      ×    2
      ─────────
        1.3750   整数部分为1，即 a₋₁ = 1    高位
        0.3750   余下的小数部分              |
      ×    2                                 |
      ─────────                              |
        0.7500   整数部分为0，即 a₋₂ = 0     |
        0.7500   余下的小数部分              |
      ×    2                                 |
      ─────────                              |
        1.5000   整数部分为1，即 a₋₃ = 1     |
        0.5000   余下的小数部分              |
      ×    2                                 |
      ─────────                              |
        1.0000   整数部分为1，即 a₋₄ = 1     ↓
        0.0000   余下的小数部分为0，结束     低位
```

最后结果为

$(0.6875)_{10} = (0.a_{-1} a_{-2} a_{-3} a_{-4})_2 = (0.1011)_2$

> **注意：**
>
> 　　一个十进制小数不一定能完全准确地转换成二进制小数。例如，十进制小数

0.1 就不能完全准确地转换成二进制小数。在这种情况下，可以根据精度要求只转换到小数点后某一位为止。

③为了将一个既有整数部分又有小数部分的十进制数转换成二进制数，可以将其整数部分和小数部分分别转换，然后再组合起来。

【例1-7】 将十进制数 97.6875 转换成二进制数。

$(97)_{10}=(1100001)_2$

$(0.6875)_{10}=(0.1011)_2$

由此可得：

$(97.6875)_{10}=(1100001.1011)_2$

2. 八进制与十进制的转换

（1）八进制转换成十进制。

八进制数中有八个数字符号 0～7，其计数特点是"逢八进一，借一当八"。与十进制计数一样，在八进制数中，每一个数字符号（0～7）在不同的位置上具有不同的值，各位上的权值是基数 8 的若干次幂。例如：

$(154)_8=1\times8^2+5\times8^1+4\times8^0=(108)_{10}$

小数之间的转换原理也一样，例如：

$(154.11)_8=1\times8^2+5\times8^1+4\times8^0+1\times8^{-1}+1\times8^{-2}=(108.140625)_{10}$

（2）十进制转换成八进制。

①十进制整数转换成八进制整数采用"除 8 取余法"。

【例1-8】 将十进制整数 277 转换成八进制整数的过程如下：

$$
\begin{array}{llll}
8\!\mid\!2\ 7\ 7 & \text{余数} & & \\
8\!\mid\!\underline{\ \ 3\ 4} & 5 & \text{即}a_0=5 & \text{低位} \\
8\!\mid\!\underline{\ \ \ \ 4} & 2 & \text{即}a_1=2 & \uparrow \\
\ \ \ \ \ \ 0 & 4 & \text{即}a_2=4(\text{商为0，结束}) & \text{高位}
\end{array}
$$

最后结果为

$(277)_{10}=(a_2a_1a_0)_8=(425)_8$

②十进制小数转换成八进制小数采用"乘 8 取整法"。

【例1-9】 将十进制小数 0.140625 转换成八进制小数的过程如下：

$$
\begin{array}{lll}
0.140625 & & \\
\underline{\times\ \ \ \ \ \ 8} & & \\
1.125000 & \text{整数部分为1，即}a_{-1}=1 & \text{高位} \\
0.125000 & \text{余下的小数部分} & | \\
\underline{\times\ \ \ \ \ \ 8} & & \downarrow \\
1.000000 & \text{整数部分为1，即}a_{-2}=1 & \text{低位} \\
0.000000 & \text{余下的小数部分为0，结束} &
\end{array}
$$

最后结果为

$(0.140625)_{10}=(0.a_{-1}a_{-2})_8=(0.11)_8$

③在将一个既有整数部分又有小数部分的十进制数转换成八进制数时,需要将整数部分和小数部分分别进行转换。

【例 1-10】 将十进制数 277.140625 转换成八进制数。

$(277)_{10}=(425)_8$

$(0.140625)_{10}=(0.11)_8$

因此:

$(277.140625)_{10}=(425.11)_8$

3. 十六进制与十进制转换

(1)十六进制转换成十进制。

十六进制数中有十六个数字符号 0~9 以及 A、B、C、D、E、F,其计数特点是"逢十六进一,借一当十六"。其中符号 A、B、C、D、E、F 分别代表十进制数 10、11、12、13、14、15。与十进制计数一样,在十六进制数中,每一个数字符号(0~9 以及 A、B、C、D、E、F)在不同的位置上具有不同的值,各位上的权值是基数 16 的若干次幂。例如:

$(1CB.D8)_{16}=1\times16^2+12\times16^1+11\times16^0+13\times16^{-1}+8\times16^{-2}=(459.84375)_{10}$

(2)十进制转换成十六进制。

①十进制整数转换成十六进制整数采用"除 16 取余法"。

②十进制小数转换成十六进制小数采用"乘 16 取整法"。

③在将一个既有整数部分又有小数部分的十进制数转换成十六进制数时,需要将整数部分和小数部分分别进行转换。

【例 1-11】 十进制数 91.75 转换成十六进制数的过程如下:

先转换整数部分:

$$
\begin{array}{r|ll}
16\underline{|9\ 1} & & 余数 \\
16\underline{|\ 5} & 11 & 即 a_0=B \\
0 & 5 & 即 a_1=5(商为0,结束)
\end{array}
$$

再转换小数部分:

$$
\begin{array}{r}
0.75 \\
\times\ 16 \\
\hline
12.00 \quad 整数部分为12,即 a_{-1}=C \\
0.00 \quad 余下的小数部分为0,结束
\end{array}
$$

最后结果为

$(91.75)_{10}=(a_1a_0.a_{-1})_{16}=(5B.C)_{16}$

4. 二进制与八、十六进制之间的转换

使用二进制表示一个数所使用的位数要比十进制表示时所使用的位数长得多,书写不方便,不好读也不容易记忆。在计算机科学中,为了口读与书写方便,也经常采用八进制或十六进制表示,因为八进制或十六进制与二进制之间有着直接而方便的换算关系。

二进制与八进制、十六进制之间有着简单的关系，它们之间的转换是很方便的。由于 8 和 16 都是 2 的整数次幂，即 $8=2^3$、$16=2^4$。因此，三位二进制数相当于一位八进制数，四位二进制数相当于一位十六进制数。

（1）八进制数转换成二进制数的规律是：每位八进制数用相应的三位二进制数代替。例如，八进制数 $(315.27)_8$ 转换成二进制数为

$$
\begin{array}{cccccc}
3 & 1 & 5 & . & 2 & 7 \\
\downarrow & \downarrow & \downarrow & \downarrow & \downarrow & \downarrow \\
011 & 001 & 101 & . & 010 & 111
\end{array}
$$

即 $(315.27)_8=(11001101.010111)_2$。

（2）十六进制数转换成二进制数的规律是：每位十六进制数用相应的四位二进制数代替。

例如，十六进制数 $(2BD.C)_{16}$ 转换成二进制数为

$$
\begin{array}{ccccc}
2 & B & D & . & C \\
\downarrow & \downarrow & \downarrow & \downarrow & \downarrow \\
0010 & 1011 & 1101 & . & 1100
\end{array}
$$

即 $(2BD.C)_{16}=(1010111101.11)_2$。

（3）二进制数转换成八进制数的规律是：从小数点开始，向前每三位一组构成一位八进制数；向后每三位一组构成一位八进制数，当最后一组不够三位时，应在后面添 0 补足三位。

例如，二进制数 $(1101001101.01)_2$ 转换成八进制数为

$$
\begin{array}{cccccc}
1 & 101 & 001 & 101 & . & 010 \\
\downarrow & \downarrow & \downarrow & \downarrow & \downarrow & \downarrow \\
1 & 5 & 1 & 5 & . & 2
\end{array}
$$

即 $(1101001101.01)_2=(1515.2)_8$。

（4）二进制数转换成十六进制数的规律是：从小数点开始，向前每四位一组构成一位十六进制数；向后每四位一组构成一位十六进制数，当最后一组不够四位时，应在后面添 0 补足四位。

例如，二进制数 $(1101001101.01)_2$ 转换成十六进制数为

$$
\begin{array}{ccccc}
11 & 0100 & 1101 & . & 0100 \\
\downarrow & \downarrow & \downarrow & \downarrow & \downarrow \\
3 & 4 & D & . & 4
\end{array}
$$

即 $(1101001101.01)_2=(34D.4)_{16}$。

1.3.4　原码、补码和反码

在计算机中只能用数字化信息来表示数的正、负，人们规定用"0"表示正号，用"1"表示负号。在计算机内部，数字和符号都用二进制代码表示，两者合在一起构成数的机内

表示形式，称为机器数，而它真正表示的数值称为这个机器数的真值。

1. 原码

在原码表示中，最高位用 0 和 1 表示该数的符号+和−，后面数值部分不变。即正数的符号位为 0，负数的符号位为 1，后面各位为其二进制的数值。下面对原码、反码、补码都以 8 位二进制为例进行说明。

X_1=+85=+1010101，[X_1]原=01010101

X_2=−85=−1010101，[X_2]原=11010101

在原码中，0 的原码有两种表达方式：

[+0]原=00000000

[−0]原=10000000

由于 0 占用两个编码，所以 8 位的二进制数表示范围为−127～−0，+0～127 共 256 个数，其中 0 占了两个编码——00000000 和 10000000。

2. 反码

在反码表示中，正数的反码与原码的表示方式相同；负数的反码是它的正数原码（带符号位）按位取反。

例如：

$$X_1=+85=+1010101, \qquad [X_1]反=01010101$$

$$X_2=−85=−1010101, \qquad [X_2]反=10101010$$

$$X_3=+102=+1100110, \qquad [X_3]反=01100110$$

$$X_4=−102=−1100110, \qquad [X_4]反=10011001$$

在反码表示中，0 的反码有两种表达方式：

$$[+0]反=00000000, \qquad [−0]反=11111111$$

因此，8 位带符号数反码的表示范围也是−127～−0，+0～127 共 256 个数。

3. 补码

在补码表示中，正数的补码与原码的表示方式相同；负数的补码为它的正数原码（带符号位）按位取反加 1，也即该负数的反码加 1。

例如：

$$X_1=85=+1010101, \qquad [X_1]补=01010101$$

$$X_2=−85=−1010101, \qquad [X_2]补=[X_2]反+1=10101011$$

在补码表示中，0 的补码只有一种表达方式：[+0]补=00000000=[−0]补，而用 10000000 来表示−128，所以 8 位带符号数补码的表示范围是−128～127 共 256 个数。

为什么带符号数要用原码、反码、补码三种表示方法？下面我们来看一个例子。

例如：计算 1−1=？

利用二进制数的原码来进行计算，可将该式做一下变换，1−1=1＋（−1）=？

$$[1]_原 = 00000001, \quad [-1]_原 = 10000001$$

$$
\begin{array}{r}
00000001 \\
+\quad 10000001 \\
\hline
10000010
\end{array}
$$

很显然结果不对，带符号位的原码进行减运算的时候出现了问题，问题出现在（+0）和（−0）上，在人们的计算概念中零是没有正负之分的。而原码和反码中 0 都有两种表示方法，所以在计算机系统中，对带符号数值一律用补码表示（存储），原因在于以下两方面。

（1）使符号位能与有效值部分一起参加运算，从而简化运算规则。

（2）使减法运算转换为加法运算，进一步简化计算机中运算器的线路设计。

所以上例中采用补码计算结果如下：

$$[1]_补 = 00000001, \quad [-1]_补 = 11111111$$

$$
\begin{array}{r}
00000001 \\
+\quad 11111111 \\
\hline
00000000
\end{array}
$$

> **注意：**
> 两个用补码表示的数相加时，如果最高位（符号位）有进位，则进位被舍弃。

结果 00000000 即为数 0 的补码形式，即 1−1=0，结果正确。

1.3.5　信息的存储单位

1．基本存储单位

计算机处理信息，除了处理数值信息，还要处理大量的符号、字母、汉字等非数值信息。而计算机只能识别二进制数码信息，因此一切非二进制数码的信息，如各种字母、数字、符号都要用二进制特定编码来表示。

计算机中使用的二进制数共有 3 个单位：位、字节和字。

位（bit）：bit 音译为比特，它是计算机的最小存储单位，每一位只能存储一个 0 或 1。

字节（byte）：每八位组成一个字节。目前使用的最普遍的计算机存储容量的基本单位是字节，如我们使用的 26 个英文字母和一些基本符号的存储单位都是一个字节。

字（word）：计算机进行数据处理时，一次存取、加工和传送的数据长度称为字。计算机的字长决定了其 CPU 一次操作处理实际位数的多少，由此可见计算机的字长越大，其性能越优越。如常用的字长有 8 位、16 位、32 位和 64 位等。

2．扩展的存储单位

在计算机各种存储介质的存储容量表示中（如软盘、内存、硬盘、光盘），用户所接触到的存储单位不是位、字节和字，而是 K、M、G 等。这不是新的存储单位，都是基于字节的。

　　KB：1 KB=1024B。

　　MB：1 MB=1024 KB。

　　GB：1GB=1024 MB。

　　TB：1TB=1024 GB。

　　PB：1PB=1024TB。

1.3.6　计算机中的常用编码

　　在计算机中，不仅数值是用二进制表示的，各种字符和汉字也都是用二进制数进行编码的。为了便于信息的表示、存储、处理和传输，需要对字符或汉字有一个统一的编码方法。

　　1. 数字编码

　　二进制在计算机应用中有很多优点，因此，在计算机内部数据处理采用二进制方式，但在计算机外部数据进行输入/输出时，仍然采用十进制数。为了便于机器识别与转换，将每一位十进制数用 4 位二进制编码来表示。这种用二进制编码表示十进制数的编码就称为二～十进制码，简称 BCD（binary coded decimal）码。因为 4 位二进制编码自左向右每位对应的权为 8、4、2、1，所以这种编码也称为 8421BCD 码。这种编码保留了十进制的权，而数字则用 0、1 来表示。

　　【例 1-12】十进制数 648.25 的 8421BCD 码可写为 0110 0100 1000.0010 0101；而 BCD 码 0001 0010 1001.0011 0110 对应的十进制数为 129.36。

　　2. 字符编码

　　（1）ASCII 码。

　　目前在微型机中普遍使用的字符编码是美国信息交换标准代码（american standard code for information interchange，ASCII）码。基本 ASCII 码集有 128 个字符，95 个可显示字符，33 个字符是控制码，不可显示。包括了计算机处理信息常用的英文字母、数字符号、算术与逻辑运算符号、标点符号等。基本 ASCII 码表见附录。它是用七位二进制数进行编码的。

　　说明：通常基本 ASCII 集中的一个 ASCII 字符占用一个字节（8bit），其最高位为"0"，需要时用作奇偶校验位。

　　（2）Unicode 码。

　　ASCII 码所表示的字符，对于英语和西欧地区语言已经够用了。但对于中国等亚洲国家所用的表意文字的表示则远远不够，于是就出现了 Unicode 码。Unicode 是一种 16 位的编码，能够表示 65000 个字符或符号。而目前世界上各种语言一般都只用到 34000 多个字符，所以 Unicode 可以用于大多数的语言。并且 Unicode 与 ASCII 码完全兼容。

　　3. 汉字编码

　　汉字与西方文字不同，它是一种象形文字。要在计算机中处理汉字，必须将汉字代码化，即对汉字进行编码。对应于汉字处理过程中的输入、内部处理及输出 3 个主要环节，每个汉字的编码都包括输入码、交换码（国标码）、内部码和字形码。在计算机的汉字信息处理系统中，处理汉字时要进行如下代码的转换：输入码→交换码→内部码→字形码。

（1）输入码。

为了利用计算机上现有的标准西文键盘来输入汉字，必须为汉字设计输入码，输入码也称为外码。按照不同的设计思想，可把数量众多的输入码归纳为 4 大类：数字编码、拼音码、字形码和音形码。其中，目前应用最广泛的是拼音码和字形码。

①数字编码。

数字编码是用等长的数字串为汉字逐一编号，以这个编号作为汉字的输入码。例如，区位码和电报码等属于数字编码。这种编码的编码规则简单，易于和汉字的内部码转换，但难于记忆，仅适用于某些特定部门。

②拼音码。

拼音码是以汉字的读音为基础的输入编码。拼音码使用方法简单，一学就会，易于推广，缺点是重码率较高（因汉字同音字多），在输入时常要进行屏幕选字，对输入速度有影响。拼音码特别适合于对输入速度要求不是太高的非专业录入人员。

③字形码。

字形码是以汉字的字形结构为基础的输入编码。例如，五笔字型（王码）是字形码的典型代表。五笔字型输入法的特点是输入速度快，但这种输入方法因要记忆字根、练习拆字，前期学习花费的时间较多。此外，有极少数的汉字拆分困难，给出的编码与汉字的书写习惯不一致。

④音形码。

音形码是兼顾汉字的读音和字形的输入编码。目前使用较多的音形码是自然码。

（2）交换码。

交换码用于汉字外码和内码的交换。我国于 1981 年制定了"中华人民共和国国家标准信息交换汉字编码"（代号为"GB2312-80"），所以交换码也称为国标码。在国标码的字符集中共收录了汉字和图形符号 7445 个，其中一级汉字 3755 个，二级汉字 3008 个，图形符号 682 个。

国标 GB2312 规定，所有的国标汉字与符号组成一个 94×94 的矩阵。在此方阵中，每一行称为一个"区"，每一列称为一个"位"，因此，这个方阵实际上组成了一个有 94 个区（区号分别为 01～94）、每个区内有 94 个位（位号分别为 01～94）的汉字字符集。一个汉字所在的区号和位号简单地组合在一起就构成了该汉字的"区位码"。在汉字的区位码中，高两位为区号，低两位为位号。由此可见，区位码与汉字或符号之间是一一对应的。

（3）机内码。

汉字的机内码是指在计算机中表示汉字的编码。机内码与区位码稍有区别。为什么不直接用区位码作为计算机内的编码呢?这是因为汉字的区码和位码的范围都在 1～94 内，如果直接用区位码作机内码，就会与基本 ASCII 码冲突。

为了避免 ASCII 码和国标码同时使用时产生二义性问题，大部分汉字系统都采用将国标码每个字节高位置 1 作为汉字机内码，即一个汉字的机内码占两个字节，分别称为高位字节与低位字节，且这两位字节与区位码的关系如下：

机内码高位=区码+A0H（H 表示十六进制数）

机内码低位=位码+A0H

例如，汉字"啊"的区位码为"1601"，区码和位码分别用十六进制表示即为"1001H"，则它的机内码为"B0A1H"。其中 B0H 为机内码的高位字节，A1H 为机内码的低位字节。

（4）字形码。

在需要输出一个汉字时，首先根据该汉字的机内码找出其字形码在汉字库中的位置，然后取出该汉字的字形码作为图形在屏幕上显示或在打印机上打印输出。汉字是一种象形文字，每一个汉字可以看作一个特定的图形，这种图形一般用点阵来描述。

例如，如果用 16×16 点阵来表示一个汉字，则一个汉字占 16 行，每一行上有 16 个点。通常，每一个点用一个二进制位表示，值"0"表示暗，值"1"表示亮。由于计算机存储器的每个字节有 8 个二进制位，因此，16 个点要用两个字节来存放。由此可知，16×16 点阵的一个汉字字形需要用 32 个字节来存放，这 32 个字节中的信息就构成了一个汉字的字模。所有汉字的字模集合就构成了汉字字库。同样的道理，32×32 点阵的一个汉字需要 128 个字节来存放。其他点阵的汉字可以以此类推。

1.4　本 章 小 结

作为本书的开篇，本章简单介绍了计算机的发展、计算机的特点及应用、数制以及不同数制之间的转换、计算机系统的组成、计算机工作的基本原理等知识。通过本章的学习，应该了解计算机发展的过程、计算机的特点和主要应用领域；掌握二进制与其他进制之间的转换及二进制的原码、补码和反码表示，了解数据在计算机中的基本存储形式；了解计算机系统是由硬件系统和软件系统组成的，其中硬件系统由运算器、控制器、存储器、输入设备和输出设备五部分组成，软件系统由系统软件和应用软件组成，软件系统与硬件系统二者相辅相成、缺一不可。没有软件系统而只有硬件系统的裸机几乎不能完成任何工作，同样，离开了硬件系统，再好的软件也无法工作。

课 后 练 习

一、单选题

1. 下列四个不同进制的无符号整数中，数值最小的是（　　）。
   A. 10010010（B）　　　　　　　　B. 221（O）
   C. 147（D）　　　　　　　　　　D. 94（H）

2. 下列关于"基数"表述正确的是（　　）。
   A. 二进制的基数是"2"
   B. 基数就是一个数的数值
   C. 十进制的基数是"9"
   D. 只有正数才有基数

3. 十进制数（-123）的原码表示为（ ）。

    A. 11111011   B. 10000100   C. 1000010   D. 01111011

4. 计算机内所有的信息都是以（ ）数码形式表示的。

    A. 八进制   B. 十六进制

    C. 十进制   D. 二进制

5. 用计算机进行图书资料检索工作，属于计算机在（ ）方面的应用。

    A. 数值计算   B. 数据处理   C. 过程控制   D. 人工智能

6. 下列说法中错误的是（ ）。

    A. 常用的计数制有十进制、二进制、八进制和十六进制

    B. 计数制是人们利用数学符号按进位原则进行数据大小计算的方法

    C. 所有的计数都是按"逢十进一"的原则计数的

    D. 人们通常根据实际需要和习惯来选择数制

7. 若二进制数为 1111.101，则相应的十进制数为（ ）。

    A. 15.625   B. 15.5   C. 14.625   D. 14.5

8. 十进制 846 转换成十六进制数为（ ）。

    A. 34A   B. 34E   C. 3AE   D. 27B

9. ASCII 码是一种对（ ）进行编码的计算机代码。

    A. 汉字   B. 字符   C. 图像   D. 声音

10. ASCII 码是字符编码，这种编码用（ ）个二进制位表示一个字符，可以表示 128 种字符。

    A. 8   B. 7   C. 10   D. 16

11. 数字字符"1"的 ASCII 码的十进制表示为 49，那么数字字符"8"的 ASCII 码的十进制表示为（ ）。

    A. 56   B. 57   C. 60   D. 54

12. 计算机存储数据的最小单位是二进制的（ ）。

    A. 位（比特）   B. 字节

    C. 字长   D. 千字节

13. 能将计算机运行结果以可见的方式向用户展示的部件是（ ）。

    A. 存储器   B. 控制器

    C. 输入设备   D. 输出设备

14. 计算机的硬件系统由（ ）组成。

    A. 控制器、显示器、打印机和键盘

    B. 控制器、运算器、存储器、输入和输出设备

    C. CPU、主机、显示器、硬盘和电源

    D. 主机箱、集成块、显示器和电源

15. 内存与外存的主要不同在于（ ）。

    A. CPU 可以直接处理内存中的信息；速度快；容量大。外存则相反

    B. CPU 可以直接处理内存中的信息；速度快；容量小。外存则相反

  C. CPU 不能直接处理内存中的信息；速度慢；容量大。外存则相反

  D. CPU 不能直接处理内存中的信息；速度慢；容量小。外存则相反

16. 计算机突然停电，则计算机（　　　）全部丢失。

  A. 硬盘中的数据和程序   B. ROM 中的数据和程序

  C. ROM 和 RAM 中的数据和程序   D. RAM 中的数据和程序

17. 一个完整的计算机系统包括（　　　）两大部分。

  A. 主机和外部设备   B. 硬件系统和软件系统

  C. 硬件系统和操作系统   D. 指令系统和系统软件

18. 计算机的中央处理器只能直接调用（　　　）中的信息。

  A. 硬盘   B. 内存

  C. 光盘   D. 软盘

19. 我们通常说的"裸机"指的是：（　　　）。

  A. 只装备有操作系统的计算机   B. 未装备任何软件的计算机

  C. 不带输入输出的计算机   D. 没有外壳的计算机

20. 外存储器可以把需要保存的各种数据、程序长期存储起来，其中的内容（　　　）CPU 才能进行处理。

  A. 变成二进制信号   B. 必须调入 ROM

  C. 转化为机器语言表示   D. 必须调入 RAM

21. 鼠标是一种（　　　）。

  A. 存储器   B. 运算器

  C. 输入设备   D. 输出设备

22. 以下全是输入设备的是（　　　）。

  A. 键盘、扫描仪、打印机   B. 键盘、硬盘、打印机

  C. 鼠标、硬盘、音箱   D. 扫描仪、键盘、只读光盘

23. 软件分为（　　　）两类。

  A. 字处理和表处理   B. 系统软件和应用软件

  C. 操作系统和高级语言   D. 数据库和网络软件

24. 计算机能直接执行的程序是（　　　）。

  A. 源程序   B. 机器语言程序

  C. BASIC 程序   D. 汇编语言程序

25. 在微型计算机中，汉字按照（　　　）来编码。

  A. 国标码   B. ASCII 码   C. 二进制码   D. 区位码

二、简答题

 1. 计算机发展经历了哪几个阶段，各阶段的主要特征是什么？

 2. 冯·诺依曼计算机的特点是什么？

 3. 简述计算机硬件系统组成的五大部分及其功能。

 4. 机器语言、汇编语言和高级语言各有什么特点？

第 2 章 Windows 操作系统

通过第 1 章的学习，我们知道一个完整的计算机系统由硬件和软件两部分组成。没有安装软件的计算机称为"裸机"，而裸机是无法进行任何工作的，不能从键盘、鼠标接收信息和操作命令，也不能在显示器屏幕上显示信息，更不能运行可以实现各种操作的应用程序。操作系统是配置在计算机硬件上的第一层软件，是对硬件系统的首次扩充。它在计算机系统中占据了特别重要的地位，其他所有的软件如汇编程序、编译程序、数据库管理系统等系统软件以及大量的应用软件，都将依赖于操作系统的支持，取得它的服务。操作系统已成为现代计算机系统（大型、中型、小型及微型机）中都必须配置的软件。在操作系统的支持下，计算机的使用效率大大提高，功能大大增强，应用范围大大拓宽。

本章内容主要包括：

（1）操作系统的定义、发展过程、功能及当前主流操作系统简介。

（2）认识 Windows 7。

（3）Windows 7 资源管理器。

（4）Windows 7 软硬件管理。

2.1 操作系统概述

2.1.1 操作系统的定义

操作系统（operating system，OS）是控制和管理计算机硬件和软件资源、合理组织计算机工作流程以及方便用户使用的一个系统软件，是一组程序和数据的集合。

一个完整的计算机系统，按功能可以划分成 4 个层次：硬件层、操作系统层、其他系统软件层和应用软件层，如图 2-1 所示。其中每一层代表一组功能，并提供相应的接口（接口是指掩盖其内部功能实现的细节，只向外部提供使用它的约定）。

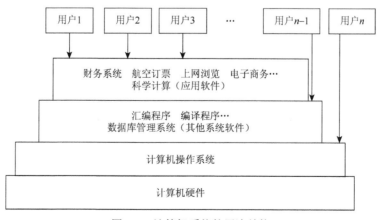

图 2-1 计算机系统的层次结构

由图 2-1 可以看出，操作系统是对计算机硬件系统功能的首次扩充，它不仅能够管理计算机系统的硬件，使其充分发挥其应有的作用，而且能够为用户提供方便、快捷、安全、可靠地使用计算机的接口。因此，从一般用户的观点看，操作系统是用户与计算机硬件系统之间的接口；从资源管理的观点看，操作系统是计算机系统资源的管理者。

2.1.2　操作系统的发展过程

操作系统的形成迄今已有 60 多年的时间。在这 60 多年中，推动操作系统发展的主要动力可以归结为四个方面：①不断提高计算机资源利用率的需要；②方便用户使用计算机；③计算机元器件的不断更新换代；④计算机系统结构的不断发展。由此先后形成了批处理操作系统、分时操作系统、实时操作系统、微机操作系统、多处理机操作系统、网络操作系统和分布式操作系统，下面分别予以简要介绍。

1. 批处理操作系统

批处理操作系统是早期计算机（20 世纪 50 年代末～60 年代中期，晶体管时代）所使用的一种操作系统。批处理操作系统的突出特征是"批量"。它把提高系统的资源利用率和系统的吞吐量作为主要设计目标。

批处理系统可分为单道批处理系统和多道批处理系统。

在单道批处理系统中，用户一次可以提交多个作业，但负责调度作业的监督程序每次只向内存调入一个作业，系统一次也只处理一个作业，处理完一个作业后，再调入下一个作业进行处理，直到这批作业全部完成。

在多道批处理系统中，在内存同时保存多个作业，并允许它们并发执行。多个作业完成的先后顺序与它们进入内存的顺序之间，并无严格的对应关系，即先进入内存的作业可能较后甚至最后完成，而后进入内存的作业又可能先完成。作业从提交给系统开始直至完成，需要经过以下两次调度。

（1）作业调度：在多道批处理系统中，用户所提交的作业都先存放在外存上并排成一个队列，该队列被称为"后备队列"。作业调度的基本任务，是从后备队列中按照一定的算法选出若干个作业调入内存并为之建立相应的进程，使之成为具有获得处理机资格的就绪进程。

（2）进程调度：按一定的进程调度算法，如最高优先权算法，从进程就绪队列中选出一进程，把处理机（CPU）分配给它，为该进程设置运行现场，并使之投入运行。

多道批处理系统的优点是系统资源利用率高、吞吐量大，但是作业平均周转时间长，无交互能力。用户一旦把作业提交给系统后直至作业完成，用户都不能与自己的作业进行交互。这对于修改和调试程序都是极不方便的。为了能够进行人机交互，并进一步方便用户使用计算机，分时操作系统应运而生。

2. 分时操作系统

分时操作系统是指在一台主机上连接了多个带有显示器和键盘的终端，同时允许多个用户通过自己的终端，以交互方式使用计算机，共享主机中的资源。

分时系统工作时，轮流地为每一个终端服务一个时间片。用户可通过自己的终端向系统提出完成某项工作的请求，系统在相应的时间片内响应用户的请求，并把响应的结果（成功或失败）通过终端告诉给对应的用户。然后，用户又根据系统告诉的响应结果，再向系统提出下一步的请求，这样重复上述交互会话过程，直至用户完成预计的操作。由于计算机的运算速度很快，轮流服务的周期又设计得很短，故对每个终端用户来说，好像是自己独占了整台计算机一样。分时系统的特点如下。

（1）多路性。多路性也称同时性，允许在一台主机上同时连接多个联机终端，若干个终端用户可同时在一台主机上工作。宏观上：是多个人同时使用一个 CPU。微观上：多个人在不同时刻轮流使用 CPU。

（2）独立性。各个用户的操作是独立的，互不干扰。因此，用户会感觉到就像他一人独占主机。

（3）及时性。系统能在很短的时间内响应用户的要求，此时间间隔是以人们所能接受的等待时间来确定的，通常为 2～3s。

（4）交互性。用户可通过终端与系统进行广泛的人机对话。

3. 实时操作系统

实时操作系统是指当外界事件或数据产生时，能够接受并以足够快的速度予以处理，其处理的结果又能在规定的时间之内来控制生产过程或对处理系统作出快速响应，并控制所有实时任务协调一致运行的操作系统。因而，提供及时响应和高可靠性是其主要特点。

实时操作系统有硬实时和软实时之分，硬实时要求在规定的时间内必须完成操作，这是在操作系统设计时保证的；软实时则只要按照任务的优先级，尽可能快地完成操作即可。

一些实时操作系统是为特定的应用设计的，另一些是通用的。但某种程度上，大部分通用目的的操作系统，如微软的 Windows NT 或 IBM 的 OS/390 有实时系统的特征。这就是说，即使一个操作系统不是严格的实时系统，它们也能解决一部分实时应用问题。

实时系统与多道批处理系统和分时系统相比，往往不强调系统的工作效率和资源利用率，而注重系统的实时性和可靠性。

4. 微机操作系统

随着超大规模集成电路的发展而产生了微机，配置在微机上的操作系统称为微机操作系统。微机操作系统可分为单用户单任务 OS、单用户多任务 OS、多用户多任务 OS。

（1）单用户单任务 OS。

单用户单任务 OS 的含义是：只允许一个用户上机，且同一时刻只允许用户运行一个应用程序。这是一种最简单的微机 OS，主要配置在 8 位微机和 16 位微机上。最有代表性的单用户单任务 OS 是 CP/M 和 MS-DOS。

（2）单用户多任务 OS。

单用户多任务 OS 的含义是：只允许一个用户上机，但允许用户同时运行多个应用程序，使它们并发执行，从而有效地改善系统的性能。目前，在 32 位和 64 位微机上所配置的微机 OS，大多数是单用户多任务 OS，其中最有代表性的是 OS/2 和 Windows。

（3）多用户多任务 OS。

多用户多任务 OS 的含义是：允许多个用户通过各自的终端，使用同一台主机，共享主机系统中的各类资源，而每个用户又可同时运行多个应用程序，使它们并发执行，从而可进一步提供资源利用率和增加系统吞吐量。在大、中、小型机上所配置的都是多用户多任务 OS，而在 32 位和 64 位微机上，也有不少是配置的多用户多任务 OS，其中最有代表性的是 UNIX OS。

5. 多处理机操作系统

短短几十年计算机发展的历史，清楚地表明，提高计算机系统性能的主要途径有两条：一是提高构成计算机系统的元器件的运行速度；二是改进计算机系统的体系结构。进入 20 世纪 70 年代出现了多处理机系统（multiprocessor system，MPS）。为多处理机系统配置的操作系统称为多处理机操作系统。

多处理机系统的特点是系统的吞吐量大，随着系统中处理机数目的增多，可使系统在较短的时间内，完成更多的工作；节省投资，这是因为多个 CPU 包含在同一个机箱内，且用同一个电源和共享一部分资源，如外设、内存等；可靠性高，当其中任何一台处理机发生故障时，系统能立即将该处理机上所处理的任务，迁移到其他的一台或多台处理机上去处理，整个系统仍能正常运行，仅使系统的性能略有降低。

6. 网络操作系统

当计算机继续发展而出现了计算机网络后，相应地，也就有了网络操作系统。

所谓计算机网络，是指把分布在不同地理位置的计算机系统，通过通信设备和通信线路连接起来的网络。为计算机网络配置的操作系统称为网络操作系统。

网络操作系统除了具有一般操作系统的功能，还具有网络管理的功能，实现计算机之间的通信和网络中所有软件和硬件资源的共享。由于网络中的资源能为各计算机共享，所以网络中的每一台计算机都具有很强的处理能力。

7. 分布式操作系统

将大量的计算机通过网络连接在一起，以获得极高的任务处理能力及广泛的数据共享。这样的一种系统称为分布式系统（distributed system）。为分布式系统配置的操作系统称为分布式操作系统。

分布式操作系统的特征是：分布式操作系统是一个统一的操作系统，在系统中的所有主机使用的是同一个操作系统；实现资源的深度共享；处于分布式系统中的各个主机都处于平等的地位，各个主机之间没有主从关系。

分布式系统的优点在于它的分布式，分布式系统的处理和控制功能分散在系统的各计算机上，系统中的任务可以动态地分配到各个计算机完成。分布式系统的另一个优势是它的可靠性，一个主机的失效一般不会影响整个分布式系统。

网络操作系统与分布式操作系统在概念上的主要不同之处，在于网络操作系统可以构架于不同的操作系统之上，也就是说它可以在不同的本机操作系统上通过网络协议实现网络资源的统一配置。分布式操作系统强调单一操作系统对整个分布式系统的管理、调度。

2.1.3　操作系统的功能

从资源管理的观点看，操作系统具有这样几方面的功能：处理机（CPU）管理、存储器管理、文件管理、设备管理。此外，为了方便用户使用计算机，还必须向用户提供一个使用方便的用户接口。

1. 处理机管理

处理机是计算机中的核心硬件，所有程序的运行都要靠它来实现。如何协调不同程序之间的运行关系，如何及时反映不同用户的不同要求，如何让众多用户能够公平地得到计算机的资源等，都是处理机管理要关心的问题。具体地说，处理机管理要完成如下事情：对处理机的时间进行分配，对不同程序的运行进行记录和调度，实现用户和程序之间的相互联系，解决不同程序在运行时相互发生的冲突。处理机管理是操作系统的最核心部分，它的管理方法决定了整个系统的运行能力和质量，代表着操作系统设计者的设计理念。

2. 存储器管理

存储器管理的主要工作是对存储器进行分配、保护、扩充和地址映射。

（1）内存分配。在内存中除了操作系统、其他系统软件，还要有一个或多个用户程序。如何分配内存，以保证系统及各用户程序的存储区互不冲突，这是内存分配问题。

（2）存储保护。系统中有多个程序在运行，如何保证一个程序在执行过程中不会有意或无意地破坏另一个程序，如何保证用户程序不会破坏系统程序，这是存储保护问题。

（3）内存扩充。当用户的程序和数据所需要的内存量超过计算机系统所提供的内存容量时，如何把内部存储器和外部存储器结合起来管理，为用户提供一个容量比实际内存大得多的虚拟存储器，而用户使用这个虚拟存储器和使用内存一样方便，这就是内存扩充所要完成的任务。

（4）地址映射。操作系统必须提供把用户程序地址空间中的逻辑地址转换为内存空间对应的物理地址的功能。地址映射功能可使用户不必过问物理存储空间的分配细节，从而为用户编程提供了方便。

3. 文件管理

计算机内存中的信息具有易失性，一旦关闭电源后其中的信息自动消失。为了使数据和程序达到长久保存的目的，需要将它们以文件的形式存储到外存储器中。操作系统的文件管理具有如下功能。

（1）文件存储空间的管理。进行文件存储空间的分配和回收。

（2）目录管理。实现文件的按名存取以及文件共享。

（3）文件的读写管理。根据用户的请求，从外存中读取数据，或将数据写入外存。

（4）文件的保密和保护。

有的文件应是保密的，要防止一个用户有意或无意地破坏或窃取另一个用户的信息。保密的常用方法是给受保护的文件设置一个"口令"，只有知道口令的用户才能访问该文件。

另外，重要的文件还要做好安全保护工作，如万一遇上断电和硬件故障时，应防止重要信息的丢失和破坏。文件保护的常用方法是定期为文件制作一个副本到外存，作为备用。

4. 设备管理

计算机系统中外部设备的种类很多，各设备的使用方法又存在很大的差异，设备管理的主要任务是对设备进行统一管理，它具有如下功能。

（1）根据各种类型设备的工作特性，按一定的算法分配设备。

（2）实施真正的输入输出管理，如实施设备的启动、关闭，信息的输入、输出等。

（3）实现一些其他功能，如为解决 CPU 运行的高速度与 I/O 操作的低速度之间的矛盾，引入缓冲技术、假脱机技术；为提高主机与 I/O 设备的并行操作程度，运用中断技术、通道技术等。

（4）设备独立性和虚拟设备功能。设备独立性的基本含义是指应用程序独立于物理设备，以使用户编制的程序与实际使用的物理设备无关。虚拟设备功能可把一个物理设备变为若干个逻辑上的对应物，以使一个物理设备能供多个用户共享。这样，不仅提高了设备利用率，而且还加速程序的执行过程，使每个用户都感觉到自己在独占该设备。

5. 用户接口

为了让用户灵活、方便地使用计算机，操作系统提供了一组友好的用户接口。通过这些接口，用户能够方便地调用操作系统提供的功能，有效地组织任务及其工作和处理流程，并使整个系统能够高效地运行。操作系统提供的接口有两大类：程序接口和命令接口。

（1）程序接口。程序接口是为了用户程序在执行中访问系统资源而设置的，是用户程序取得操作系统服务的唯一途径，它由一组系统调用组成。

（2）命令接口。命令接口是为了便于用户直接或间接控制自己的作业而设置的，可分为基于文本的接口（通常称为"shell"）和基于图形的接口（通常称为"GUI"）两种。用户通过命令接口可以实现与操作系统的交互①。目前，基于声音的命令接口已被开发出来。可以预计，计算机系统的命令接口将会变得越来越方便、越来越拟人化。

2.1.4　当前主流操作系统简介

1. Microsoft Windows

Microsoft Windows（微软视窗）是一个为个人计算机和服务器用户设计的操作系统。

---

① 交互方式有两种：脱机方式和联机方式。脱机方式要求用户利用作业控制语言来编写表示用户控制意图的作业说明书。作业控制语言的语句就是作业控制命令。在微机系统和工作站系统中，人们常用批处理文件或 shell 程序方式编写作业说明书。联机方式不要求用户编写作业说明书，用户利用系统提供的一组键盘或其他操作方式的命令，交互地控制程序执行和管理计算机系统。凡是使用过 DOS、Windows 或 Linux 系统的用户，对联机交互方式应该是不陌生的。

从 1985 年它的第一个版本发行到现在为止，Microsoft Windows 已经经过了 30 年的发展，并且成为了风靡全球的微机操作系统。目前个人计算机上采用 Windows 操作系统的约占90%，微软几乎垄断了 PC 软件行业。

Microsoft Windows 采用菜单驱动工作方式，使用成熟的图形界面技术作为用户的工作桌面，把应用程序的名称和具有的功能用图标形象地标注在桌面上。用户通过使用鼠标和键盘来完成相应的操作。

Microsoft Windows 之所以取得成功，主要在于它具有以下特点。

（1）直观、高效、易学的面向对象的图形用户界面。

Windows 的图形用户界面，使普通用户的学习过程变得容易，也方便了用户的使用。这也是 Windows 操作系统能迅速取得成功、占领市场的一个重要因素。

（2）统一的用户界面。

Windows 操作系统的所有程序拥有相同的或相似的基本外观，包括窗口、菜单、工具栏等。用户只要掌握其中一个，就不难学会其他软件。

（3）灵活的外设配置方式。

微机用户各种各样，用户的需求差别很大，因此外设配置的要求差别也很大。Windows 操作系统提供了灵活的外设配置方式。用户根据自己的需求，利用计算机硬件提供的外设接口连接外部设备，然后使用 Windows 操作系统提供的加载程序加载外设驱动程序就可完成外设连接和配置。

（4）多任务。

Windows 是一个多任务的操作环境，它允许用户同时运行多个应用程序。每个程序在屏幕上占据一块矩形区域，这个区域称为窗口。多个窗口可以重叠或平铺。用户可以移动这些窗口，或者在不同的应用程序之间进行切换。

2. UNIX

UNIX，或写作 Unix，最早由 Ken Thompson、Dennis Ritchie 和 Douglas McIlroy 于 1969 年在 AT&T 的贝尔实验室开发，它是一个强大的多用户、多任务操作系统，支持多种处理器架构。UNIX 对工作站、微型计算机、大型机，甚至超级计算机等各种不同类型的计算机来说是一种标准的通用操作系统。

UNIX 系统之所以得到如此广泛的应用，是与其特点分不开的。其主要特点表现在以下几个方面。

（1）多用户的分时操作系统。不同的用户分别在不同的终端上进行交互式的操作，就好像各自单独占用主机一样。

（2）可移植性好。硬件的发展是极为迅速的，迫使依赖于硬件的基础软件特别是操作系统不断地进行相应的更新。由于 UNIX 几乎全部是用可移植性很好的 C 语言编写的，其内核极小，模块结构化，各模块可以单独编译。所以，一旦硬件环境发生变化，只要对内核中有关的模块作修改，编译后与其他模块装配在一起，即可构成一个新的内核，而内核上层完全可以不动。

（3）可靠性强。经过 40 多年的考验，UNIX 系统是一个成熟而且比较可靠的系统。

在应用软件出错的情况下，虽然性能会有所下降，但工作仍能可靠进行。

（4）开放式系统。UNIX 具有统一的用户接口，使得 UNIX 用户的应用程序可在不同条件环境下运行。此外，其核心程序和系统的支持软件大多都用 C 语言编写。

（5）具有可装卸的树型分层结构文件系统。该文件系统具有使用方便，检索简单等特点。

（6）将所有外部设备都当作文件看待，分别赋予它们对应的文件名，用户可以像使用文件那样使用任一设备，而不必了解该设备的内部特性，这既简化了系统设计又方便了用户的使用。

3. Linux

Linux 内核最初是由芬兰大学生林纳斯·托瓦兹（Linus Torvalds）在赫尔辛基大学上学时学习操作系统课程时编写的。在最初的设想中，Linux 是一种类似 Minix 的操作系统。Linux 的第一个版本在 1991 年 9 月发布在 Internet 上，随后在 10 月份第二个版本就发布了。Linux 是一套免费使用和自由传播的类 UNIX 操作系统。与 Windows 等商业操作系统不同，Linux 完全是一个自由的操作系统。

Linux 包含了人们希望操作系统拥有的所有功能特性，包括真正的多任务、虚拟内存、世界上最快的 TCP/IP 驱动程序、共享库和多用户支持。Linux 以它的高效性和灵活性著称。Linux 模块化的设计结构，使得它既能在价格昂贵的工作站上运行，也能够在廉价的 PC 上实现全部的 UNIX 特性。按照层次结构的观点，在同一种硬件平台上，Linux 可以提供和 UNIX 相同的服务，即相同的用户级和程序级接口。Linux 绝不是简化的 UNIX，相反，Linux 是强有力和具有创新意义的 UNIX 操作系统，它不仅继承了 UNIX 的特征，而且在许多方面超过了 UNIX。

Linux 操作系统软件包不仅包括完整的 Linux 操作系统，而且还包括了文本编辑器、高级语言编译器等应用软件。它还包括带有多个窗口管理器的 X-Windows 图形用户界面，如同我们使用 Windows NT 一样，允许用户使用窗口、图标和菜单对系统进行操作。

Linux 具有 UNIX 的优点：稳定、可靠、安全，有强大的网络功能。在相关软件的支持下，可实现 WWW、FTP、DNS、DHCP、E-mail 等服务，还可作为路由器使用，利用 ipchains/iptables 可构建 NAT 及功能全面的防火墙。

Linux 有很多发行版本，较流行的有：RedHat Linux、Debian Linux、RedFlag Linux 等。

2.2　认识 Windows 7

Windows 操作系统版本很多，从 1985 年 11 月微软推出第一个图形用户界面 Windows 1.0，到 2015 年 7 月推出 Windows 10，其间曾发布过 Windows 2.0、Windows 3.x、Windows 95、Windows 98/ME、Windows 2000 Server、Windows XP、Windows Server 2003、Windows Vista、Windows Server 2008、Windows 7、Windows Server 2012、Windows 8/8.1、Windows 10 等一系列广受欢迎的个人操作系统，其中 Windows 7 与低版本的其他 Windows 操作系

统相比，在功能、安全性、个性化、可操作性、功耗等方面都有很大的改进，目前仍然是个人操作系统的主流。Windows 7 包含 6 个版本，分别为 Windows 7 Starter（初级版）、Windows 7 Home Basic（家庭普通版）、Windows 7 Home Premium（家庭高级版）、Windows 7 Professional（专业版）、Windows 7 Enterprise（企业版）以及 Windows 7 Ultimate（旗舰版）。本节以功能最完善、最丰富的 Windows 7 中文旗舰版为例介绍 Windows 7 操作系统的使用。

2.2.1　Windows 7 的启动与退出

启动和关闭 Windows 系统，是使用计算机必须进行的操作。

1. Windows 7 的启动

对于安装了 Windows 7 系统的计算机，启动 Windows 7 的具体操作步骤如下。

（1）接通各种电源，然后打开显示器电源开关，待其指示灯变亮后，再按下主机上的电源开关。计算机先进行自检、初始化硬件设备工作，如果主要硬件都能正常工作，Windows 7 自动启动。

（2）系统正常启动后，屏幕上显示如图 2-2 所示的用户登录界面。在用户账户名称下方的文本框中输入登录密码，然后单击文本框右侧的按钮 ，或直接按 Enter 键，即可开始加载个人设置。

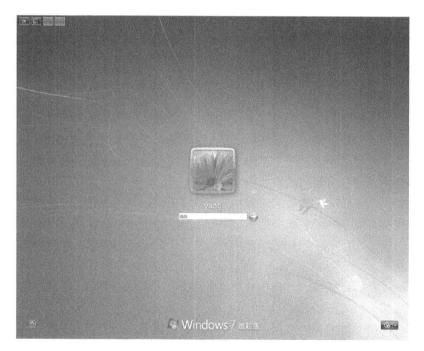

图 2-2　Windows 7 用户登录界面

（3）经过几秒钟之后就会进入 Windows 7 桌面，如图 2-3 所示。

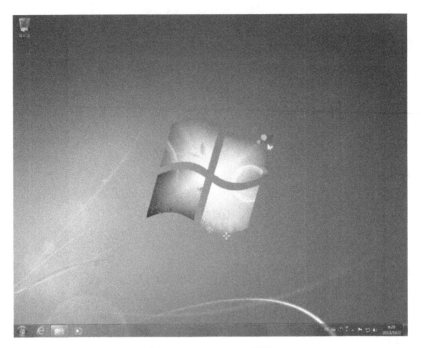

图 2-3　Windows 7 桌面

　　如果当前系统只有一个用户账户，且未设置用户登录密码，则会自动进入系统桌面。

　　如果使用该计算机的用户账户有多个，则出现显示有多个用户账户的登录界面。将鼠标指针移到要选择的用户账户名称上单击，即可出现选定账户的用户登录界面，如果该用户账户设置有登录密码，在用户账户名称下方会自动出现一个空白文本框，用户可以在此处输入登录密码，然后单击文本框右侧的按钮，或直接按 Enter 键，系统将开始加载个人设置。若选中的用户没有设置登录密码，系统将直接登录。

　　2. Windows 7 的退出

　　计算机的关闭与平常使用的家用电器不同，不是简单的关闭电源就可以了，而是需要在 Windows 系统中进行关机操作，确保正确退出 Windows 系统，否则可能会破坏一些未保存的文件和正在运行的程序。

　　对于安装了 Windows 7 系统的计算机，正常关机的操作步骤如下。

　　（1）关闭所有打开的程序和文档窗口。在退出 Windows 系统之前，应关闭所有打开的程序和文档窗口。如果存在未关闭的程序或文档，系统会询问用户是否要结束有关程序的运行。

　　（2）单击「开始」按钮，弹出「开始」菜单，如图 2-4 所示。

　　（3）单击「关机」按钮。

　　系统即可自动保存相关的信息。系统退出后，主机的电源会自动关闭，指示灯灭，这样计算机就安全地关闭了，此时用户将显示器电源开关关闭即可。

　　关于关机还有一种特殊情况，称为"非正常关机"。就是当用户在使用计算机的过程中突然出现了"死机""花屏""黑屏"等情况，不能通过「开始」按钮关闭计算机了，此时用户只能持续地按住主机机箱上的电源开关按钮，等主机机箱电源指示灯熄灭后，表明主机关闭，然后关闭显示器的电源开关就可以了。对于这种非正常关机，Windows 系统在下次开机时会自动执行磁盘扫描程序，以使系统稳定并更加快速。但尽管如此，这样的操作仍可能会造成致命的错误，如硬盘损坏或启动文件缺损等问题，并导致系统无法再次启动。

　　鉴于此，用户使用完计算机后，在能进行正常关机的情况下，一定要正常关机，而不要直接关闭计算机主机电源，或者直接关闭计算机连接的电源插座。

　　在 Windows 7 的「开始」菜单中，除「关机」按钮外，单击其右侧的右箭头按钮，则弹出一个"关闭选项"列表，如图 2-5 所示。

图 2-4　「开始」菜单

图 2-5　"关闭选项"列表

　　"关闭选项"列表中，有切换用户、注销、锁定、重新启动、睡眠共 5 项，它们各自的含义如下。

　　（1）切换用户：保留当前用户所有打开的程序和文档，快速切换到"用户登录界面"，同时提示当前登录的用户为"已登录"的信息。此时用户可以选择其他用户账户来登录系统，而不会影响已登录用户的账户设置和运行的程序。

　　（2）注销：退出当前用户账户。在进行该动作前要关闭所有打开的程序和文档窗口，否则会造成数据的丢失。进行此操作后，系统会自动保存个人信息到硬盘，并快速切换到"用户登录界面"。如果用户只是想注销掉"计算机当前使用者"这个身份，而不是想关闭计算机，可使用这一功能。

　　（3）锁定：使计算机锁定，系统返回"用户登录界面"。此时用户只有输入用户登录密码才能再次使用计算机。如果用户有事情需要暂时离开，但是计算机还在进行某种操作不方便停止，也不希望其他人查看自己计算机里的信息时，可以通过这一功能来锁定计算机。

（4）重新启动：相当于执行"关机"操作后再开机，一般在出现异常情况时采用这种方法。

（5）睡眠：使计算机以最小的能耗处于锁定状态，可以节省电能，特别是节省膝上型或便携式计算机的电池电能。在重新使用计算机时，系统会迅速在桌面上还原离开时的状态。

2.2.2　Windows 7 桌面

启动 Windows 7 后，出现在屏幕上的整个区域称为"桌面"，如图 2-6 所示。在 Windows 7 中大部分的操作都是通过桌面完成的。

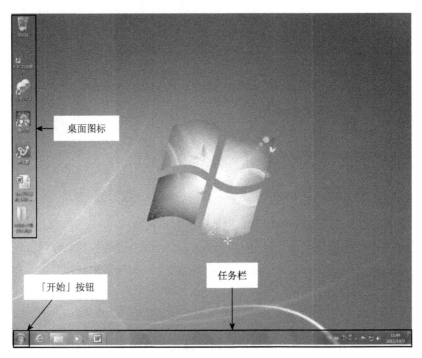

图 2-6　Windows 7 桌面

桌面主要包括桌面背景、桌面图标和任务栏，分别介绍如下。

1. 桌面背景

丰富桌面内容，增强用户的操作体验，对操作系统没有实质性的作用。

2. 桌面图标

在桌面左边有若干个图标，每个图标由一个形象的小图片和说明文字组成，代表了放在桌面上的文件和工具等，通过桌面图标可以打开相应的操作窗口或应用程序。

在第一次登录 Windows 7 时，桌面上只有一个"回收站"系统图标（指可进行与系统相关操作的图标），如图 2-3 所示。为了提高使用计算机时各项操作的速度，可以根据需要添加桌面图标，添加的具体操作步骤如下。

（1）在桌面空白处右击，在弹出的快捷菜单中单击"个性化"，打开"个性化"窗口，如图 2-7 所示。

（2）单击窗口左侧导航窗格中的"更改桌面图标"，打开"桌面图标设置"对话框，如图 2-8 所示。勾选需要添加的图标前面的复选框（在复选框上单击即可），这里勾选"计算机"前面的复选框。

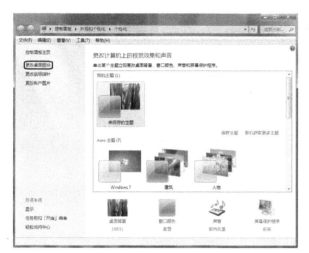

图 2-7　"个性化"窗口

图 2-8　"桌面图标设置"对话框

（3）单击 应用(A) 按钮和 确定 按钮。

在桌面上即可看到添加的"计算机"图标。

3. 任务栏

任务栏是位于桌面最下方的一个小长条，它显示了系统正在运行的程序、打开的窗口和当前时间等内容。用户通过任务栏可以完成许多操作，而且也可以对它进行一系列的设置。

任务栏主要由「开始」按钮、程序图标区、语言栏、通知区域和"显示桌面"按钮 5 部分组成，如图 2-9 所示。在 Windows 7 中，任务栏已经是全新的设计，它拥有了新外观，除了依旧能在不同的窗口之间进行切换，Windows 7 的任务栏看起来更加方便，功能更加强大和灵活。

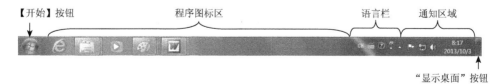

图 2-9　任务栏

（1）「开始」按钮 。

单击「开始」按钮 会打开一个「开始」菜单，如图 2-4 所示。「开始」菜单是计算机程序、文件夹和设置的主要通道。在「开始」菜单中几乎可以找到所有的应用程序，方便用户进行各种操作。

（2）程序图标区。

程序或窗口在打开后，都会在任务栏显示相应的图标。单击这些图标，就可以在程序和窗口间切换。

Windows 7 任务栏还增加了 Aero Peek 新的窗口预览功能，用鼠标指向任务栏图标，可预览已打开的程序或窗口的缩略图，然后单击任何一个缩略图，即可打开相应的程序或窗口。图 2-10 为鼠标指向"画图"程序图标的 Aero Peek 视觉效果图。

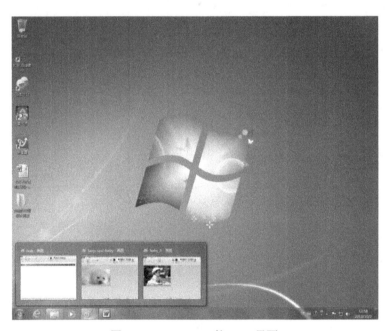

图 2-10　Windows 7 的 Aero 界面

（3）语言栏。

通过语言栏用户可以选择各种语言输入法。单击按钮 ，在弹出的菜单中可以选择不同的输入法。语言栏可以最小化并以按钮的形式在任务栏显示，单击右上角的还原小按钮，它也可以独立于任务栏之外。

在切换各种语言输入法时，还可以使用快捷键来完成。

Ctrl+空格：完成中文输入法与英文输入法之间的切换。

Ctrl+Shift：完成所有输入法之间的切换。

（4）通知区域。

通知区域位于任务栏的右侧，该区域除了显示有系统时钟、音量、网络和操作中心等一组系统图标，还显示一些正在运行的程序图标，或提供访问特定设置的路径。用户看到的图标集取决于已安装的程序或服务，以及计算机制造商设置计算机的方式。将鼠标指针移向特定图标,可以看到该图标的名称或某个设置的状态。有时,通知区域中的图标会显示小的弹出窗口(称为通知),向用户通知某些信息。同时,用户也可以根据自己的需要自定义可见的图标及其相应的通知在任务栏中的显示方式。

(5)"显示桌面"按钮█。

在 Windows 7 系统任务栏的最右侧,增加了"显示桌面"按钮█,作用是快速地将所有已打开的窗口最小化。这样查找桌面文件就变得很方便。在以前的系统中,它被放在快速启动栏中。

鼠标指向该按钮,所有已打开的窗口就会变成透明,显示桌面内容,鼠标移开,窗口则恢复原状。单击该按钮则可以将所有已打开的窗口最小化。如果希望恢复显示这些已打开的窗口,也不必逐个从任务栏中单击,只要再次单击"显示桌面"按钮█,所有已打开的窗口又会恢复为显示的状态。

虽然在 Windows 7 中取消了"快速启动栏",但是"快速启动"功能仍在,用户可以把常用的程序添加到任务栏上,以方便访问。

4. 「开始」菜单

事实上,一般用户使用 Windows 系统都是从「开始」菜单出发的。「开始」菜单向用户提供了众多的应用程序入口,以方便各种程序的启动。

Windows 7 系统的「开始」菜单由"固定程序"列表、"常用程序"列表、"所有程序"列表、"搜索"框、"启动"菜单和"关闭选项"按钮区等组成,如图 2-11 所示。

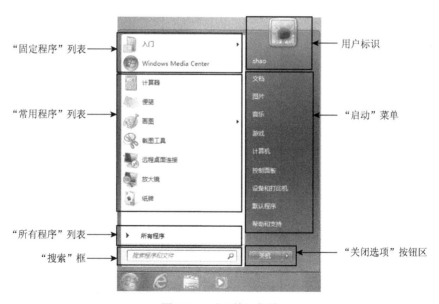

图 2-11 「开始」菜单

(1)"固定程序"列表。

该列表中的程序会固定地显示在「开始」菜单,用户通过它可以快速地打开其中的应用程序。默认的"固定程序"列表中只有"入门"和"Windows Media Center"两个程序。

用户可以根据自己的需要将常用的程序添加到"固定程序"列表中。例如，将"Windows资源管理器"程序添加到"固定程序"列表中，方法为：依次单击"开始"→"所有程序"→"附件"，在弹出的"附件"菜单的"Windows资源管理器"项上单击鼠标右键，从弹出的快捷菜单中单击"附加到「开始」菜单"即可。

（2）"常用程序"列表。

在"常用程序"列表中默认存放了7个常用的系统程序，如计算器、便笺、画图等。随着对一些程序的频繁使用，在该列表中会列出10个最常使用的应用程序。如果超过10个，它们会按照使用时间的先后顺序依次顶替。用户也可以根据需要设置"常用程序"列表中能够显示的程序的最大数值。Windows 7默认的上限值是30。

（3）"所有程序"列表。

用户在"所有程序"列表中可以查看到系统中安装的所用程序。打开「开始」菜单，用鼠标单击"所有程序"项上的右箭头按钮▶，即可显示"所有程序"子菜单。

"所有程序"子菜单分为应用程序和程序组两种，区分很简单，在子菜单中标有文件夹图标的项为程序组，未标有的项为应用程序。单击程序组，即可弹出应用程序列表。

（4）"搜索"框。

使用此"搜索"框是在整个计算机上查找项目的最便捷方法之一。搜索时，系统将遍历用户的程序以及个人文件夹（包括"文档""图片""音乐""桌面"以及其他的常见位置）中的所有文件夹，因此是否提供项目的确切位置并不重要。系统还遍历用户的电子邮件、已保存的即时消息、约会和联系人等。系统在用户开始输入关键字时，搜索就开始进行了，随着输入的关键字越来越完整，符合条件的内容也将越来越少，直到搜索出完全符合条件的内容为止。这种在输入关键字的同时就进行搜索的方式称为"动态搜索功能"。

（5）"启动"菜单。

"启动"菜单位于「开始」菜单的右窗格中，在"启动"菜单中列出了一些经常使用的Windows程序链接，如文档、计算机、控制面板及设备和打印机等。通过"启动"菜单，用户可以快速地打开相应的程序进行相应的操作。

（6）"关闭选项"按钮区。

"关闭选项"按钮区包括"关机"按钮 关机 和"关闭选项"按钮▶。单击"关闭选项"按钮▶，弹出"关闭选项"列表，其中包括切换用户、注销、锁定、重新启动和睡眠5个选项。

（7）用户标识。

显示当前操作系统使用的用户图标和用户名称，便于用户识别。单击它可设置用户账户。

2.2.3 Windows 7窗口

当用户打开一个文件、文件夹或者应用程序时，都会出现一个窗口，窗口是用户进行操作时的重要组成部分，熟练地对窗口进行操作，会提高用户的工作效率。

1. 窗口的组成

窗口一般分为系统窗口和程序窗口。系统窗口一般指"资源管理器"窗口等 Windows 7 操作系统的窗口，主要由标题栏、地址栏、搜索框、菜单栏、工具栏、窗口工作区和窗格等部分组成，如图 2-12 所示。单击「开始」按钮 ，弹出「开始」菜单，单击"启动"菜单中的"计算机"，即可打开定位于"计算机"项目的 Windows 7 "资源管理器"窗口，也称为"计算机"窗口。而程序窗口根据程序和功能与系统窗口有所差别，但其组成部分大致相同。下面就"计算机"窗口的重要组成部分进行介绍。

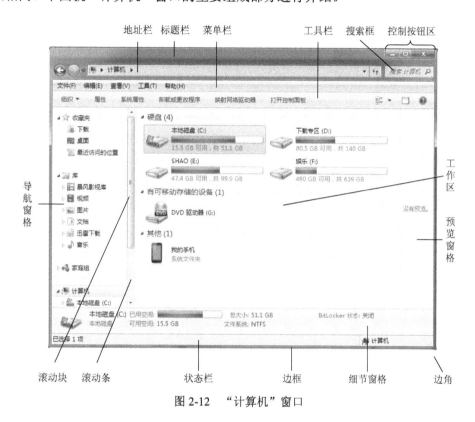

图 2-12　"计算机"窗口

（1）标题栏。

标题栏位于窗口的最上部，在"计算机"窗口中，只显示了窗口的"最小化"按钮 、"最大化"按钮 （或"还原"按钮 ）及"关闭"按钮 ，单击这些按钮可对窗口执行相应的操作。

（2）地址栏。

地址栏是"计算机"窗口重要的组成部分，通过它可以清楚地知道当前打开的文件夹的路径。当知道某个文件或程序的保存路径时，可以直接在地址栏中输入路径来打开保存该文件或程序的文件夹。

Windows 7 的地址栏中，每一个路径都由不同的按钮组成。单击这些按钮，就可以在相应的文件夹之间进行切换。单击这些按钮右侧的按钮，将会弹出一个子菜单，其中显示了该按钮对应文件夹内的所有子文件夹。此外，通过该地址栏还可以访问 Internet 上的资源。

（3）搜索框。

"计算机"窗口右上角的搜索框与「开始」菜单中"搜索程序和文件"搜索框的使用方法和作用相同，都具有在整个计算机中搜索各类程序和文件的功能。

> **注意：**
> 　　①使用搜索框时，如果在"计算机"窗口中打开某个文件夹窗口，并在搜索框中输入关键字，表示只在该文件夹窗口中搜索，而不是对整个计算机资源进行搜索。
> 　　②在搜索框中单击，会在搜索框下方出现搜索筛选器，可以添加多个搜索条件。以便能更精确、更快速地搜索所需要的内容。

（4）菜单栏。

菜单栏位于标题栏的下面，列出可供用户选用的菜单标题，每个菜单标题下均包含一系列菜单命令。每个窗口的菜单栏是不同的，但大多数窗口的菜单栏都有"文件""编辑""帮助"等菜单。

（5）工具栏。

在 Windows 的许多窗口中，都会出现工具栏。工具栏上的工具按钮一般对应于针对当前窗口或窗口内容的一些常用菜单命令，方便用户操作。打开不同的窗口或在窗口中选择不同的对象，工具栏中显示的工具按钮是不一样的。图 2-13 所示为刚进入"计算机"窗口时显示的工具栏，图 2-14 所示为打开 E 盘后的"计算机"窗口显示的工具栏。

图 2-13　刚打开"计算机"窗口时的工具栏

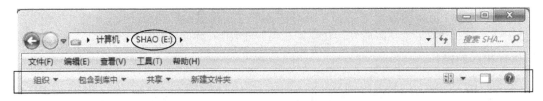

图 2-14　打开 E 盘后"计算机"窗口的工具栏

（6）工作区。

工作区位于窗口的右侧，是整个窗口中最大的矩形区域，用于显示当前窗口的内容或执行某种操作后的结果。如果窗口工作区的内容太多而不能全部显示时，将在其右侧和下方出现滚动条。通过拖动水平或者垂直的滚动条可查看未显示出来的部分。

（7）窗格。

在图 2-12 所示的"计算机"窗口中有多种窗格类型，包括导航窗格、细节窗格和预览窗格。

导航窗格：位于工作区的左侧区域，与以往的 Windows 系统版本不同的是，在 Windows 7 系统中导航区一般包括收藏夹、库、计算机和网络 4 部分。单击前面的箭头按钮▷可以打开相应的列表。

细节窗格：位于窗口的下方，用来显示选中对象的详细信息。当用户不需要显示详细信息时，可以将细节窗格隐藏起来。

预览窗格：用于显示当前选择的文件内容。

显示或隐藏窗格的方法：以显示或隐藏细节窗格为例介绍。

单击工具栏中的按钮 组织▼ ，弹出一个菜单列表，移到鼠标指针到"布局"菜单项，弹出如图 2-15 所示的级联菜单。"细节窗格"前面的 √ 表示此时"计算机"窗口中"细节窗格"是显示出来的。

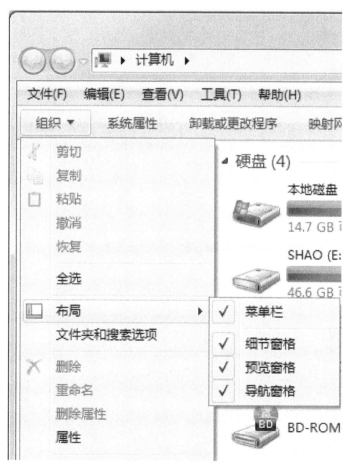

图 2-15　"计算机"窗口"布局"菜单

单击"细节窗格"菜单命令，则"细节窗格"将被隐藏，并且该菜单命令前的 ✓ 消失。"细节窗格"被隐藏后，再次执行"细节窗格"菜单命令，"细节窗格"将重新显示。

导航窗格和预览窗格的显示或隐藏方法类似。另外，对于预览窗格的显示或隐藏，还可以直接单击窗口工具栏上的快捷按钮 □ 或 □。

注意：
　　系统默认显示导航窗格和细节窗格。

（8）状态栏。

状态栏位于窗口的最下方，用于显示当前窗口的相关信息和被选中对象的状态信息。如需查看某菜单项的功能，可以先选中该菜单项，然后直接在状态栏中阅读即可。

显示或隐藏状态栏：执行"查看"菜单中的"状态栏"菜单命令可显示或隐藏状态栏。若该菜单命令前面带 ✓，则表示此时"计算机"窗口中状态栏是显示出来的。再次执行该菜单命令即可将状态栏隐藏起来，此时该菜单命令前的 ✓ 将消失。状态栏被隐藏后，若再一次执行该菜单命令，状态栏将重新显示。

（9）边框、边角。

窗口的周边有 4 个边框和 4 个边角，将鼠标指向相应位置，鼠标指针变为双箭头，按下鼠标左键并在相应方向上拖动可以调整窗口大小。

2. 窗口的操作

窗口的操作是 Windows 中最基本也是最重要的操作，包括打开窗口、关闭窗口、调整窗口大小、移动窗口、在桌面上排列窗口及多窗口间的切换等。

（1）打开窗口。

打开窗口有多种方法，下面以打开"计算机"窗口为例进行介绍。

①双击桌面图标。在桌面上的"计算机"图标上双击，即可打开该图标对应的窗口。

②通过快捷菜单。将鼠标光标移到桌面上的"计算机"图标上，右击，在弹出的快捷菜单中单击"打开"。

③通过「开始」菜单。单击「开始」按钮 ，弹出「开始」菜单，单击"启动"菜单中的"计算机"。

（2）关闭窗口。

当某个窗口不再使用时，需要将其关闭以节省系统资源。关闭窗口有以下几种方法。

①直接单击窗口标题栏最右端的"关闭"按钮 。

②利用快捷菜单。在窗口标题栏上单击鼠标右键，从弹出的快捷菜单中单击"关闭"。

③利用标题栏菜单。单击窗口标题栏的最左端，从弹出的菜单中单击"关闭"。

④利用"文件"菜单。在打开的窗口中，选择"文件"→"关闭"命令，即可将其关闭。

⑤使用 Alt+F4 组合键。选择当前要关闭的窗口，按下 Alt+F4 组合键可以快速地将窗

口关闭。

⑥利用跳转列表。在任务栏上的窗口程序图标上单击鼠标右键，从弹出的跳转列表中单击"关闭窗口"。

用户在关闭窗口之前要保存所创建的文档或者所做的修改。如果忘记保存，在执行了关闭操作后，会弹出一个对话框，询问是否要保存所做的修改，选择"是"后保存关闭；选择"否"后不保存关闭；选择"取消"则不关闭窗口，可以继续使用该窗口。

（3）调整窗口大小。

窗口不但可以移动到桌面上的任何位置，而且可以调整其大小。调整窗口大小的方法如下。

①利用控制按钮。窗口控制按钮包括最小化按钮 、最大化按钮 和还原按钮 。

单击最小化按钮 ，即可将窗口最小化到任务栏上的程序图标区中；单击任务栏上的程序图标，即可恢复到原始大小。

单击最大化按钮 ，即可将窗口放大到整个屏幕。此时最大化按钮会变成还原按钮 ，单击该按钮可以将窗口恢复到原始大小。

②利用标题栏调整。在窗口标题栏上单击鼠标右键，会弹出一个表示当前窗口特征的快捷菜单，如图 2-16 所示，选择相应的菜单项即可完成相应的调整窗口大小的操作。

用"Alt+空格键"打开窗口控制菜单，它和在窗口标题栏上单击鼠标右键弹出的快捷菜单内容是一样的，然后单击相应的菜单项，或者根据菜单中的提示，在键盘上输入相应的字母即可，例如，键入字母"N"，可实现窗口最小化操作。

另外，如果窗口默认不是最大化打开，只需在窗口标题栏上的任意位置双击鼠标，即可使窗口最大化，再次双击可以还原为原始大小，轻松实现了窗口最大化与还原两种状态的切换。

③手动调整。当窗口处于非最大化和最小化状态时，可以通过手动拖拽的方式来改变窗口的大小。

当用户只需要改变窗口的宽度时，可把鼠标放在窗口的垂直边框上，当鼠标指针变成双向的箭头"↔"时，按下鼠标左键不放并拖动，直至窗口宽度为合适

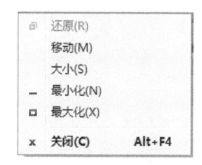

图 2-16　窗口控制菜单

大小时释放鼠标。如果只需要改变窗口的高度时，可以把鼠标放在水平边框上，当指针变成双向箭头"↕"时，按下鼠标左键不放并拖动，直至窗口高度为合适大小时释放鼠标。当需要对窗口进行等比缩放时，可以把鼠标放在边框的任意一角上拖动。如图 2-17 所示。

用户也可以通过鼠标和键盘的配合来完成，在标题栏上右击，在弹出的快捷菜单中单击"大小"，屏幕上出现"✛"标志时，通过键盘上的方向键来调整窗口的高度和宽度，调整至合适大小时，用鼠标单击或者按回车键结束。

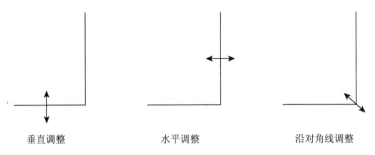

| 垂直调整 | 水平调整 | 沿对角线调整 |

图 2-17 窗口大小的调整

（4）移动窗口。

有时桌面上会同时打开多个窗口，这样就会出现某个窗口被其他窗口内容挡住的情况。对此用户可以将需要的窗口移动到合适的位置。移动窗口可以通过鼠标完成，也可以通过鼠标和键盘的配合来完成。

通过鼠标移动窗口的具体操作步骤如下。

①将鼠标指针放在所要移动窗口的标题栏上。

②按下鼠标左键不放。

③拖动鼠标使窗口移动到所要放置的位置。

④释放鼠标。

如果用户需要精确地移动窗口，可以在标题栏上单击鼠标右键，在弹出的快捷菜单中单击"移动"，当屏幕上出现"✜"标志时，再通过键盘上的方向键来移动，到合适的位置后用鼠标单击或者按回车键结束。

（5）排列窗口。

当桌面上打开的窗口过多时，就会显得杂乱无章，这时用户可以通过设置窗口的显示形式对窗口进行排列。Windows 7 为用户提供了 3 种排列方案：层叠窗口、堆叠显示窗口和并排显示窗口。

在任务栏上的空白区单击鼠标右键，弹出一个快捷菜单，如图 2-18 所示。用户可以根据需要选择一种窗口的排列形式，对桌面上的窗口进行排列。

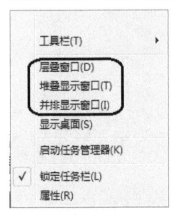

图 2-18 "任务栏"快捷菜单

用户选择了某种排列方式后，在任务栏快捷菜单中会出现相应的撤消该排列方式的菜单项。例如，用户单击了"层叠窗口"后，任务栏的快捷菜单会增加一项"撤消层叠"。若用户再单击"撤消层叠"，则窗口恢复原状。

（6）切换窗口。

在 Windows 7 系统环境下，用户可以同时打开多个窗口，但是当前活动窗口只能有一个。因此用户在操作的过程中经常需要在不同的窗口间进行切换，下面是几种切换的方法。

①利用任务栏上的程序图标区。将鼠标停留在任务栏中某个程序图标上，任务栏上方就会显示该程序打开的所

有内容的小预览窗口，将鼠标移到需要的预览窗口上，就会在桌面上显示该内容的界面状态，单击该预览窗口即可快速打开该内容窗口。

②利用 Alt+Tab 组合键。用户先按下"Alt"键不放，再按一下"Tab"键，此时屏幕上会出现切换任务栏，在其中列出了当前正在运行的窗口，用户这时可以通过按"Tab"键从"切换任务栏"中选择所要打开的窗口，选中后再松开两个键，选择的窗口即可成为当前窗口。

③利用 Alt+Esc 组合键。用户先按下"Alt"键不放，然后通过按"Esc"键来选择所需打开的窗口，但是它只能改变激活窗口的顺序，而不能使最小化窗口放大，所以多用于切换已打开的多个窗口。

④利用 Ctrl 键。如果用户想打开同类程序中的某一个程序窗口，例如，打开任务栏上多个 Word 文档程序中的某一个，可以按住 Ctrl 键，同时用鼠标重复单击任务栏上的 Word 程序图标，就会弹出不同的 Word 程序窗口，直到找到想要的程序后停止单击即可。

2.2.4　Windows 7 菜单

菜单体现了 Windows 用户界面的友好特性。Windows 的命令都包含在菜单中。

1. 菜单的分类

一般来说，可将菜单分为下拉菜单和快捷菜单。在窗口菜单栏中放置的就是下拉菜单，用户可以通过单击其中的菜单项进行某种操作。在某对象上单击鼠标右键时弹出的菜单，称为快捷菜单。根据鼠标右击对象的不同，快捷菜单的内容也是不同的，单击其中的菜单项即可执行相应的操作，从而简化了操作过程。

2. 菜单的使用

学习菜单的使用主要是要掌握以下菜单标志和操作方法。

（1）灰色菜单项。

正常的菜单项是以黑色字符显示的，用户随时可以选中执行。如果某一个或几个菜单项的颜色是灰色的，表示该菜单项当前不能使用。例如，当未选定操作对象时，"编辑"菜单中大部分菜单项不可用，以灰色显示。当选定一个文件后，"编辑"菜单中原来部分灰色的菜单命令被激活，以黑色显示。

（2）带省略号（…）的菜单项。

单击此类菜单项，会弹出一个对话框，通常要求用户输入某种信息或改变某些设置。

（3）带三角标记（▶）的菜单项。

此类菜单项表示它下面还有下级子菜单，当鼠标指针移到该菜单项上时，就会自动弹出它的下级子菜单（也称为级联菜单）。

（4）有组合键的菜单项。

菜单项后的组合键是该菜单项的快捷键（或热键），用户不用打开菜单，直接按下该组合键就能执行该菜单命令。

（5）菜单的分组线。

在有些菜单中可以看到其菜单项被用直线分隔成几组，形成若干个菜单项组。一般按照菜单项的功能来分组，功能相关或相近的菜单项分为一组。

（6）带 ☑ 的菜单项（复选菜单项）。

☑ 表示该菜单项目前是打开的（即该菜单项当前正在起作用），此时如果单击该菜单项，则 ☑ 消失，表示该菜单项被关闭，如果再次单击该菜单命令，☑ 出现。此类菜单项可以让用户在"打开"或"关闭"该菜单项之间进行切换。

这类菜单项所在的组称为"复选菜单项组"，该组中的菜单项可以同时被打开，即可以进行复选。

（7）带圆点（·）的菜单项。

圆点（·）表示该菜单项目前是打开的。这类菜单项所在的组称为"单选菜单项组"，该组中的菜单项同一时间只能有一个被打开，即只可以单选。当单击不带圆点的菜单项时，该菜单项前出现圆点，而该组中原来前面有圆点的菜单项前的圆点消失。但单击带圆点的菜单命令时，圆点并不消失。

2.2.5　Windows 7 对话框

对话框在 Windows 操作系统中占有重要的地位，是用户与计算机系统之间进行信息交流的窗口。Windows 7 中的对话框与 Windows 其他系列的对话框相比，外观和颜色都发生了变化。图 2-19 为"任务栏和「开始」菜单属性"对话框，图 2-20 为单击图 2-19 中按钮 自定义(C)... 打开的对话框，图 2-21 为"添加收藏"对话框，图 2-22 为"运行"对话框。

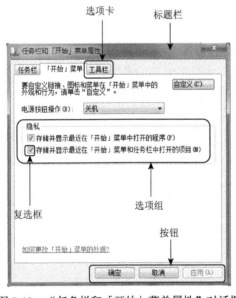

图 2-19　"任务栏和「开始」菜单属性"对话框

图 2-20　"自定义「开始」菜单"对话框

文本框

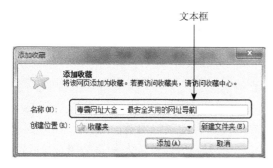

下拉列表框

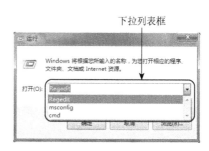

图 2-21　"添加收藏"对话框　　　　　　　　　图 2-22　"运行"对话框

由图 2-20～图 2-22 可以看出，Windows 7 的对话框提供了更多的相应信息和操作提示，使操作更准确。

1. 对话框的组成

对话框的组成和窗口有相似之处，如都有标题栏。但对话框要比窗口更简洁、更直观、更侧重于与用户的交流，它一般包含有标题栏、选项卡、选项组、复选框、命令按钮、单选按钮、微调框、列表框、文本框和下拉列表框几部分。且对话框不能改变大小，且只有在完成了对话框要求的操作后才能进行下一步的操作。

下面对对话框中的重要组成部分进行介绍。

（1）标题栏：位于对话框的最上方，其左侧标明了该对话框的名称，右侧有关闭对话框的按钮 ▒▒ 。

（2）选项卡：很多对话框都是由多个选项卡构成的，选项卡上都有标签，以便于进行区分。用户可以通过各个选项卡之间的切换来查看不同的内容，如图 2-19 所示的对话框中，包含了"任务栏"、"「开始」菜单"和"工具栏" 3 个选项卡。

（3）选项组：在选项卡中通常会有不同的选项组，用户可以在这些选项组中完成需要的操作，如图 2-19 所示的"隐私"选项组。

（4）复选框：它通常是一个小正方形，在其后也有相关的文字说明。当用户选择后，在正方形中间会出现一个"√"标志。对于一个选项组中包含的多个复选框，用户可以选择多项，见图 2-19 中的"隐私"选项组的复选框。

（5）命令按钮：它是指对话框中的圆角矩形并且带有文字的按钮，常用的有"确定"、"取消"、"应用"等，见图 2-19。

（6）单选按钮：它通常是一个小圆形，其后面有相关的文字说明。当选中后，在圆形中间会出现一个小圆点。在对话框中通常是一个选项组中包含多个单选按钮，但每次用户只能选中其中的一项。当单击不带小圆点的单选按钮时，该单选按钮出现小圆点，而该组中原来有小圆点的单选按钮的小圆点消失，见图 2-20。

（7）微调框：单击微调框右边的箭头可以改变数值的大小，也可以在微调框中直接输入一个数值，见图 2-20。

（8）列表框：在某些对话框的选项组中已经列出了众多的选项，用户可以从中选取，但不能更改，见图 2-20。

（9）文本框：在某些对话框中会要求用户手动输入一些内容，以作为下一步的必要条件，这个空白区域就称为文本框。用户可以输入新的文本信息，也可以对原有信息进行修改和删除操作，见图 2-21。

（10）下拉列表框：具有文本框和下拉列表的双重作用，用户既可在文本框中直接输入信息，也可以从弹出的下拉列表中选择所需要的信息，见图 2-22。在图 2-22 所示的"运行"对话框中，"打开"下拉列表框中的文本框还具有自动记忆功能。当用户多次使用文本框时，系统会自动记录在文本框中输入的内容。如果下次需要输入相同的内容，可单击其右侧的向下箭头，在展开的下拉列表中查看最近曾经输入过的命令，从中选择即可。

2. 对话框的操作

对话框的操作包括对话框的移动、关闭、对话框中各选项卡之间的切换及使用对话框中的帮助信息等。

（1）对话框的移动。

用户要移动对话框时，可以在对话框的标题上按下鼠标左键拖动到目标位置再松开，也可以在标题栏上单击鼠标右键，在弹出的快捷菜单中单击"移动"，此时鼠标指针变成 ✥ 形状，按下鼠标左键，移动鼠标指针来改变对话框的位置，到目标位置时，释放鼠标即可，或者在单击"移动"后，在键盘上按方向键来改变对话框的位置，到目标位置时，用鼠标单击或者按回车键确认，即可完成移动操作。

（2）对话框的关闭。

关闭对话框的方法有下面几种：单击对话框中的"确定"按钮 确定 ，可在关闭对话框的同时保存用户在对话框中所做的修改。如果用户要取消所做的修改，可以单击"取消"按钮 取消 ，或者单击标题栏右侧"关闭"按钮 x ，或者按键盘上的 Esc 键，或者按 Alt+F4 组合键。

（3）对话框中各选项卡之间的切换。

直接用鼠标单击选项卡标签来切换选项卡。还可以利用 Ctrl+Tab 组合键从左到右切换各个选项卡，而 Ctrl+Tab+Shift 组合键为反向顺序切换。

（4）同一选项卡中的不同选项组之间的切换。

直接用鼠标单击选项组中的选项，即实现了切换到该选项组。还可以按 Tab 键以从左到右或者从上到下的顺序进行切换，而 Shift+Tab 键则按相反的顺序切换。

（5）同一选项卡的同一选项组中不同选项之间的切换。

直接用鼠标单击选项。还可以使用键盘上的方向键来完成。

（6）使用对话框中的帮助信息。

有些对话框还包含有关其特定功能的帮助主题的链接。如果在对话框中看到"问号"按钮 ，或者彩色文本后面带"？"的链接，单击它可以打开相应的帮助主题。

2.2.6 剪贴板的使用

剪贴板是 Windows 中一个非常有用的编辑工具。它是一个在 Windows 程序和文件之间传递信息的临时存储区。剪贴板不但可以存储文本，还可存储图像、声音等其他信息。

通过剪贴板可以将不同来源的文本、图像和声音粘贴在一起形成一个图文声并茂、有声有色的文档。

对剪贴板的操作主要有复制、剪切和粘贴 3 种。剪贴板的使用步骤为先将信息复制到剪贴板，然后在目标应用程序中将光标定位在需要放置信息的位置，再执行应用程序"编辑"菜单中的"粘贴"菜单项，将剪贴板中的信息传送到目标应用程序中。

具体操作步骤如下。

（1）将信息复制到剪贴板。

把信息复制到剪贴板，根据复制对象的不同，操作方法略有不同。

①将选定信息复制到剪贴板。

选定要复制的信息，使之突出显示。选定的信息既可以是文本，也可以是文件或文件夹等其他对象。选定文本的方法是先移动光标到第一个字符处，然后单击鼠标左键并拖拽鼠标到最后一个字符，或按住 Shift 键用方向键移动光标到最后一个字符，选定的信息将突出显示。

再执行应用程序"编辑"菜单中的"剪切"（或"复制"）菜单命令。"剪切"操作是将选定的信息复制到剪贴板中，同时在原文件中删除被选定的内容；"复制"操作是将选定的信息复制到剪贴板中，且原文件中的内容不变。

②复制整个屏幕或窗口到剪贴板。

在 Windows 中，可以把整个屏幕或某个活动窗口复制到剪贴板。其具体方法如下。

按下 Print Screen 键，整个屏幕将被复制到剪贴板上。

先将窗口选择为活动窗口，然后按 Alt+Print Screen 键即可复制该窗口。

（2）从剪贴板中粘贴信息。

将信息复制到剪贴板后，就可以将剪贴板中的信息粘贴到目标应用程序中去。具体操作步骤如下。

①首先确认剪贴板上已有要粘贴的信息。

②切换到要粘贴信息的应用程序。

③光标定位到要放置信息的位置上。

④执行该应用程序"编辑"菜单中的"粘贴"菜单命令。

将信息粘贴到目标应用程序中后，剪贴板中的内容依旧保持不变，因此可以进行多次粘贴操作，既可在同一文件中多处粘贴，也可在不同文件中粘贴。

"复制""剪切"和"粘贴"操作对应的快捷键分别为 Ctrl+C、Ctrl+X 和 Ctrl+V。

剪贴板是 Windows 的重要功能，是实现对象的复制、移动等操作的基础。但是用户不能直接感受到剪贴板的存在，如果要观察剪贴板中的内容，就要用剪贴板查看程序。该程序在"系统工具"子菜单中，典型安装时不会安装该组件。

2.3　Windows 7 的资源管理器

计算机系统中的所有程序、各种类型的数据都是以文件的形式存放在磁盘上的。硬盘、光盘及 U 盘都是外存储器，可以用来长期保存大量的、各种各样的文件。

2.3.1 Windows 7 文件管理架构

与低版本的 Windows 操作系统相比，Windows 7 系统在文件管理方面有了很大的进步，在传统的树型文件夹结构管理基础上，引入了一种称为"库"的新型管理方式。

1. 传统的文件管理架构

传统的文件管理架构是一种树型文件夹结构，从第一代 Windows 开始就采用这种文件管理方式。树型文件夹结构就像一棵分叉的树一样，磁盘根文件夹相当于树干，根文件夹下包含许多子文件夹（树叉），在每个子文件夹下又可以进一步包含多个下一级文件夹，从而形成一个完整的体系。而文件就存放在各个文件夹中。文件夹也称为目录。

树型文件夹结构最大的特点是直观、易于理解。用户可以根据自己的需要建立多个文件夹，以便分门别类地放置各种文件。还有就是可以很好地解决文件重名问题，只要文件不是位于同一文件夹下，就不会产生同名冲突。

2. 全新的"库"式架构

当要管理的文件很多且分散于各个文件夹中，传统的树型文件夹结构就显得比较烦琐，为了强化系统的文件管理功能，微软在 Windows 7 中引入了全新的"库"式管理方式，如图 2-23 所示。

图 2-23　Windows 7 中的"库"

库可以收集来自不同位置的文件，将其集中显示出来，用户可以直接在库中访问和管理文件，而不管文件其原始存储位置在哪里。Windows 7 默认已经建立了 4 个库，分别为：
视频库、图片库、文档库和音乐库。用户也可以根据自己的需要，创建更多的库。

2.3.2　认识 Windows 7 资源管理器

在使用计算机时，用户随时都有可能需要查看一下硬盘中有些什么文件、文件的存储
位置及文件是如何进行组织的，以便能够更好地使用和利用文件资源。

在 Windows 7 中，可以使用"资源管理器"窗口查看和管理计算机中的文件。打开"资
源管理器"窗口的方法有以下几种。

（1）双击桌面上的"计算机"图标　。

（2）单击「开始」按钮　，在弹出的「开始」菜单中单击"计算机"。

（3）按"Windows 徽标键+E"组合键。

（4）单击任务栏上的"Windows 资源管理器"图标　。

（5）右键单击「开始」按钮　，在弹出的快捷菜单中单击"打开 Windows 资源管
理器"。

（6）依次单击"「开始」按钮"→"所有程序"→"附件"→"Windows 资源管理器"。

以上 6 种方法都可以打开"资源管理器"窗口。其中，使用前 3 种方法打开的窗口默
认会定位于"计算机"项目，因此通常称为"计算机"窗口，如图 2-24 所示。而使用后
3 种方法打开的窗口默认会定位于"库"项目，如图 2-25 所示。

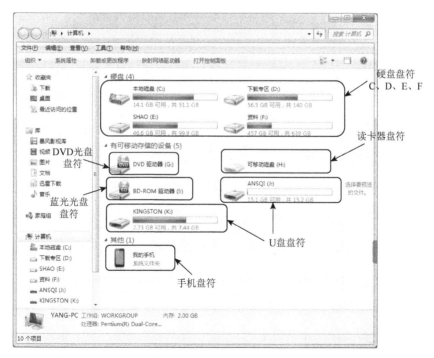

图 2-24　定位于"计算机"项目的 Windows 7"资源管理器"窗口

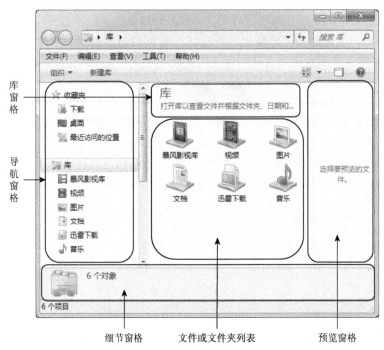

图 2-25　定位于 "库" 项目的 Windows 7 "资源管理器" 窗口

对于图 2-24 窗口中的标题栏、地址栏、搜索框、菜单栏、工具栏、工作区和窗格等各组成部分的作用在 2.2.3 节已做过介绍，下面对图 2-24 中出现的盘符进行如下说明。

本地硬盘（　　）：从字母 C 开始标识，每一个附加的硬盘都用一个连续的字母标识，如图 2-24 中的 D、E、F。这里需要注意的并不是一个硬盘的图标就表示计算机内的一个硬盘。一个物理硬盘可以被分成若干个逻辑分区（也称逻辑硬盘），每一个分区都是独立的，都用不同的图标来表示。也就是说虽然这里有好几个代表硬盘的图标，实际上在计算机内部可能只有一块硬盘。

DVD 驱动器（　　）：它的标识从本地硬盘的下一字母开始。如果用户的计算机上只有一个硬盘 "C:"，DVD 驱动器就是 "D:"；如果计算机上有两个硬盘 "C:" 和 "D:"，则 DVD 驱动器就是 "E:"，以此类推。

可移动磁盘（　　）：可移动磁盘的标识从 DVD 驱动器的下一个字母开始。如果 DVD 驱动器是 "G:"，则可移动磁盘就是 "H:"。但是，如果 H 盘符已被其他隐藏设备占用，如曾经用过的虚拟光盘的盘符为 "H:"，则 H 盘符不能用，可移动磁盘就从 "I:" 开始。

U 盘和可移动硬盘都是可移动磁盘，它们的盘符和本地硬盘、DVD 驱动器一样，都由计算机自动分配。

2.3.3　认识文件与文件夹

1. 文件和文件夹的概念

在计算机系统中，文件是指存储在外存储器中的具有标识符（文件名）的一组相关信息的集合，是最小的数据组织单位。文件中可以存放文本、图像、声音等信息。文件具有以下特点。

（1）文件中可以存放字母、数字、图像和声音等各种信息。

（2）文件具有唯一性。在同一磁盘的同一文件夹（或目录）中，文件名各不相同。

（3）文件可以被复制、移动和删除。可以把文件从一张磁盘复制到另一张磁盘上，或者从一台计算机复制到另一台计算机上。

（4）文件具有可修改性。文件建立后可以修改其内容。

当计算机中存在大量的、不同类型的文件时，直接管理这些文件就显得有些不方便，必须将这些文件进行分类和汇总，所以 Windows 引入了"文件夹"这个概念来对文件进行有效的管理。

使用文件夹可以分类存放不同用途、不同性质的文件。文件夹中还可以再有子文件夹、子子文件夹等。

使用文件夹管理文件的优点如下。

（1）可以通过文件夹来分类管理文件，从而有效地避免由于文件管理混乱而导致的错误。

（2）可以通过对文件夹的整体复制、移动和删除来简化一些操作过程。

（3）可以避免文件同名冲突。这时，可把这些同名文件放在不同的文件夹中。

2. 文件和文件夹的命名

在 Windows 系统中，一个文件的名称由两部分组成：主文件名.扩展名、扩展名标识文件的类型。表 2-1 所示为 Windows 7 系统中常见文件的图标及其对应的文件扩展名和文件类型。

表 2-1　Windows 7 系统中常见文件的图标、扩展名及文件类型

图标	扩展名	文件类型
	.TXT	文本文件
	.DOCX	Microsoft Word 2010 文档
	.XLSX	Microsoft Excel 2010 工作表
	.PPTX	Microsoft PowerPoint 2010 演示文稿
	.BMP	BMP 位图
	.BAT	MS-DOS 批处理文件
	.HLP	帮助文件
	.SYS	系统文件
	.INI	配置（设置）文件
	.HTM 或.HTML	网页文件
	.EXE 或.COM	可执行文件或命令文件

Windows 7 系统支持长文件名，因此用户可以使用较具体的名称反映文件的主题或作用。文件的命名规则如下。

（1）用户最多只能用 255 个字符来给文件取名。

（2）组成文件名的字符可以是：英文字母、数字及"$"、"@"、"&"、"+"、"("、")"、"."、减号、下划线、空格、汉字等字符。每一个汉字占 2 个字符的位置。但文件名中不能出现下列 9 个在英文状态下的英文字符：

"？"、"＊"、"／"、"|"、""、"＜"、"＞"、"："、"\"。

（3）Windows 7 系统保留用户指定名字的大小写格式，但系统不区分文件名英文字母的大小写。例如，对文件名 ABC.TXT 和 abc.txt，系统看作同一个文件名。

（4）引用文件名时，其主文件名不能省略，但扩展名可以省略。

（5）字符"＊"和"？"不能作为文件名中的字符，但可以用来表示多义匹配字符来说明一组文件，称为文件的通配字符。字符"？"代替文件名某位置上的任意一个合法字符。"＊"代表从"＊"所在位置开始的任意长度的合法字符串的组合。例如，"a?c.t?t"代表主文件名的第 2 位和扩展名的第 2 位可以为任意合法字符的一组文件。"＊.TXT"代表所有以 TXT 为扩展名的文件，而"＊.＊"则表示当前文件夹（或当前目录）[①]下的所有可显示的文件。

（6）文件名中可以有多个分隔符，分隔符通常使用空格和"."字符，例如，"operatesystem.windows7.2010"。

一个好的文件名，不但要符合语法规定，而且要能反映出文件内容特点，能"望文生义"，便于记忆。

对于磁盘上存储的文件，Windows 系统通过文件夹（或目录）进行管理。对于同一个磁盘来说，它的最高一级文件夹只有一个，称为根文件夹。根文件夹的名称是系统规定的，以反斜杠（\）为其名称。根文件夹内可以存放文件，也可以建立子文件夹（下级文件夹）。子文件夹的名称由用户指定，其命名规则与文件名的命名规则完全相同。子文件夹下又可以存放文件和再建立子文件夹。这种多级层次文件夹结构被形象地称为树型文件夹结构。根文件夹是树干，各子文件夹是树的枝叉，而文件则是树的叶子。叶子上是不能再长出枝叉来的。

查找一个文件时，必须告诉 Windows 系统三个要素：文件所在的驱动器、文件在树型文件夹结构中的位置（也称为文件的路径）和文件的名字。

文件的路径可以用绝对路径和相对路径两种方法来表示。

绝对路径：从根文件夹开始即以反斜线"\"开始的文件路径，称为"绝对路径"。

相对路径：从当前文件夹开始的文件路径，称为"相对路径"。

不同操作系统对文件路径的表示方法不一样，这里以 Windows 7 系统为例介绍。在 Windows 7 系统中，文件的绝对路径用从根文件夹出发，直到到达该文件所在的子文件夹为止之间依次经过的一连串用反斜线"\"隔开的文件夹名的序列表示。如果文件名包括在内的话，该文件名和最后一个文件夹名之间也用反斜线隔开。文件的相对路径用从当前文件夹出发，直到到达该文件所在的子文件夹为止之间依次经过的一连串用反斜线"\"隔开的文件夹名的序列表示。

---

① 所谓当前文件夹是指针对每个磁盘驱动器由操作系统按约定方式所判定的文件夹。若用户打开了某磁盘的某个文件夹，则该文件夹即为该磁盘的当前文件夹，该磁盘称为当前盘。若用户并没有对某磁盘进行过任何操作，则操作系统默认的该磁盘的当前文件夹为根文件夹。在查找文件时，当没有指明查找路径时，操作系统总是在当前文件夹中寻找所需的文件。

【例 2-1】 对于图 2-26 所示的 E 盘的树型文件夹结构，若当前文件夹是 DOCMENT。

（1）请写出查找"PPT"子文件夹下"班会.PPT"文件的路径。

（2）请写出查找"PICTURE"子文件夹下"故宫.JPG"文件的路径。

解：（1）第一种方法：用绝对路径表示

\DOCMENT\PPT\班会.PPT。

从根文件夹开始，经过两级子文件夹 DOCMENT、PPT，找到文件"班会.PPT"。

第二种方法：用相对路径表示

PPT\班会.PPT。

从当前文件夹开始，经过"PPT"子文件夹找到文件"班会.PPT"。

（2）第一种方法：用绝对路径表示

\PICTURE\故宫.JPG。

从根文件夹开始，经过 PICTURE 子文件夹找到文件"班会.PPT"。

第二种方法：用相对路径表示

..\PICTURE\故宫. JPG 或.\..\PICTURE\故宫. JPG

其中，"."（一个点号）代表当前文件夹，".."（连续二个点号）代表当前文件夹的父文件夹（上一级文件夹）。从当前文件夹开始，后退到其父文件夹——E 盘根目录，再从根文件夹开始，经过 PICTURE 子文件夹找到文件"故宫.JPG"。该相对路径表示法相对于绝对路径表示来说较复杂。

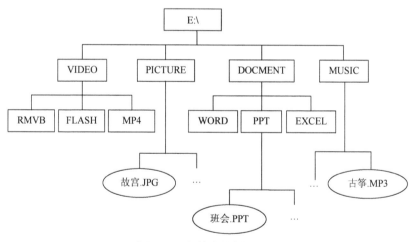

图 2-26　文件夹的树型结构

2.3.4　文件和文件夹的基本操作

1. 查看文件和文件夹

Windows 7 系统提供有文件和文件夹的 8 种显示视图，分别为超大图标、大图标、中等图标、小图标、列表、详细信息、平铺和内容，见图 2-27。在浏览文件和文件夹的相关信息时，用户可以根据自己的需要选择不同的显示视图。在浏览文件夹的窗口中，单击"查看"菜单的第二个菜单项组中的菜单项或单击工具栏中的"更改您的视图"按钮，可以控制其工作区中文件和文件夹的显示方式。图 2-27 所示为文件夹"C：\Windows\System32"的"中等图标"显示视图。

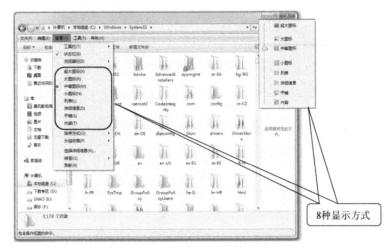

图 2-27　Windows 7 文件和文件夹的"中等图标"显示视图

如果要将所有的文件和文件夹的显示视图都统一设置为某种视图显示方式，如都设置为文件夹"C：\Windows\System32"的"中等图标"视图显示方式，可按如下步骤操作。

（1）单击工具栏上按钮 组织▼，从弹出的下拉列表中单击"文件夹和搜索选项"，弹出"文件夹选项"对话框，切换到"查看"选项卡，如图 2-28 所示。

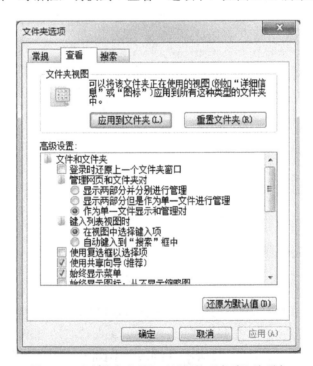

图 2-28　"文件夹选项"对话框的"查看"选项卡

（2）单击按钮 [应用到文件夹(L)]，即可将文件夹"C：\Windows\System32"使用的视图显示方式应用到所有的这种类型的文件夹中。

（3）单击按钮 [确定]，弹出"文件夹视图"对话框，询问"是否让这种类型的所有文件夹与此文件夹的视图设置匹配？"，如图 2-29 所示。

（4）单击按钮 [是(Y)]，返回"文件夹选项"对话框，然后单击按钮 [确定] 即可完成设置。

图 2-29　"文件夹视图"对话框

在浏览文件和文件夹时，虽然可以以不同的方式显示文件和文件夹，但如果要在众多的文件和文件夹中快速找到某些特定的文件，就希望文件的排列具有某种规律，例如，按文件的名称、修改时间、类型、大小等排序。实现文件排序可以选择以下两种方法中的任何一种。

（1）单击"查看"→"排列方式"，在打开的级联菜单中选择希望的文件排列方式。

（2）在"详细信息"显示方式下，用鼠标在"资源管理器"窗口工作区的列标题窗格中某一列上单击，则可以根据这一列的属性进行排序。再次单击可以在升序和降序之间进行切换。

2．展开和折叠文件夹

展开文件夹指将含有子文件夹的文件夹按树型结构显示，其逆过程则是折叠文件夹。

在 Windows 7"资源管理器"窗口的左侧导航窗格中，当文件夹图标的左边出现 ◢ 标识时，表示该文件夹已被展开，出现 ▷ 标识时，表示该文件夹未展开。如文件夹图标前未出现任何标识，则表示该文件夹不含子文件夹，如图 2-30 所示。

如果文件夹原来为展开状态，单击 ◢ 标识后将变为折叠状态。相反，如原来为折叠状态，单击 ▷ 标识后将变为展开状态。

3．选择文件或文件夹

对文件或文件夹进行各种操作之前，必须先选择它。可以选择单个文件或文件夹，也可以同时选择多个文件或文件夹。被选定的文件或文件夹的名称和图标呈反白显示。但在 Windows 7"资源管理器"窗口左侧导航窗格的文件夹列表中，一次只能选择一个文件夹。而在其右边的文件或文件夹列表窗格中，一次可以同时选择多个文件或文件夹。

（1）选择单个文件或文件夹。

鼠标单击该文件或文件夹即可选定。

（2）选择多个连续的文件或文件夹。

鼠标单击第一个要选择的文件或文件夹，再按住 Shift 键单击要选择的最后一个要选择的文件或文件夹，释放 Shift 键，此时这两文件或文件夹及其间的所有文件和文件夹同时被选中。也可以使用拖拽鼠标的方法，在第一个要选择的文件或文件夹的左侧按住鼠标左键不放，向右向下拖动鼠标，此时出现一个浅蓝色的矩形框，拖动范围覆盖的文件和文件夹都会被选中，如图 2-31 所示。

 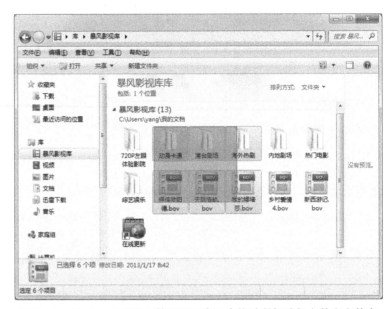

图 2-30　左侧导航窗格　　图 2-31　Windows 7"资源管理器"窗口中拖动鼠标选择文件和文件夹

（3）选择多个不连续的文件或文件夹。

按住 Ctrl 键不放，再逐个单击要选择的各个文件或文件夹即可。

（4）全部文件与反向选择。

单击"编辑"→"全选"或者按"Ctrl+A"组合键，可以选择"资源管理器"窗口文件或文件夹列表窗格中的所有文件和文件夹。

单击"编辑"→"反向选择"，可进行反向选择。反向选择是指取消原来的选择，而改为选择当前文件夹中原来未被选择的内容。

（5）取消选择。

如果要取消对文件或文件夹的选择，在空白区的非文件名位置单击鼠标即可。

如果要在所选择的多个文件或文件夹中取消对个别文件的选择，则先按下 Ctrl 键不放，再单击要取消的文件或文件夹。

（6）使用复选框选择文件。

Windows 7 为同时选择多个文件或文件夹提供了更加简单且灵活的新的操作方式，就是使用复选框。具体操作步骤如下。

①单击 Windows 7"资源管理器"窗口工具栏上的按钮 组织▼ ，从弹出的下拉列表中单击"文件夹和搜索选项"，弹出"文件夹选项"对话框。切换到"查看"选项卡，在列表中勾选"使用复选框以选择项"复选框，单击按钮 确定 。

②将鼠标移到需要选择的文件或者文件夹的左上角，勾选复选框，即可选中该文件或者文件夹。按照同样的方法，可以选择多个文件或者文件夹，如图 2-32 所示。

4. 新建文件或文件夹

要往文件中写数据，必须先新建一个文件。当需要对文件分类存放时，通常要先创建一个新文件夹。新建文件或文件夹的具体操作步骤如下。

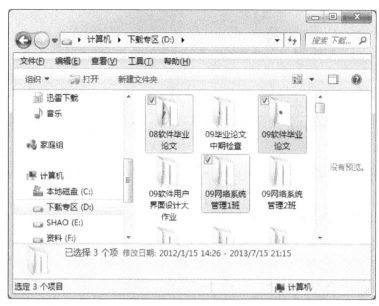

图 2-32　在 Windows 7 "资源管理器" 窗口中使用复选框选择文件和文件夹

（1）在 Windows 7 "资源管理器" 窗口左侧导航窗格的文件夹列表中，选择新建文件或文件夹的位置。可以是一个磁盘驱动器，或者一个已有的文件夹。

（2）单击 "文件" → "新建"，打开 "新建" 菜单项的级联菜单，如图 2-33 所示。

图 2-33　"新建" 菜单项的级联菜单

若要新建一个文件夹，则单击 "新建" 菜单项的级联菜单中的 "文件夹"，此时在 "资源管理器" 窗口右窗格的文件或文件夹列表中出现一个名为 "新建文件夹" 的文件夹，且该名字处于等待编辑状态，如图 2-34 所示。输入新文件夹名，按 Enter 键确认生效。

图 2-34　在 Windows 7 "资源管理器" 窗口中新建文件夹

若要新建一个文件，则单击 "新建" 菜单项的级联菜单中的新文件的类型，如 "文本文档"。此时，在 "资源管理器" 窗口右窗格的文件或文件夹列表中出现一个名为 "新建文本文档" 的文件，且该名字处于等待编辑状态，如图 2-35 所示。输入新名字，按 Enter 键确认生效。

图 2-35　在 Windows 7 "资源管理器" 窗口中新建文件

　　另外，也可在选择新建文件或文件夹的目标位置后，在"资源管理器"窗口文件或文件夹列表窗格中的空白区域单击鼠标右键，在弹出的快捷菜单中单击"新建"来实现。

> **注意：**
> 　　①按上述操作步骤新建的文件是一个空文件，没有内容。如果要编辑该文件，则必须把文件打开。
> 　　②若在"新建"菜单项的级联菜单中没有列出用户要创建的文件的类型，则必须先启动相应的应用程序，然后执行该应用程序"文件"菜单中的"新建"菜单命令。这个新创建的文件自动处于打开状态，用户可以接着输入文件内容，并执行"文件"菜单中的"保存"菜单命令把该文件保存到磁盘上。

5. 打开文件或文件夹

（1）打开文件。

打开文件的含义取决于文件的类型，如打开一个可执行文件，Windows 将执行该程序。可用如下方法之一打开文件。

①在"资源管理器"窗口中，先选择要打开的文件，然后执行"文件"→"打开"。

②在"资源管理器"窗口中，双击要打开的文件图标。

③在"资源管理器"窗口中，右击要打开的文件，然后从弹出的快捷菜单中单击"打开"。

④在"资源管理器"窗口中，先选择要打开的文件，然后按 Enter 键。

⑤在应用程序窗口中，执行"文件"→"打开"，在弹出的"打开"对话框中选择要打开的文件。

（2）打开文件夹。

打开文件夹指在"资源管理器"窗口的右窗格中显示文件夹的内容。被打开的文件夹称为当前文件夹。可用如下方法之一打开文件夹。

①若在"资源管理器"左侧导航窗格中显示有文件夹列表[①]，则可在文件夹列表中找到要打开的文件夹，然后鼠标单击。

②若在"资源管理器"右窗格的文件或文件夹列表中显示有要打开的文件夹，则可双击要打开的文件夹。

③使用"资源管理器"窗口的智能地址栏。

"资源管理器"窗口的地址栏会将用户当前正在浏览的文件夹的位置显示为以箭头分隔的一系列链接，如图 2-36 所示。单击地址栏中的链接直接转至该位置，如单击"资料（F:）"，即可快速切换到"资料（F:）"文件夹，即 F 盘根文件夹。单击地址栏中指向链接右侧的箭头，该箭头会变为向下，并显示该文件夹下所有子文件夹的名称，当前正在访问的子文件夹的名称加粗显示，单击列表中的任何一个子文件夹，即可快速切换到该子文件夹。

---

　　① 在"资源管理器"左侧导购窗格的浏览栏中，可以显示多种类型的内容：搜索、收藏夹、历史记录、信息检索、文件夹、每日提示、讨论。显式内容的切换可以通过选择"查看"→"浏览器"菜单项来进行。

图 2-36　"资源管理器"窗口中的智能地址栏

在图 2-36"资源管理器"窗口的地址栏的左端，还有 3 个与打开文件夹有关的按钮，它们是"后退"按钮 、"前进"按钮 和"最新网页"按钮 。

后退按钮（ ）：向后移到前面所选的文件夹或磁盘。

前进按钮（ ）：向前移到下一个文件夹或磁盘。

向上按钮（ ）：单击该按钮，会弹出最近访问的文件夹的列表，当前正在访问的文件夹的前面打有√，如图 2-37 所示。单击列表中的任何一个文件夹，即可快速切换到该文件夹。

这些按钮可与地址栏一起使用。例如，使用地址栏更改文件夹后，可以使用"后退"按钮返回到上一文件夹。

图 2-37　"资源管理器"窗口的导航按钮

6. 关闭文件或文件夹

单击文件或文件夹窗口标题栏最右边的"关闭"按钮 ▬✕▬ 或双击标题栏的最左端一块区域，都可关闭打开的文件或文件夹。

7. 重命名文件或文件夹

在 Windows 中可以根据自己的需要，更改文件或文件夹的名字。但是，计算机中的一些系统文件（如"*.sys"）的名字不能更改，否则系统可能出错或者无法启动。在一般情况下，也不要轻易更改网络上的共享文件或文件夹的名字。

重命名文件或文件夹的具体操作步骤如下。

（1）选择要重命名的文件或文件夹，其名字变为反白显示。

（2）执行重命名操作。

有下列几种方法。

①在选定的文件名或文件夹名上单击，注意不要单击图标。

②将鼠标指针移到文件名或文件夹名上，单击鼠标右键，在弹出的快捷菜单中单击"重命名"。

③执行"文件"→"重命名"。

④单击工具栏上的按钮 组织▼ ，从弹出的下拉列表中单击"重命名"。

⑤按"F2"功能键。

执行完上述操作后，所选文件名或文件夹名自动被选中，呈可编辑状态。

（3）输入新名字，然后按 Enter 键或单击该名字方框外任意位置，新名字确认生效。

> **注意：**
> 　　在更改文件名时，不要更改文件的扩展名，并且不能与当前文件夹中的其他文件的名称相同。

还可以一次重命名几个文件，这对相关项目分组很有帮助。为此，请选择这些文件，然后按照步骤（2）所讲的方法进行操作，键入一个名称（如"微小说"），然后系统会将每个文件都用新名称来保存，并在结尾处附带上不同的顺序编号（如"微小说（2）"、"微小说（3）"等）。

8. 移动文件或文件夹

使用鼠标可以将一个或多个文件或文件夹从一个位置移动到另外一个位置。例如，从当前文件夹移动到其他文件夹，或者从当前磁盘移动到其他磁盘。具体操作步骤如下。

（1）选择要移动的文件或文件夹。

（2）执行剪切文件或文件夹操作。

有下列几种方法。

①在选择的文件或文件夹上单击鼠标右键，在弹出的快捷菜单中单击"剪切"。

②执行"编辑"→"剪切"。

③单击工具栏上的按钮 组织 ▼ ，从弹出的下拉列表中单击"剪切"。

④使用"Ctrl+X"组合键。

（3）选择目标磁盘或目标文件夹。

（4）执行粘贴文件或文件夹操作。

有下列几种方法。

①在目标磁盘或目标文件夹上单击鼠标右键，在弹出的快捷菜单中单击"粘贴"。

②执行"编辑"→"粘贴"。

③单击工具栏上的按钮 组织 ▼ ，从弹出的下拉列表中单击"剪切"。

④使用"Ctrl+V"组合键。

9. 复制文件或文件夹

使用鼠标可以将一个或多个文件或文件夹复制一份到其他位置。在复制文件或文件夹时，可以在同一磁盘中复制，也可以在不同磁盘之间复制。具体操作步骤如下。

（1）选择要复制的文件或文件夹。

（2）执行复制文件或文件夹操作。

有下列几种方法。

①在选择的文件或文件夹上单击鼠标右键，在弹出的快捷菜单中单击"复制"。

②执行"编辑"→"复制"。

③单击工具栏上的按钮 组织 ▼ ，从弹出的下拉列表中单击"复制"。

④使用组合键"Ctrl+C"。

（3）选择目标磁盘或目标文件夹。

（4）执行粘贴文件或文件夹操作。

有下列几种方法。

①在目标磁盘或目标文件夹上单击鼠标右键，在弹出的快捷菜单中单击"粘贴"。

②执行"编辑"→"粘贴"。

③单击工具栏上的按钮 组织 ▼ ，从弹出的下拉列表中单击"粘贴"。

④使用组合键"Ctrl+V"。

文件或文件夹的移动和复制还可以用拖动鼠标的方式实现，即将鼠标指向选定文件或文件夹，先按住鼠标左键不放，然后拖动到目标磁盘或文件夹，当目标磁盘或文件夹呈浅蓝色背景时松开鼠标左键即可。

但是要注意，在同一磁盘中拖动是移动操作，在不同磁盘间拖动是复制操作。不过，在同一磁盘中拖动时，如果同时按住 Ctrl 键，就会成为复制操作。在不同磁盘间拖动时，如果同时按住 Shift 键，则会成为移动操作。

10. 文件或文件夹的撤消重命名、移动和复制操作

如果在重命名、移动或复制操作之后，想取消原来的操作，可执行"编辑"→"撤消"或单击工具栏上的按钮 组织 ▼ ，从弹出的下拉列表中单击"撤消"。两者功能相同，但"编辑"菜单中的"撤消"菜单命令可显示撤消的是什么操作。

11. 发送文件或文件夹

执行"文件"→"发送到"或者在要发送的文件或文件夹上单击鼠标右键，从弹出的快捷菜单中单击"发送到"，可将选择的文件或文件夹快速发送到"传真收件人""文档""邮件接收人""桌面快捷方式"和"U 盘"等目标位置。

12. 删除和还原文件或文件夹

在使用计算机的过程中，往往会建立一些临时文件，或者会产生一些过时的、没用的文件，为了有效地利用计算机的存储器资源，就要将不需要的文件删除。

1）删除文件或文件夹

具体操作步骤如下。

（1）选择要删除的文件或文件夹。

（2）执行下列操作之一。

①直接按 Delete 键。

②在选择的文件或文件夹上右击，在打开的快捷菜单中单击"删除"。

③执行"文件"→"删除"。

④单击工具栏上的按钮 组织▼ ，从弹出的下拉列表中单击"删除"。

⑤用鼠标将选择的文件或文件夹拖到回收站图标上。

2）还原被删除的文件或文件夹

如果用户在删除操作之后，马上意识到此次删除是误删除，想立刻取消删除操作，以还原被删除的文件或文件夹，可执行"编辑"→"撤消"或单击工具栏上的按钮 组织▼ ，从弹出的下拉列表中单击"撤消"。也可使用系统提供的"回收站"，具体操作步骤如下。

（1）双击桌面上的"回收站"图标，打开"回收站"窗口，如图 2-38 所示。

图 2-38　"回收站"窗口

（2）选择要还原的文件或文件夹。

（3）单击工具栏上的按钮 [还原所有项目] ，或者用鼠标右击要恢复的文件，然后从弹出的快捷菜单中单击"还原"，或者单击"文件"→"还原"，文件就恢复到原来的位置。

"还原"操作将被删除的文件或文件夹，还原到原来的文件夹中，如原文件夹已不存在，系统将自动重建该文件夹。

> **注意：**
>
> 　　用户也可以在选择要删除的文件或文件夹后，按 Shift+Delete 组合键彻底删除选定的文件或文件夹。不过，此操作是比较危险的，不提倡使用。因为用这种方法删除的文件或文件夹并不被系统暂存到"回收站"，所以无法恢复被删除的文件或文件夹。

13. "回收站"的使用

"回收站"是桌面上的常见图标。在"回收站"中暂时存放着用户已经删除的文件或文件夹等一些信息，当用户还没有清空"回收站"时，可以从中还原被删除的文件或文件夹。

"回收站"提供了删除文件或文件夹的安全保证。从硬盘删除任何项目时，Windows将该项目放在"回收站"，而且"回收站"的图标从空更改为满。不过，从 U 盘或网络驱动器中删除的项目将被永久删除，系统不会把它放到"回收站"。

"回收站"中的项目将保留直到用户决定从计算机中永久地将它们删除。这些项目仍然占用硬盘空间并可以被恢复或还原到原位置。当"回收站"满后，Windows 将自动清除"回收站"中删除日期较早的文件和文件夹，以便腾出其中的一部分空间来存放最近删除的文件和文件夹。

14. 使用"库"组织和访问文件

在 Windows 7 中，还可以使用"库"组织和访问文件。单击任务栏上的 Windows "资源管理器"图标，或者右键单击「开始」按钮，在弹出的快捷菜单中单击"打开 Windows 资源管理器"，或者依次单击"「开始」按钮"→"所有程序"→"附件"→ "Windows 资源管理器"都可以打开直接定位于"库"项目的"资源管理器"窗口，如图 2-39 所示。

在图 2-39 的"库"项目中，视频库、图片库、文档库、音乐库是 Windows 7 系统提供的库。但是，我们也可以对其进行个性化，或创建自己的库。

（1）将文件夹包含到库。

找到需要包含到库的文件夹，右键单击，从弹出的快捷菜单的"包含到库中"菜单项的级联菜单中单击要包含到的库名即可。或者单击要包含到库的文件夹图标，选中该文件夹，然后单击工具栏上的按钮 [包含到库中 ▼] ，在弹出的下拉列表中单击要包含到的库名。

图 2-39　定位于"库"项目的 Windows 7"资源管理器"窗口

（2）从库中移出文件夹。

从库中找到要移出的文件夹，右键单击，从弹出的快捷菜单中单击"从库中删除位置"即可。

（3）新建库。

在"库"项目上单击，再单击工具栏上的按钮 新建库 ，输入库名，按 Enter 键确认生效。库建好后，就可以按前面介绍的方法把想要包含进库的文件夹包含进来。

（4）查看库文件。

在"库"项目下的库列表中找到要查看的库或库文件夹，单击，在库内容显示区即可显示选中库或库文件夹中的内容。可以使用工具栏上的"排列方式"按钮以不同方式排列库或库文件夹中的项目。例如，可以按艺术家排列音乐库，以便按特定艺术家快速查找音乐。

2.3.5　文件和文件夹的高级管理

1．搜索文件和文件夹

在使用 Windows 的过程中，有时需要在大量的文件和文件夹中查找某一个或某一类文件，但是用户又不知道该文件或文件夹的位置，而且在不同的文件夹中可能存在同名文件，此时如果人工查找，既不准确又耗时。这时可以使用 Windows 提供的快速查找文件或文件夹的"搜索"功能。

（1）使用「开始」菜单上的搜索框查找文件和文件夹。

单击「开始」按钮，然后在搜索框中键入字词或字词的一部分。

键入后，与所键入文本相匹配的项将出现在「开始」菜单上。

> **注意：**
> ①该搜索基于文件名中的文本、文件中的文本、标记以及其他文件属性。
> ②搜索结果中仅显示已建立索引的文件。计算机上的大多数文件会自动建立索引。例如，包含在库中的所有内容都会自动建立索引。

（2）在文件夹或库中使用搜索框来查找文件和文件夹。

通常我们可能知道要查找的文件位于某个特定文件夹或库中，例如，文档或图片文件夹/库。浏览文件可能意味着查看数百个文件和子文件夹。为了节省时间和精力，可以使用已打开窗口右上角的搜索框。

搜索框位于每个打开的文件夹或库的顶部。搜索将查找文件名和内容中的文本，以及标记等文件属性中的文本。

在搜索框中键入字词或字词的一部分。键入时，将筛选文件夹或库中的内容，以反射键入的每个连续字符。看到需要的文件后，即可停止键入。

（3）使用搜索筛选器查找文件。

如果要基于一个或多个属性（如标记或上次修改文件的日期）搜索文件，则可以在搜索时使用搜索筛选器指定属性。

在文件夹或库中，单击搜索框，然后单击搜索框下的相应搜索筛选器。（如若要按特定艺术家搜索音乐库中的歌曲，请单击"艺术家"搜索筛选器。）

根据单击的搜索筛选器，输入或者选择一个值。如果单击"艺术家"搜索筛选器，则可输入一位艺术家的名字。

可以重复执行这些步骤，以建立基于多个属性的复杂搜索。每次单击搜索筛选器或值时，都会将相关字词自动添加到搜索框中。

（4）扩展特定库或文件夹之外的搜索。

如果在特定库或文件夹中无法找到要查找的内容，则可以扩展搜索，以便包括其他位置。滚动到搜索结果列表的底部，在"在以下内容中再次搜索"选项域中，执行下列操作之一。

①单击"库"在每个库中进行搜索。

②单击"计算机"在整个计算机中进行搜索。这是搜索未建立索引的文件（如系统文件或程序文件）的方式。但是请注意，搜索会变得比较慢。

③单击"自定义"搜索特定位置。

④单击 Internet，以使用默认 Web 浏览器及默认搜索提供程序进行联机搜索。

2. 查看和设置文件或文件夹属性

文件属性是系统为文件保存的目录信息的一部分，可帮助系统识别一个文件，并控制该文件所能完成的任务类型。查看并设置文件属性的具体操作步骤如下。

①选择需要设置属性的文件。

②执行"文件"→"属性"（也可在选定的文件图标上单击鼠标右键，从弹出的快捷菜单中单击"属性"），将打开如图 2-40 所示的"文件属性"对话框。

在"文件属性"对话框的"常规"选项卡中，显示了文件的名称、类型、打开方式、位置、大小以及创建与修改时间等信息。在"属性"选项域显示有☐只读(R)、☐隐藏(H)和高级(D)... ，用于显示和设置文件的属性。

☐只读(R)："只读"复选框，用于显示和设置文件的"只读"属性。该复选框被勾选，表示该文件在系统中是只读的。对该文件只能进行读操作，不能被修改和删除。

☐隐藏(H)："隐藏"复选框，用于显示和设置文件的"隐藏"属性。该复选框被勾选，表示该文件在系统中是隐藏的。在默认情况下用户不能看见这个文件。

高级(D)... ："高级"按钮，单击该按钮，打开文件的"高级属性"对话框，用于显示和设置文件的"存档"、"压缩"和"加密"属性。"存档"表示该文件可以修改。"压缩"表示压缩文件内容以便节省磁盘空间。"加密"表示加密文件内容以便保护数据。

③要使文件具有某种属性，只需勾选相应的复选框。要取消文件某种属性，只需取消勾选相应的复选框。

④单击按钮 应用(A) ，使文件的属性设置生效。然后单击按钮 确定 。

文件夹属性的设置方法与文件属性的设置方法类似。

3. 显示和隐藏文件扩展名

为了防止用户误更改扩展名而导致文件不可用，Windows 7 系统默认不显示文件扩展名。可以通过如下方法让文件的扩展名显示出来，具体操作步骤如下。

（1）在 Windows "资源管理器"窗口中，单击工具栏上的按钮 组织▼ ，从弹出的快捷菜单中单击"文件夹和搜索选项"，或者执行"工具"→"文件夹选项"，弹出"文件夹选项"对话框，切换到"查看"选项卡，如图 2-41 所示。

图 2-40　"文件属性"对话框

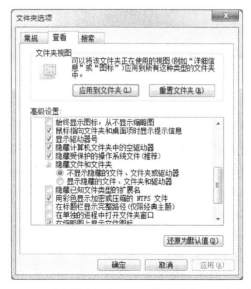

图 2-41　"文件夹选项"对话框的"查看"选项卡

（2）在"高级设置"列表框中取消勾选"隐藏已知文件类型的扩展名"复选框。

（3）单击按钮 应用(A) ，使设置生效。然后单击按钮 确定 。

经过上面的操作后，返回当前窗口查看，可以看到文件的扩展名已经显示出来。

> **注意：**
>
> 　　显示文件扩展名后，在重命名文件时要注意不能任意修改文件的扩展名，否则将导致文件无法正常打开或者使用。

若要重新隐藏文件的扩展名，可再次打开图 2-41 所示的"文件夹选项"对话框，在"高级设置"列表框中勾选"隐藏已知文件类型的扩展名"复选框，再依次单击按钮 应用(A) 和按钮 确定 。

4. 隐藏和显示文件与文件夹

对于计算机中重要的文件或文件夹，为了防止被其他用户查看或修改，可以将其隐藏起来，隐藏后所有使用该计算机的用户都无法看到被隐藏的文件或文件夹。隐藏文件夹时，还可以选择仅隐藏文件夹，或者将文件夹中的文件与子文件夹全部隐藏。隐藏文件或文件夹的具体操作步骤如下。

（1）选择要隐藏的文件夹，右键单击，从弹出的快捷菜单中单击"属性"，弹出如图 2-42 所示的"文件夹属性"对话框。

（2）单击勾选"隐藏"复选框，然后单击按钮 确定 ，弹出"确认属性更改"对话框，如图 2-43 所示。

图 2-42　"文件夹属性"对话框

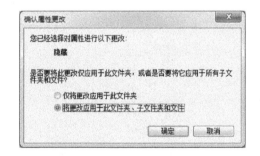

图 2-43　"确认属性更改"对话框

（3）单击"将更改应用于此文件夹、子文件夹和文件"单选钮，然后单击按钮 确定 。

（4）单击工具栏上的按钮 组织 ▾ ，从弹出的快捷菜单中单击"文件夹和搜索选项"，弹出图 2-41 所示的"文件夹选项"对话框。

（5）在"高级设置"列表框中单击"不显示隐藏的文件、文件夹或驱动器"单选钮，然后单击按钮 确定 。

经过上面的操作后，返回到隐藏文件夹所在的文件夹后就看不到设置隐藏属性的文件夹了。

若要重新显示被隐藏的文件夹，可再次打开如图 2-41 所示的"文件夹选项"对话框，在"高级设置"列表框中单击"显示隐藏的文件、文件夹或驱动器"单选钮，单击按钮 确定 。

5. 压缩与解压缩文件与文件夹

与未压缩的文件相比，压缩文件占据较少的存储空间，可以更快速地传输到其他计算机。可以采用与使用未压缩的文件和文件夹相同的方式来使用压缩文件和文件夹。还可以将几个文件合并到一个压缩文件夹中。该功能使得共享一组文件变得更加容易。

Windows 7 系统内置了 ZIP 压缩和解压缩功能，无需第三方工具即可对文件进行压缩。

1) 压缩文件或文件夹

压缩文件或文件夹的具体操作步骤如下。

（1）找到要压缩的文件或文件夹。

（2）右键单击文件或文件夹，在弹出的快捷菜单中指向"发送到"菜单项，在其级联菜单中单击"压缩（zipped）文件夹"。

经过上述操作后，弹出"正在压缩"对话框，显示正在压缩的文件和压缩进度。等待一段时间后，文件压缩完成，系统在相同的位置创建新的压缩文件夹。若要重命名该文件夹，请右键单击文件夹，单击"重命名"，然后键入新名称。

2) 从压缩文件夹中提取（解压缩）文件或文件夹

压缩文件必须解压后才可以使用。从压缩文件夹中提取（解压缩）文件或文件夹的具体操作步骤如下。

（1）找到要从中提取文件或文件夹的压缩文件夹。

（2）执行以下操作之一。

①若要提取单个文件或文件夹，请双击压缩文件夹将其打开。然后，将要提取的文件或文件夹从压缩文件夹拖动到新位置。

②若要提取压缩文件夹的所有内容，请右键单击文件夹，在弹出的快捷菜单中单击"全部提取"，然后按照说明进行操作。

6. 加密文件与文件夹

对文件夹和文件加密，可以保护它们免受未许可的访问。下面利用 Windows 7 系统提供的 EFS 加密功能对用户自己的重要文件进行加密。

（1）加密文件和文件夹。

可以先把一些重要文件放入一个文件夹中，然后对该文件夹进行加密。加密文件夹的具体操作步骤如下。

①右键单击要加密的文件夹，从弹出的快捷菜单中单击"属性"，在接下来弹出的"属

性"对话框的"常规"选项卡中单击按钮 高级(D)... ，弹出"高级属性"对话框，如图 2-44 所示。

②单击勾选"加密内容以便保护数据"复选框，然后单击按钮 确定 ，弹出"确认属性修改"对话框，如图 2-45 所示。

③单击"将更改应用于此文件夹、子文件夹和文件"单选钮，然后单击按钮 确定 ，弹出"应用属性"对话框，该对话框显示将属性应用于文件夹的进度及等待时间。

等待处理过程结束，就完成了对选定文件夹的 EFS 加密任务。选定的文件夹显示为加密状态，文件夹的名字颜色显示为绿色。

图 2-44 "高级属性"对话框

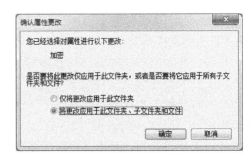

图 2-45 "确认属性修改"对话框

（2）解密文件和文件夹。

若要对加密过的文件和文件夹进行解密，可再次打开如图 2-44 所示的"高级属性"对话框，在"压缩或加密属性"列表框中取消勾选"加密内容以便保护数据"复选框，单击按钮 确定 。返回"属性"对话框，单击对话框中的按钮 确定 。

对单个文件进行 EFS 加密和解密的过程与对文件夹的加密和解密的过程类似，在此不再赘述。

（3）打开加密文件。

EFS 加密对于使用加密的用户是透明的。这也就是说，使用加密的用户对于加密文件的访问将是完全允许的，并不会受到任何限制。而其他非授权用户试图访问加密过的文件时，就会收到"访问拒绝"的错误提示。当我们以另一个账户登录系统后，登录账户则无法打开加密文件。当我们重新安装系统后，即使设置同一个账户名也被识别为非加密时的系统账户，因此也无法访问这些加密的文件。为了避免加密文件自己也打不开，需要将加密系统账号对应的证书和私钥备份出来。具体操作步骤如下。

①按"Windows 徽标键+R"组合键，打开"运行"对话框，输入"certmgr.msc"并回车，打开"证书管理器"窗口。

②在左窗格中，双击"个人"，展开"个人"文件夹，单击"证书"，如图 2-46 所示。

③在主窗格中，单击"预期目的"下面列出的"加密文件系统"证书。可能需要滚动

水平滚动条到最右侧才能看到此信息。如果有多个 EFS 证书，应当将其全部备份。

④执行"操作"→"所有任务"→"导出"。

⑤在证书导出向导中单击"下一步"，单击"是，导出私钥"，然后单击"下一步"。

⑥单击"个人信息交换"，然后单击"下一步"。

⑦键入要使用的密码，确认该密码，然后单击"下一步"。

⑧导出过程将会创建一个文件来存储证书。键入文件的名称和位置（包括完整路径），或者单击"浏览"按钮，导航至某个位置，键入文件名，然后单击"保存"。这里假定文件名为 efs.pfx.

⑨单击"下一步"，然后单击"完成"。

图 2-46　"证书管理器"窗口

当重装系统后，或者需要在别的电脑上，或者以别的账户登录系统，需要打开 EFS 加密文件，此时导入 EFS 证书和密钥就可以了。导入 EFS 证书和密钥的具体操作步骤如下。

①打开证书管理器。

②在左窗格中，单击"个人"。

③执行"操作"→"所有任务"→"导入"。

④在证书导入向导中，单击"下一步"。

⑤键入包含该证书的文件的位置，或者单击"浏览"按钮，导航至该文件的位置，然后单击"下一步"。

如果导航至正确的位置，但是未看到要导入的证书，请在"文件名"框旁边的列表中，单击"个人信息交换"。

⑥键入密码，勾选"标记此密钥为可导出的"复选框，然后单击"下一步"。

注意：不要勾选"启用强私钥保护"复选框。

⑦单击"将所有的证书放入下列存储"，选择"个人"，然后单击"下一步"。

⑧单击"完成"。

除了上面介绍的 EFS 加密，Windows 7 系统还提供有 BitLocker 驱动器加密，可以对整张磁盘进行加密，对此感兴趣的读者可以查阅 Windows 7 的帮助系统。

7. 创建和删除文件与文件夹的快捷方式

快捷方式提供了一种简便的工作捷径。一个快捷方式是一种特殊类型的文件，它与用户界面中的某个对象相连。每一个快捷方式用一个左下角带有弧形箭头的图标表示，称为快捷图标。快捷图标是一个链接对象的图标，它不是这个对象本身，而是指向这个对象的指针。

（1）创建文件与文件夹的快捷方式。

可以为文件和文件夹创建快捷方式，然后将其放置在方便的位置，例如，桌面上或文件夹的导航窗格中，以便可以方便地访问快捷方式链接到的对象。

创建快捷方式的一种简单方法是使用鼠标拖拽文件。只要按住 Ctrl+Shift 不放，然后将文件拖拽到需要创建快捷方式的地方就可以了。如果拖拽到桌面左下角的「开始」按钮上，则不必按住 Ctrl+Shift。

创建快捷方式的另一种方法是使用快捷菜单。具体操作步骤如下。

①找到要创建快捷方式的文件或文件夹。

②右键单击该文件或文件夹，在弹出的快捷菜单中单击"创建快捷方式"，或者执行"文件"→"创建快捷方式"，即可创建快捷方式。新的快捷方式将出现在原始项目所在的位置上。

③将新的快捷方式拖动到所需位置。

创建快捷方式的第三种方法是使用"文件"菜单。具体操作步骤如下。

①执行"文件"→"新建"→"快捷方式"，弹出图 2-47 所示的"想为哪个对象创建快捷方式"对话框。

②在"请键入对象的位置"文本框中，输入要创建快捷方式的文件或文件夹的完整路径名称，或者通过按钮 浏览(R)... 选择文件或文件夹。然后单击"下一步"按钮。

③在弹出的"想将快捷方式命名为什么"对话框中，在"输入该快捷方式的名称"文本框里输入快捷方式的名称，单击"完成"按钮。新创建的快捷方式位于当前文件夹中。

图 2-47　"想为哪个对象创建快捷方式？"对话框

> **提示：**
> 如果快捷方式链接到文件夹，则可以将其拖动到文件夹导航窗格的"收藏夹"部分。

用户还可以通过将地址栏（位于任何文件夹窗口的顶部）左侧的图标拖动到"桌面"等位置来创建快捷方式。这是为当前打开的文件夹创建快捷方式的快速方法。

（2）删除文件与文件夹的快捷方式。

右键单击要删除的快捷方式，在弹出的快捷菜单中单击"删除"按钮，然后单击"是"按钮。

> **注意：**
> 删除快捷方式时，只会删除快捷方式。不会删除原始项。

2.4　Windows 7 的软硬件管理

2.4.1　Windows 7 的软件管理

Windows 7 操作系统只是用户使用计算机的平台，由于不同的用户有着不同的使用要求，因此用户需要结合自己的实际需要，在计算机中安装相应的应用程序，也可根据需要删除计算机中不再使用的应用程序。本节介绍在 Windows 7 中应用程序的安装、运行和卸载方法，以及系统组件的添加方法。

1. 安装应用程序

要在计算机中安装需要的应用程序，首先需要获取到软件的安装文件，或者称为安装程序。目前主要有 3 种获取途径：购买软件光盘、通过网络下载、从其他电脑复制。获取到软件的安装文件后，就可以在计算机中安装应用程序了。

不同的应用程序在安装上可能存在一定差别，但大致方法是一样的。这里不再具体针对某款应用程序的安装过程进行详解。不过，安装过程中需要用户参与的典型环节如下。

（1）阅读许可协议。

（2）选择安装目录。

（3）设置安装选项。

（4）附加选项。

对于安装目录的选择，一般情况下安装程序默认会指向"C：\Program Files"目录，不少用户会对默认的安装目录进行更改。最简单、最稳妥的方法是仅更改默认的盘符，也就是将"C"更改为"D"或其他盘符，保证后面的路径默认不变，这样不仅便于管理，同时能避免一些英文程序因不兼容中文路径而运行出错。

另外，注意最后阶段的附加选项，避免安装一些额外的应用程序。

除了注意安装环节，事先了解应用程序的运行环境要求也很重要，如所针对的 Windows 版本、硬件要求等。对于一般的小型应用程序来说，建议通过应用程序的下载页面了解当前版本所兼容的 Windows 版本，从而避免兼容性问题。

2. 运行应用程序

应用程序安装完毕后，就可以开始运行了。运行应用程序的方法很多，较为常用的方法有如下几种。

（1）从桌面快捷方式图标运行程序。

通常安装应用程序后，都会自动在桌面上创建一个快捷图标。只要双击该图标即可运行相应的应用程序，这是最常用的运行应用程序的方法。

（2）通过「开始」菜单运行应用程序。

当用户在计算机中安装了应用程序后，一般在「开始」菜单中都会创建快捷方式。通过「开始」菜单运行应用程序的具体操作步骤如下。

①单击「开始」按钮，在弹出的「开始」菜单中单击"所有程序"。

②在弹出的"所有程序"列表中单击要运行的应用程序文件夹，再单击相应的程序快捷图标即可。

单击「开始」按钮后，在打开菜单的左侧列表中会显示最近运行过的应用程序，用户可以直接单击应用程序名称来运行程序而不用打开应用程序列表。

（3）通过「开始」菜单搜索框运行应用程序。

"搜索程序和文件"搜索框是「开始」菜单的选项之一，下面以运行证书管理器程序——certmgr.msc 为例，说明从"搜索程序和文件"搜索框中运行应用程序的具体操作步骤。

①单击「开始」按钮，在搜索框中输入打开证书管理器的程序名 certmgr.msc，搜索结果如图 2-48 所示。

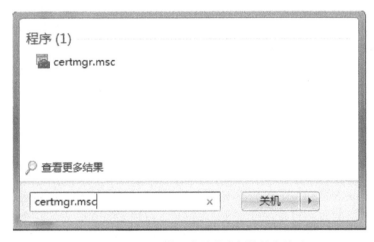

图 2-48　使用「开始」菜单搜索框的搜索结果

②单击搜索结果选项，打开"认证管理器"窗口，见图 2-46。

（4）通过安装目录运行应用程序。

如果在「开始」菜单和桌面上都找不到应用程序的快捷方式，用户还可以在该软件的安装目录中双击可执行文件（一般扩展名为.exe）来运行程序。

3. 卸载应用程序

在使用计算机的过程中，用户会根据需要安装各种各样的应用程序，同时也会无意识安装一些应用程序。对于一些不再需要的应用程序，可以将其卸载。

对于自带卸载程序的应用程序，用户通过执行其卸载程序即可自动完成应用程序的卸载。现在，越来越多的应用程序都提供自己的卸载程序，并且在「开始」菜单的该应用程序文件夹中以一个唯一的图标提供其卸载程序。

对于没有自带卸载程序的应用程序，用户可以通过 Windows "控制面板" 进行卸载。具体操作步骤如下。

（1）单击「开始」按钮，打开「开始」菜单。单击 "控制面板" 按钮，打开 "控制面板" 窗口。

（2）在 "控制面板" 窗口中，单击 "程序" 项下的 "卸载程序" 链接，打开 "程序和功能" 窗口，如图 2-49 所示。在该窗口中，可以查看到当前系统中已经安装的应用程序。

图 2-49　"程序和功能" 窗口

（3）选择想要卸载的程序，单击工具栏中的按钮 卸载 。

（4）回答一些关于正确删除程序的警告提示后，即可将程序卸载。

除卸载选项外，某些程序还包含更改或修复程序选项。但大部分程序只提供卸载选项。若要更改程序，请单击 "更改" 或 "修复"。

> **注意:**
>
> 　　某些大套件的安装、更改和卸载程序存储在光盘上。当用户更改或卸载这些应用程序时，会提示用户插入程序的安装光盘。当提示出现时，请插入程序安装光盘。

　　如果想要卸载的应用程序没有自带的卸载功能，而且又不在"卸载或更改程序"列表中，则只能在硬盘中找到并删除它们。通常，只需浏览系统盘下的"Program Files"文件夹，寻找包含我们所要卸载的应用程序的文件夹，然后删除该文件夹。但这样的删除操作并不能彻底卸载应用程序，因为有些 DLL 文件和其他支持文件会分散于系统各处。

2.4.2　Windows 7 的硬件管理

　　计算机系统中硬件设备的种类很多，各设备的使用方法又存在很大的差异，操作系统设备管理的功能就是对各种各样的硬件设备采用统一的方式进行管理，方便用户使用，提高 CPU 和设备的利用率。

1. 认识设备驱动程序

　　设备驱动程序是操作系统与硬件设备之间的沟通桥梁。操作系统只有通过设备驱动程序，才能控制硬件设备的工作，最大化地发挥硬件的功能，最终给用户带来更好的体验。

　　设备驱动程序与设备紧密相关，不同类型设备的驱动程序是不同的，不同厂家生产的同一类型设备也是不尽相同的。

　　大多数情况下，Windows 系统会附带驱动程序，用户也可以通过转到"控制面板"中的 Windows Update 并检查是否有更新来查找驱动程序。如果 Windows 系统中没有所需的驱动程序，则通常可以在要使用的硬件或设备附带的光盘上或者制造商的网站中找到该驱动程序。

2. 安装设备驱动程序

　　用户使用设备之前，该设备必须安装驱动程序，否则无法使用。

　　Windows 7 系统集成了绝大多数主流硬件设备的驱动程序，对于大多数硬件都可以自动识别并安装驱动程序，所以用户无须进行任何操作，仅仅需要短暂的等待，就可以使用新硬件了。

　　但当连接一些最新的硬件或者特殊设备时，用户仍然需要手动安装硬件驱动程序。驱动程序的获取途径一般为随设备附带的光盘或者制造商的网站。找到驱动程序后，双击安装程序图标，运行安装程序，按照提示操作就可以了。

3. 更新设备驱动程序

　　主流硬件厂商通常会不断对其硬件的驱动程序进行更新，最新版本的驱动程序通常弥补了先前版本的各种缺陷，并提高了硬件性能。为了使硬件设备发挥其最佳性能，我们需要定期或不定期更新设备驱动程序。更新设备驱动程序的方法如下。

（1）通过 Windows Update 更新设备驱动程序。

用户可以随时检查 Windows Update 以查看它是否发现硬件的新驱动程序，然后从 Windows 为计算机找到的更新列表中选择它们。下面是操作步骤。

①依次单击"「开始」按钮 "→"控制面板"→"系统和安全"→"Windows Update"，打开"Windows Update"窗口。

②在左窗格中，单击"检查更新"，然后等待 Windows 查找计算机的最新更新。图 2-50 为某次执行"检查更新"操作的结果。

图 2-50　　"Windows Update"窗口

③如果存在任何可用更新，请单击 Windows Update 下面的框中的链接，查看有关每个更新的详细信息。每种类型的更新都可能包括驱动程序。图 2-51 为单击"44 个可选更新"链接弹出的"选择要安装的更新"对话框。

图 2-51　　"选择要安装的更新"对话框

④在"选择要安装的更新"对话框上，查看硬件设备的更新，勾选希望安装的每个驱动程序前面的复选框，然后单击"确定"按钮。也可能没有任何可用的驱动程序更新。

⑤返回"Windows Update"窗口，在此窗口中，单击"安装更新"按钮。

注意：

①Windows Update 会告诉您某个更新是重要的、推荐的还是可选的，如图 2-50 所示。

②某些更新要求您重新启动计算机。

③Windows Update 会告诉您更新是否已成功安装。

（2）通过"设备管理器"更新设备驱动程序。

通过"设备管理器"更新设备驱动程序的具体操作步骤如下。

①右击桌面上的"计算机"图标，在弹出的快捷菜单中单击"属性"，弹出"系统"窗口。

②单击"系统"窗口左窗格中的"设备管理器"，弹出"设备管理器"窗口。该窗口以列表方式显示了电脑所有设备。

③单击设备类型列表中的▷标记，即可展开列表查看对应的设备信息。

④在展开的设备信息上右击鼠标，弹出快捷菜单，图 2-52 所示为在显示器设备上右击鼠标弹出的快捷菜单。

⑤单击快捷菜单中的"更新驱动程序软件"，弹出"更新驱动程序软件"对话框，如图 2-53 所示。

图 2-52　"硬件设备"快捷菜单

图 2-53　"更新驱动程序软件"对话框

⑥如果用户手头有相应设备的最新驱动程序，请选择第 2 种搜索方式，否则，请选择第 1 种搜索方式。

接下来根据提示操作就可以了。

（3）通过专门的驱动程序管理软件。

用户也可以通过专门的驱动程序管理软件（如驱动精灵、驱动人生等）来自动更新驱动程序。这些驱动程序管理软件一般都有丰富的驱动程序数据库，当检测到系统中的硬件时，能够自动下载、安装最合适的驱动程序，而且还能够自动检测驱动升级，使系统随时保持在最佳工作状态。

4. 卸载设备驱动程序

对于系统中暂时不需要使用的硬件设备，用户可以将其禁止；对于不再使用的硬件设备，则可以将其卸载，具体操作步骤如下。

（1）打开"设备管理器"窗口。

（2）在窗口的设备列表中找到要删除的设备。

（3）右击，在弹出的快捷菜单中单击"删除"按钮。

（4）弹出"确认设备卸载"对话框，单击按钮 确定 。

Windows 7 的"设备管理器"提供了计算机中安装的所有硬件的图形显示，用户使用"设备管理器"可以安装和更新硬件设备的驱动程序、修改这些设备的硬件设置以及解决问题。具体地说，用户可以使用"设备管理器"来完成如下工作。

（1）确定计算机中的硬件是否正常工作。

（2）更改硬件配置设置。

（3）标识为每个设备加载的设备驱动程序并获取每个设备驱动程序的有关信息。

（4）更改设备的高级设置和属性，安装更新的设备驱动程序。

（5）禁用、启用和卸载设备。

（6）回滚到驱动程序的前一版本。

（7）基于设备的类型、按设备与计算机的连接或按设备所使用的资源来查看设备。

（8）显示或隐藏不必查看、但对高级疑难解答而言可能必需的隐藏设备。

一般用户通常使用"设备管理器"检查硬件的状态并更新计算机上的设备驱动程序。

2.4.3　Windows 7 任务管理器

任务管理器是一个很实用的工具。通常情况下，当系统运行出现缓慢或者遇到停止响应的程序时，用户都会启用任务管理器来查看 CPU、内存运行情况，以及结束某个停止响应的程序。

启用任务管理器的方法如下常用的方法有 3 种。

（1）按 Ctrl+Shift+Esc 组合键。

（2）右击任务栏空白处，在弹出的快捷菜单中单击"启动任务管理器"按钮。

（3）按 Ctrl+Alt+Del 组合键，在随之出现的安全桌面上单击"启动任务管理器"按钮。

（4）在「开始」菜单的搜索框中输入任务管理器并回车。

1. "应用程序"选项卡

在"应用程序"选项卡页面，用户可以查看当前计算机中正在运行的所有应用程序，如图 2-54 所示。如果想关闭其中的某个应用程序，可以单击选中该程序，然后单击窗口底部的"结束任务"按钮。使用鼠标右键单击某个应用程序，在弹出的快捷菜单中单击"转到进程"按钮，即可转到"进程"选项卡，可以查看该应用程序所对应的进程。

2. "进程"选项卡

在"进程"选项卡页面，显示所有正在使用的程序进程以及系统进程的详细信息，如用户名、CPU 占有率、占用内存情况等，如图 2-55 所示。如果想关闭其中的某个进程，可以单击选中该进程，然后单击窗口右下角的"结束进程"按钮。

图 2-54　任务管理器"应用程序"选项卡　　　图 2-55　任务管理器"进程"选项卡

3. "服务"选项卡

在"服务"选项卡页面，显示了计算机中正在运行的服务，如图 2-56 所示。使用鼠标右键单击某个服务，可以启用或者停止该服务。在右键菜单中单击"转到进程"按钮，还可以查看该服务所对应的进程。

4. "性能"选项卡

在"性能"选项卡页面，显示了当前系统 CPU 和内存的使用情况以及使用记录，如图 2-57 所示。

 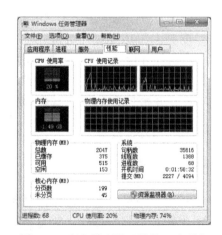

图 2-56　任务管理器"服务"选项卡　　　图 2-57　任务管理器"性能"选项卡

单击窗口右下角的"资源监视器"按钮，可打开"资源监视器"窗口。该窗口用于实时查看有关硬件（CPU、内存、磁盘和网络）和软件（文件句柄和模块）资源使用情况的信息。此外，还可以使用资源监视器启动、停止、挂起和恢复进程和服务，并在应用程序没有按预期效果响应时进行故障排除。

2.5　本 章 小 结

操作系统是控制和管理计算机硬件和软件资源、合理组织计算机工作流程以及方便用户使用的一个系统软件,是一组程序和数据的集合。从一般用户的观点看,操作系统是用户与计算机硬件系统之间的接口;从资源管理的观点看,操作系统是计算机系统资源的管理者。在操作系统迄今为止 60 多年的发展历史中,先后形成了批处理操作系统、分时操作系统、实时操作系统、微机操作系统、多处理机操作系统、网络操作系统和分布式操作系统,这些都是操作系统的基本类型。一个实际的操作系统,可能兼有其中两者或多者的功能。例如,UINX 操作系统就是一种能运行在从微型机到大、中型机上的多用户多任务的分时网络操作系统。

当前主流的操作系统包括 Windows、UNIX、LINUX 等。本章重点以 Windows 7 为例,介绍 Windows 7 操作系统的基本操作、文件管理和软硬件管理。

课 后 练 习

一、单选题

1. 计算机操作系统是一组（　　　）。
   A. 文件管理程序　　　　　　　　　　B. 中断处理程序
   C. 资源管理程序　　　　　　　　　　D. 设备管理程序
2. 按操作系统的分类,UNIX 属于（　　　）操作系统。
   A. 批处理　　　　B. 实时　　　　　　C. 分时　　　　　　D. 网络
3. 在下列软件中,属于计算机操作系统的是（　　　）。
   A. Windows 7　　B. Word 2010　　　C. Excel 2010　　　D. PowerPoint 2010
4. 操作系统存储器管理的目的是（　　　）。
   A. 方便用户　　　　　　　　　　　　B. 提高内存利用率
   C. 方便用户和提高内存利用率　　　　D. 增加内存实际容量
5. 虚拟内存的容量只受（　　　）的限制。
   A. 物理内存的大小　　　　　　　　　B. 磁盘空间的大小
   C. 数据存放的实际地址　　　　　　　D. 计算机地址位数
6. 在操作系统中,用户在使用 I/O 设备时,通常采用（　　　）。
   A. 物理设备名　　B. 逻辑设备名　　　C. 虚拟设备名　　　D. 设备牌号
7. 缓冲技术用于（　　　）。
   A. 提高主机和设备交换信息的速度　　B. 提供主、辅存接口
   C. 提高设备利用率　　　　　　　　　D. 扩充相对地址空间
8. 通过直接命令方式提交用户作业的方式是（　　　）。
   A. 联机作业方式　　　　　　　　　　B. 脱机作业方式

    C. 单独作业方式   D. 连续作业方式

9. Windows 7 从软件归类来看，是属于（　　　）。

    A. 数据库   B. 应用软件   C. 系统软件   D. 文字处理软件

10. 安装 Windows 7 操作系统时，系统磁盘分区必须为（　　　）格式才能安装。

    A. FAT   B. FAT16   C. FAT32   D. NTFS

11. Windows 7 中，不能在"任务栏"内进行的操作是（　　　）。

    A. 设置系统日期和时间   B. 排列桌面图标

    C. 排列和切换窗口   D. 启动「开始」菜单

12. 任务栏的位置是可以改变的，通过拖动任务栏可以将它移到（　　　）。

    A. 桌面横向中心   B. 桌面纵向中心

    C. 桌面四个边缘位置   D. 任意位置

13. 打开 Windows 7 "计算机"窗口中，单击 C 盘，在（　　　）中可以知道 C 盘的容量和可用空间。

    A. 标题栏   B. 工具栏   C. 状态栏   D. 细节窗格

14. 在 Windows 7 中，当一个应用程序窗口被最小化后，该应用程序将（　　　）。

    A. 被终止执行   B. 继续执行   C. 被暂停执行   D. 被删除

15. 在 Windows 7 中，移动窗口的方法是将鼠标指针移到（　　　）上，拖动鼠标。

    A. 滚动条   B. 菜单栏   C. 工具栏   D. 标题栏

16. 在 Windows 7 中当鼠标指针自动变成双向箭头时，表示可以（　　　）。

    A. 移动窗口   B. 改变窗口大小   C. 滚动窗口内容   D. 关闭窗口

17. 窗口的组成部分中不包含（　　　）。

    A. 标题栏、地址栏、状态栏   B. 搜索栏、工具栏

    C. 导航窗格、窗口工作区   D. 任务栏

18. 对话框的组成中不包括（　　　）。

    A. 选择卡、命令按钮   B. 单选钮、复选框、列表框、文本框

    C. 游标、数值框   D. 菜单条

19. 在 Windows 7 系统的窗口中，单击末尾带有省略号（…）的菜单意味着（　　　）。

    A. 将弹出下一级菜单   B. 将执行该菜单命令

    C. 表明该菜单项已被选用   D. 将弹出一个对话框

20. 在 Windows 7 中，剪贴板是程序和文件间用来传递信息的临时存储区，此存储区是（　　　）。

    A. 回收站的一部分   B. 硬盘的一部分

    C. 内存的一部分   D. U 盘的一部分

21. 在 Windows 7 中，要将活动窗口的内容存入剪贴板，应按（　　　）键。

    A. Print Screen   B. Ctrl+Print Screen

    C. Alt+Print Screen   D. Ctrl+Alt+Print Screen

22. 文件系统采用二级文件目录可以（　　　）。

    A. 缩短访问存储器的时间   B. 实现文件共享

　　C. 节省内存空间　　　　　　　　　　D. 解决不同用户间的文件命名冲突

23. 下面是关于 Windows 7 文件名的叙述，错误的是（　　　）。

　　A. 文件名中允许使用竖线"|"　　　　B. 文件名中允许使用多个圆点分隔符

　　C. 文件名中允许使用空格　　　　　　D. 文件名中允许使用汉字

24. 文件的类型可以根据（　　　）来识别。

　　A. 文件的大小　　B. 文件的用途　　　　C. 文件的扩展名　　D. 文件的存放位置

25. Windows 7 中，对文件和文件夹的管理是通过（　　　）。

　　A. 对话框　　　　B. 剪贴板　　　　　　C. 资源管理器　　　D. 控制面板

26. 配合使用（　　　）可以选择多个非连续的文件或文件夹。

　　A. Alt 键　　　　B. Tab 键　　　　　　C. Shift 键　　　　　D. Ctrl 键

27. 选定要删除的文件，然后按（　　　），即可删除文件。

　　A. Alt　　　　　B. Ctrl　　　　　　　C. Shift　　　　　　D. Del

28. 在 Windows 7 中，各种中文输入法切换的键盘命令是（　　　）。

　　A. Ctrl+Space　　B. Shift+Space　　　C. Ctrl+Alt　　　　　D. Ctrl+Shift

29. 在 Windows 7 中，任务管理器一般可用于（　　　）。

　　A. 关闭计算机　　B. 结束应用程序　　　C. 修改文件属性　　D. 修改屏幕保护

30. 以下关于"回收站"的叙述中，不正确的是（　　　）。

　　A. 放入回收站的信息可以恢复

　　B. 回收站的容量可以调整

　　C. 回收站是专门用于存放从软盘或硬盘上删除的信息

　　D. 回收站是一个系统文件夹

二、操作题

1. Windows 操作题

（1）Windows 桌面设置。

①改变显示器的分辨率，设置分辨率为 800×600。

②屏幕保护程序为字幕，文字为"全国计算机等级考试"，位置居中，速度为中，文字颜色为紫红色，二号黑体，在恢复时使用密码保护，等待时间为"3 分钟"。

③将已经打开的窗口设置为层叠，横向平铺，纵向平铺。

④设置桌面的背景图片，选择"Bliss"为背景图片，设置桌面的背景图片显示方式为"居中"。

（2）区域选项设置。

①设置系统数字格式：小数点后位数为"3"，数字分组符号为"；"，数字分组为"12，34，56，789"，其余采用缺省值。

②设置系统货币格式：货币符号为"$"，货币正数格式为"1.1$"，货币负数格式为"−1.1$"，小数点后位数为"3"。

③设置系统时间格式：时间格式为"HH：mm：ss"，时间分隔符"/"，AM 符号为"AM"，

PM 符号为"PM"。

④设置系统日期格式：短日期格式为"yy-MM-dd"，日期分隔符"/"。

（3）文件的查找及快捷方式的创建。

①查找到系统提供的应用程序"Write.exe"，并在桌面上建立其快捷方式，快捷方式名为"我的写字板"。

②查找到系统提供的应用程序"NOTEPAD.EXE"，并在开始->程序中建立其快捷方式，快捷方式的名为"我的记事本"。

③查找到系统提供的应用程序"Calc.exe"，建立其快捷方式并添加到"开始->程序"的"启动"项中，快捷方式名为"我的计算器"。

④在桌面上建立画图程序"mspaint.exe"的快捷方式，快捷方式名为"我的画图程序"。

（4）任务栏属性设置。

①设置"开始"菜单为"经典[开始]菜单"。

②将"任务栏"设置成"自动隐藏"，并且"保持在其他窗口的前端"，"锁定任务栏"，不显示快速启动，不显示时钟。

③在"程序"菜单建立画图程序"mspaint.exe"的快捷方式，快捷方式名为"我的画图程序"（用任务栏属性的"[开始]菜单"）。

2. 文件夹及文件操作

假设当前文件夹为 E：\FileTest。操作要求如下。

（1）新建文件夹。

①在当前文件夹新建文件夹 USER1。

②在当前文件夹下的 A 文件夹中新建文件夹 USER2。

（2）复制文件到文件夹。

①将当前文件夹下的"AFILE.DOC"文件复制到当前文件夹下的 B 文件夹中。

②将当前文件夹下的 B 文件夹中的"BFILE.DOC"文件复制到当前文件夹和当前文件夹下的 A 文件夹中。

③将当前文件夹下的 B 文件夹复制到当前文件夹下的 A 文件夹中。

④将当前文件夹下的 B 文件夹中的文件夹 BBB 复制到当前文件夹中。

（3）删除文件夹和文件。

①删除当前文件夹中的"BUG.DOC"文件。

②删除当前文件夹下的 C 文件夹中的"CAT.DOC"文件。

③删除 C 文件夹下的 CCC 文件夹中的"DOG.DOC"文件。

④删除当前文件夹下的 A 文件夹中的 CCC 文件夹。

（4）文件夹和文件改名。

①将当前文件夹下的"OLD1.DOC"文件改名为"NEW1.DOC"。

②将当前文件夹下的 A 文件夹中的"OLD2.DOC"文件改名为"NEW2.DOC"。

③将当前文件夹下的 FOLD 文件夹改名为 FOX。

④将当前文件夹下的 A 文件夹中的 SEE 文件夹改名为 SUN。

第3章　计算机网络基础与网络信息应用

计算机网络是计算机及其应用技术和通信技术紧密结合的产物。Internet 则是计算机网络的具体的应用。而如今计算机系统安全的最大隐患之一就是计算机病毒。本章将主要介绍计算机网络的相关知识和 Internet 的基础知识与应用，并以计算机病毒为重点介绍计算机系统安全维护的相关内容。

本章主要内容包括：

（1）计算机网络定义。

（2）Internet 的应用。

（3）计算机系统的安全维护。

3.1　计算机网络概述

信息社会的进步与计算机网络的发展是密不可分的，计算机网络使得信息的收集、存储、加工和传播形成有机的整体，人们不论身处何地，只要通过计算机网络就能获取所需的信息，网络提供给我们几乎所有可能需要的资源。而且，随着社会的不断发展和进步，计算机网络在逐渐地改变着我们的工作和生活方式，未来社会对网络的需求也将上升到更高的层次。所以，对计算机网络的认知已迫在眉睫。

3.1.1　计算机网络的定义

计算机网络，就是将分布在不同地理位置上的具有独立工作能力的计算机通过通信线路和通信设备相互连接起来，并配以网络操作系统和网络软件进行管理，以实现计算机资源共享的系统。它是计算机技术与现代通信技术相结合的产物。

组建计算机网络的根本目的是为了实现资源共享。这里的资源既包括计算机网络中的硬件资源，如磁盘空间、打印机、扫描仪等，也包括软件资源，如程序、数据等。

3.1.2　计算机网络的发展

计算机网络技术出现于 20 世纪 50 年代。它的发展经历了由简单到复杂、由低级到高级的发展过程，其演变可概括为四个阶段。

1. 计算机-终端

将地理位置分散的多个终端通过通信线路连到一台中心计算机上，用户可以在自己办公室内的终端键入程序，通过通信线路传送到中心计算机，分时访问和使用中心计算机资源进行信息处理，处理结果再通过通信线路回送到用户终端显示或打印。这种"终端-通信线路-计算机"的模式称为远程联机系统，如图 3-1 所示，由此开始了计算机和通信技术相结合的年代。

　　但是当终端数增加时，该系统会产生明显的缺陷，一是数据处理性能下降。二是线路浪费大。为了解决上述性能方面的问题，提出了新的解决方案（图 3-2），在主机和通信线路之间设置了通信控制处理机，专门负责通信控制。同时，在终端设备较集中的地方设置一台集中器，终端通过低速线路先汇集到集中器上，再用高速线路将集中器连到主机上。

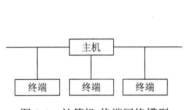

图 3-1　计算机-终端网络模型

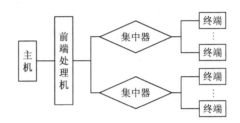

图 3-2　具有通信功能的多机系统模型

2. 以通信子网为中心的计算机网络

　　将分布在不同地点的计算机通过通信线路互连成为计算机-计算机网络。系统中采用在计算机和线路之间设置通信控制处理机（communication control processor，CCP）的方式来提高系统性能。联网用户可以通过计算机使用本地计算机的软件、硬件与数据资源，也可以使用网络中的其他计算机软件、硬件与数据资源，以达到资源共享的目的。1969年在美国建成的 ARPAnet 是这一阶段的代表。在 ARPAnet 上首先实现了以资源共享为目的不同计算机互连的网络，它奠定了计算机网络技术的基础，成为今天因特网的前身。

3. 标准、开放的计算机网络阶段

　　20 世纪 60 年代，不断出现了各种网络，极大地推动了计算机网络的应用，但是众多不同的专用网络体系标准给不同网络间的互联带来了很大的不便。鉴于这种情况，国际标准化组织 ISO（International Standard Organization）于 1966 年成立了专门的机构从事"开放系统互连"问题的研究，目的是设计一个标准的网络体系模型。1983 年 ISO 制订并颁布了"开放系统互连参考模型"（open system interconnection，OSI）模型，促进了计算机网络的规范化，标志着计算机网络的发展步入了成熟的阶段。

4. 高速、智能的计算机网络阶段

　　20 世纪 90 年代初至现在是计算机网络飞速发展的阶段。这一阶段的特点是：计算机网络化、综合化、高速化、大数据、协同计算能力分布化以及全球互联网络（internet）的盛行，计算机的发展已经完全与网络融为一体。目前，计算机网络正在文化、经济、科学、教育、医疗、电子商务和人类社会生活方面发挥着越来越重要的作用。

3.1.3　计算机网络的功能和应用

　　计算机网络能够为我们提供哪些有用的功能与应用呢？总体来讲，计算机网络可归纳

为资源共享、数据传送、提高计算机系统的可靠性和可用性、均衡负荷和分布式信息处理等四项功能。

（1）资源共享。

资源共享是网络的基本功能之一。网络上的计算机不仅可以使用自身的资源，也可以共享网络上的资源。利用计算机网络可以共享网络中各种硬件和软件资源。随着计算机网络覆盖区域的扩大，信息交流已越来越不受地理位置、时间的限制，使得人类对资源能互通有无，大大提高了资源的利用率和信息的处理能力。

（2）数据传送。

数据传送是计算机网络的另一项基本功能。它包括网络用户之间、各处理器之间以及用户与处理器间的数据通信。例如，我们在网络上相互发送与接收电子邮件就是一种基于数据传送的应用。通过计算机网络实现全国联网售火车票或飞机票等都是一种数据传送的应用，这大大提高了工作效率。

（3）提高计算机系统的可靠性和可用性。

利用计算机网络，计算机可以互为备份，一旦其中一台计算机出现故障，其任务可以由网络中的其他计算机取代，以保证用户的正常操作，不因局部故障而导致系统的瘫痪。又如某一数据库中的数据因计算机发生故障而消失或遭到破坏时，可从另一台计算机的备份数据库中调来进行处理，并恢复遭到破坏的数据库，从而提高系统的可靠性和可用性。当网络中某些计算机资源负荷过重时，网络可以将新任务分配给负荷较轻的计算机完成，提高每一台计算机的利用率。

（4）均衡负荷和分布式信息处理。

所谓均衡负荷是指当网络的某个节点系统的负荷过重时，新的作业可以通过网络传送到网络中其他较为空闲的计算机系统去处理。分布式处理则是指当网络中的某个节点其性能不足以处理某项复杂的计算或数据处理任务时，可以通过调用网络中的其他计算机，通过分工合作来共同完成的处理方式。

3.1.4　计算机网络的连接设备及传输介质

1. 网络连接设备

计算机网络中的连接设备众多，下面简要介绍几种常用的网络连接设备。

（1）网络接口卡。

网络接口卡（net interface card，NIC）也称为网卡，如图 3-3（a）所示，是计算机与传输介质进行数据交互的中间部件，通常插入到计算机总线插槽内或某个外部接口的扩展卡上，进行编码转换和收发信息。计算机要通过网线连接到网络，就需要安装一块网卡，如果有必要，一台计算机也可以安装两块或更多块网卡。

（2）调制解调器。

调制解调器（MODEM）是调制器和解调器的简称，俗称"猫"，用来实现数字信号与模拟信号的转换。是计算机和电话线之间的一个连接设备，在信号发送端，它将计算机输出的数字信号变换为适合电话线传输的模拟信号，这个过程叫调制；在信号接收端将接收到的模拟信号变换为数字信号由计算机处理，这个过程叫解调。因此，调制解调器需成对使用。

（3）网关。

网关（Gateway）是连接两个不同网络协议、不同体系结构的计算机网络的设备。网关可以实现不同网络之间的转换，可以在两个不同类型的网络系统之间进行通信，把协议进行转换，将数据重新分组、包装和转换。

（4）网桥。

网桥（Bridge）是网络节点设备，它能将一个较大的局域网分割成多个网段，或者将两个以上的局域网（可以是不同类型的局域网）互连为一个逻辑局域网。网桥的功能就是延长网络跨度，同时提供智能化连接服务，即根据数据包终点地址处于哪一个网段来进行转发和滤除。

（5）集线器。

集线器（Hub）（图 3-3（b））能够提供多端口服务，每个端口连接一条传输介质（见传输介质一节）。集线器将多个节点汇接到一起，起到中枢或多路交汇点的作用，是为优化网络布线结构，简化网络管理为目标而设计的。

（6）交换机。

交换机（图 3-3（c））工作性质与集线器类似，但功能比集线器更强。现在一般都使用交换机，集线器逐渐被淘汰。因为从带宽上看，交换机独享带宽，而集线器共享带宽，交换机的效率比较高。

（7）路由器。

路由器（图 3-3（d））是提供多个独立的子网间连接服务的一种存储/转发设备，路由器可根据传输费用、转接时延、网络拥塞或信源和信宿间的距离来选择最佳路径。路由器的服务通常要由用户端设备提出明确的请求，处理由用户端设备要求寻址的报文。实际应用中，路由器通常作为局域网与广域网连接的设备。

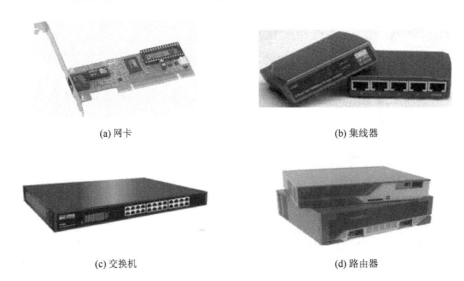

(a) 网卡　　　　　　　　　　　　　　　　　(b) 集线器

(c) 交换机　　　　　　　　　　　　　　　　(d) 路由器

图 3-3　网络连接设备

2. 传输介质

传输介质是计算机网络的组成部分。它们就像是交通系统中的公路，是信息数据运输的通道，负责将网络中的多种设备连接起来，可以支持不同的网络类型，具有不同的传输速率和传输距离。

（1）双绞线。

双绞线是一种最廉价且最常用的传输介质，由 4 对两根相互绝缘的铜线按一定密度铰合在一起组成，可降低信号干扰的程度。4 对线具有不同的颜色标记，这四种颜色是蓝色、橙色、绿色、棕色。每个线对都有两根导线。其中一根导线的颜色为线对的颜色加一个白色条纹，另一根导线的颜色是白色底色加线对颜色的条纹，即电缆中的每一对双绞线对称电缆都是互补颜色。每一根绝缘线路都用不同颜色加以区分，这些颜色构成标准的编码，因此很容易识别和正确端接每一根线路。

双绞线按照是否有屏蔽层又可以分为非屏蔽双绞线（unshielded twisted pair，UTP）（图 3-4（a））和屏蔽双绞线（shielded twisted pair，STP）（图 3-4（b））。

非屏蔽双绞线（UTP）：用塑料套管套装了多对双绞线，目前局域网中使用最广泛。

屏蔽双绞线（STP）：用铝箔套管套装多对双绞线，具有抗电磁干扰能力。

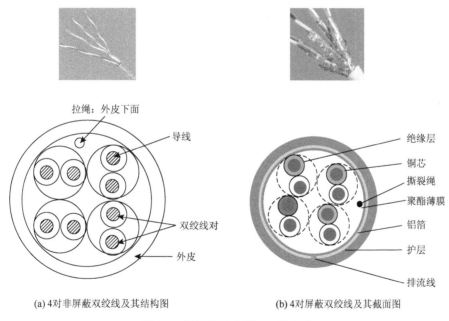

(a) 4对非屏蔽双绞线及其结构图　　　　　　(b) 4对屏蔽双绞线及其截面图

图 3-4　网络传输介质——双绞线

（2）同轴电缆。

同轴电缆在 20 世纪 80 年代初的局域网中使用最为广泛，因为那时集线器的价格很高，所以，同轴电缆作为一种廉价的解决方案，得到了广泛应用。然而，在进入 21 世纪的今天，随着以双绞线和光纤为基础的标准化布线的推广，同轴电缆已逐渐退出布线市场。不过，目前一些对数据通信速率要求不高、连接设备不多的一些家庭和小型办公室用户还在使用同轴电缆。如图 3-5 所示。

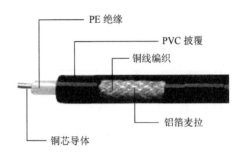

PE 绝缘
PVC 披覆
铜线编织
铝箔麦拉
铜芯导体

图 3-5 同轴电缆

与双绞线相比，同轴电缆的抗干扰能力强，屏蔽性能好，所以常用于设备与设备之间的连接，如有线电视。

（3）光纤。

光纤即光导纤维，是一种细小、柔韧并能传输光信号的介质，一根光缆中包含有多条光纤。如图 3-6 所示。20 世纪 80 年代初期，光缆开始进入网络布线。

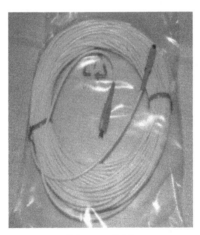

图 3-6 光纤

与其他传输介质相比较，光纤通信明显具有无法比拟的优点。

①光纤不会向外界辐射电子信号，所以使用光纤介质的网络无论是在安全性、可靠性，还是网络性能方面都有了很大的提高。

②传输信号的频带宽，通信容量大；信号衰减小，传输距离长；抗干扰能力强，应用范围广。

③抗化学腐蚀能力强，适用于一些特殊环境下的布线。

④原材料资源丰富。

当然，光纤也存在着一些缺点：如质地脆，机械强度低；切断和连接的技术要求较高等，这些缺点也限制了目前光纤的普及。

（4）无线传输介质。

无线传输是指通过无线电波在自由空间的传播进行通信，常用于电（光）缆铺设不便的特殊地理环境，或者作为地面通信系统的备份和补充。

卫星通信可以看作一种特殊的微波通信，使用地球同步卫星作为中继站来转发微波信号，卫星通信容量大、传输距离远、可靠性高。

除微波通信外，也可使用红外线和激光进行传输，但所应用的收发设备必须处于视线范围，均有较强的方向性，对环境因素（如雾天、下雨）较为敏感。

3.1.5　计算机网络的结构

网络中各站点相互连接的方法和形式称为网络拓扑，网络的拓扑结构是抛开网络物理连接来讨论网络系统的连接形式。拓扑图给出网络服务器、工作站的网络配置和相互间的连接，它的结构主要有星型结构、环型结构、总线型结构、网状结构、树型结构和蜂窝拓扑结构。

1. 星型结构

星型结构是指各工作站以星型方式连接成网。网络有中央节点，其他节点（工作站、服务器）都与中央节点直接相连，这种结构以中央节点为中心，因此又称为集中式网络。如图 3-7（a）所示。

2. 环型结构

环型结构由网络中若干节点通过点到点的链路首尾相连形成一个闭合的环，这种结构使公共传输电缆组成环型连接，数据在环路中沿着一个方向在各个节点间传输，信息从一个节点传到另一个节点。如图 3-7（b）所示。

3. 总线型结构

总线型结构是指各工作站和服务器均挂在一条总线上，各工作站地位平等，无中心节点控制，公用总线上的信息多以基带形式串行传递，其传递方向总是从发送信息的节点开始向两端扩散，如同广播电台发射的信息一样，因此又称广播式计算机网络。各节点在接受信息时都进行地址检查，看是否与自己的工作站地址相符，相符则接收网上的信息。如图 3-7（c）所示。

4. 分布式结构（或称网状结构）

分布式结构的网络是将分布在不同地点的计算机通过线路互连起来的一种网络形式。

5. 树型结构

树型结构是分级的集中控制式网络，与星型结构相比，它的通信线路总长度短，成本较低，节点易于扩充，寻找路径比较方便，但除叶节点及其相连的线路外，任一节点或其相连的线路故障都会使系统受到影响。如图 3-7（d）所示。

6. 蜂窝拓扑结构

蜂窝拓扑结构是无线局域网中常用的结构。它以无线传输介质（微波、卫星、红外等）点到点和多点传输为特征，是一种无线网，适用于城市网、校园网、企业网。

在计算机网络中还有其他类型的拓扑结构，如总线型与星型混合（图3-7（e））、总线型与环型混合连接的网络。在局域网中，使用最多的是总线型和星型结构。

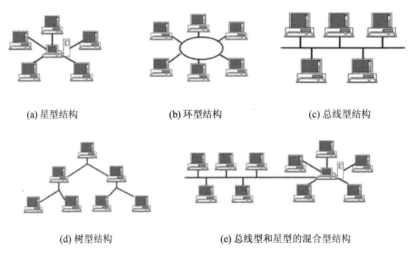

(a) 星型结构　　　　　　　(b) 环型结构　　　　　　　(c) 总线型结构

(d) 树型结构　　　　　　　(e) 总线型和星型的混合型结构

图 3-7　网络拓扑结构

3.1.6　计算机网络的分类

虽然网络类型的划分标准各种各样，但是从地理范围划分是一种大家都认可的通用网络划分标准，地理范围的区分没有严格定义，只是一个定性的概念。按这种标准可以把各种网络类型划分为局域网、城域网、广域网和个人区域网四种。下面简要介绍这几种计算机网络。

1. 局域网

所谓局域网（local area network，LAN），那就是在局部地区范围内的网络，它所覆盖的地区范围较小。局域网在计算机数量配置上没有太多的限制，少的可以只有两台，多的可达几百台。在网络所涉及的地理距离上一般来说可以是几米至10km以内。局域网一般位于一个建筑物或一个单位内，如校园网。

2. 城域网

城域网（metropolitan area network，MAN）一般来说是在一个城市，但不在同一地理小区范围内的计算机互联。这种网络的连接距离可以在10～100km。在一个大型城市或都市地区，一个 MAN 网络通常连接着多个 LAN 网。如一个 MAN 网可以连接政府机构的 LAN、医院的 LAN、电信的 LAN、公司企业的 LAN、校园网的 LAN 等。由于光纤连接的引入，MAN 中高速的 LAN 互连成为可能。

3. 广域网

广域网（wide area network，WAN）也称为远程网，所覆盖的范围比城域网（MAN）更广，它一般是在不同城市之间的 LAN 或者 MAN 网络互联，地理范围可从几百公里到几千公里。

4. 个人区域网

个人区域网（personal area network，PAN）就是在个人工作地方把属于个人使用的电子设备（如便携式电脑、掌上电脑、便携式打印机及其蜂窝电话等）用无线技术连接起来的网络。因此也常称为无线个人区域网（wireless PAN），其范围在 10m 左右。无线个人区域网是当前发展最迅速的领域之一，相应的新技术也层出不穷，如蓝牙系统。

3.1.7　计算机网络的体系结构

计算机网络系统是由各种各样的计算机和终端设备通过通信线路连接起来的复杂的系统。在该系统中，由于计算机类型、通信线路类型、连接方式等的不同，网络各节点要进行通信困难重重。要解决这个问题，就要涉及通信体系结构设计和各厂家共同遵守的约定标准等问题，这也就是计算机网络体系结构和协议问题。

与人和人之间的交互相类似，由于计算机网络中包含了多种计算机系统，它们的硬件和软件系统各异，要使得它们之间能够相互通信，就必须有一套通信管理机制使得通信双方能正确地接收信息，并能理解对方所传输信息的含义。这一套通信管理机制称为网络协议。简单地说，网络协议就是计算机网络中任何两个节点间的通信规则。

1. OSI 开放系统互联参考模型

在计算机网络产生之初，每个计算机厂商都有一套自己的网络体系结构的概念，它们之间互不相容。为此，国际标准化组织（ISO）建立了一个分委员会来专门研究一种用于开放系统互联的体系结构（open systems interconnection，OSI）。这个分委员提出了开放系统互连（OSI）参考模型，它定义了连接异种计算机的标准框架。

整个 OSI 模型共分七层，从下往上分别是：物理层、数据链路层、网络层、传输层、会话层、表示层和应用层，如图 3-8 所示。当接收数据时，数据是自下而上传输；当发送数据时，数据是自上而下传输。

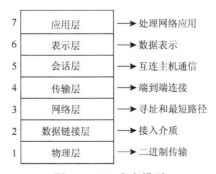

图 3-8　OSI 参考模型

OSI 只是一个参考模型，对网络互连做了一些原则性的说明，不是一个具体的网络协议。

2. TCP/IP 的分层结构

TCP/IP 模型（也称为 TCP/IP 协议栈或 TCP/IP 协议族）已经成为事实上的国际标准。它是 Internet 国际互联网络的基础。广泛应用于局域网和广域网中。例如，假如某台计算机要接入因特网中，则这台计算机必须安装 TCP/IP 协议栈，才能与其他计算机进行通信。所以说 TCP/IP 协议非常重要，它是因特网技术的核心。

TCP/IP 模型分为四层，由下而上分别为网络接口层、网际层、传输层、应用层，如

图 3-9 所示。应该指出，TCP/IP 是 OSI 模型之前的产物，所以两者间不存在严格的层对应关系。TCP/IP 的主要目标是致力于异构网络的互联，所以在 OSI 中的物理层与数据链路层相对应的部分没有作任何限定。

我们通常称 TCP/IP 协议为 TCP/IP 协议族，包括 TCP（传输控制协议）、IP（网际协议）、UDP（用户数据报协议）、Telnet（远程登录协议）、FTP（文件传输协议）、SNMP（简单网络管理协议）、ICMP（网际控制消息协议）、SMTP（简单邮件传送协议）

图 3-9　TCP/IP 分层模型

等许多协议，TCP 和 IP 是保证数据完整传输的两个最基本的重要协议。因此，通常用 TCP/IP 来代替整个 Internet 协议系列。

3.2　Internet 概述

3.2.1　Internet 简介

Internet 全称为国际计算机分组交换互联网络，Internet 的前身是 ARPA 网络。ARPA 是高级研究计划局（Advanced Research Projects Agency）的缩写。在 ARPA 研究中的一个指导思想，是试图利用一种新的方法将 WAN 和 WAN、WAN 和 LAN 联连起来构成互联网络（Internet Work）。他们把由自己构建的特定的互联网络简称为 Internet。最初（1969年）ARPA 网络上只有 4 台主机，此后仅经过 30 年的发展，便形成了接入有成千上万台主机的世界上最大的网络。目前 Internet 已遍及世界上 170 多个国家。

Internet 的发展过程可分为三个阶段。第一阶段是从 1969～1988 年，在此阶段是以美国的 ARPA 网络作为主干网，网上的主机数目由最初的 4 台发展到近 10 万台，主要作为网络技术的研究和实验在一部分美国大学和研究部门运行和使用。第二阶段是从 1988～1992 年，美国国家科学基金会（National Science Foundation）利用 TCP/IP 协议，在 5 个科研教育服务超级电脑中心的基础上建立了 NSFnet 广域网，在全美实现资源共享，1989 年，万维网（world wide web，WWW）的出现，为 Internet 实现广域网超媒体信息获取、检索奠定了基础。从此，Internet 进入到迅速发展的时期。第三阶段是从 1993 年起至目前，网络借助 WWW 浏览器实现多媒体浏览及通信，Internet 的应用已从以科学教育为主迅速扩展到社会的各个领域，使 Internet 进入了商业化阶段。

作为认识世界的一种方式，我国目前在接入 Internet 网络基础设施已进行了大规模投入，例如，建成了中国公用分组交换数据网 CHINAPAC 和中国公用数字数据网 CHINADDN。覆盖全国范围的数据通信网络已初具规模，为 Internet 在我国的普及打下了良好的基础。

1986 年 9 月 20 日，钱天白教授发出我国第一封电子邮件"越过长城，通向世界"，揭开了中国人使用 Internet 的序幕。1988 年我国实现了与欧洲和北美地区的 E-mail 通信。1994 年随着"巴黎统筹委员会"的解散，美国政府取消了对中国政府进入 Internet 的限制，我国互联网建设全面展开，1994 年 3 月中国作为第 61 个国家级网正式加入 Internet，并建立了中国顶级域名服务器，实现了网上全部功能。到 1996 年底，我国已建成中国公用计算机网互联网（ChinaNET）、中国教育科研网（CERNET）、中国科学技术网（CSTNET）和中国金桥信息网（ChinaGBN）等，并与 Internet 建立了各种连接。

3.2.2　IP 地址和域名系统

不同地区，不同国家的人们可以相互通信和打电话，通信需要知道对方的详细地址，打电话需要知道对方的电话号码，并且通信地址和电话号码都必须是唯一的。同理，计算机之间的通信也是必须有一个与其他计算机不重复的地址，它相当于通信时每个计算机的名字，在使用 Internet 过程中，遇到的地址有 IP 地址、域名地址和中文域名地址等。

1. IP 地址

IP 地址是网上的通信地址，是计算机、服务器、路由器的端口地址，每一个 IP 地址在全球是唯一的，IP 地址是一个 32 位的二进制数，常用十进制数来标记，按字节分为 4 段，每段的取值范围为 0～255，段间用圆点"."分开。例如，假设有一 IP 地址 11011011 11001010 10101010 01010101，则该 IP 地址通常的表示方式为：219.202.160.85。

IP 地址由网络标识(netid)和主机标识(hostid)两部分组成，网络标识用来区分 Internet 上互连的各个网络，主机标识用来区分同一网络上的不同计算机（主机）。

Internet 管理委员会按网络规模的大小将 IP 地址分为 A、B、C、D、E 五类，如图 3-10 所示。常用的是前三类，其余的留做备用。A、B、C 类的地址编码如下。

（1）A 类：A 类地址用于规模特别大的网络。其前 8 位标识网络号，后 24 位标识主机号，有效范围为 0.0.0.0～127.255.255.255，主机数可以达到 16666214 个。

（2）B 类：B 类地址用于规模适中的大型网络。其前 16 位标识网络号，后 16 位标识主机号，其有效范围为 128.0.0.0～191.255.255.255，主机数最多只能为 65535 个。

（3）C 类：C 类地址用于规模较小的网络。其前 24 位标识网络号，后 8 位标识主机号，其有效范围为 192.0.0.0～222.255.255.255，主机数最多只能为 254 个。

为了确保 IP 地址在 Internet 网上的唯一性，IP 地址统一由美国的国防数据网网络信息中心 DDN NIC 分配。对于美国以外的国家和地区，DDN NIC 又授权给世界各大区的网络信息中心分配。在我国的 IP 地址由中国互联网络信息中心（CNNIC）分配。要加入到

Internet，必须申请到合法的 IP 地址。

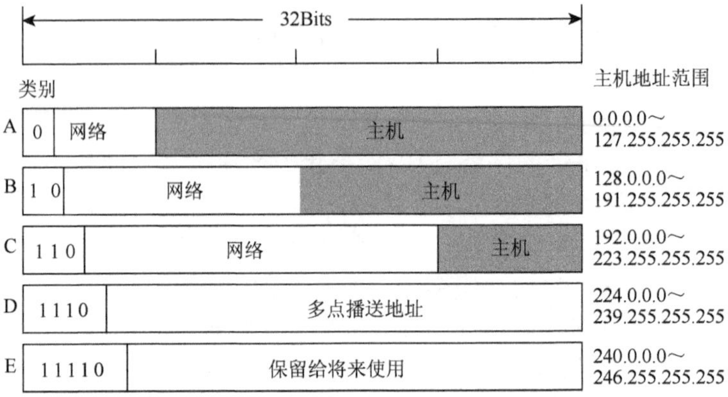

图 3-10 IP 地址的组成

2. 域名地址

在网络上识别一台计算机的方式是利用 IP 地址，但是用户记忆 IP 这种数字型十分不方便，因此，人们为网络上的计算机取了一个有意义又容易记忆的名字，这个名字就叫域名（domain name）。

域名的形式是以若干个英文字母或数字组成，由"."分隔成几部分。其一般格式为：计算机名.组织机构名.网络名.最高层域名（各部分间用小数点隔开）。如 www.ncbuct.edu.cn 就是一个域名。在全世界，没有重复的域名。

域名采用层次结构，每一层构成一个子域名，子域名之间用圆点隔开，自右至左结构越来越小。例如，buct.edu.cn 是一个域名，cn 表示中国，edu 表示教育机构，是网络域 cn 下的一个子域，buct 表示北京化工大学，是 edu 的一个子域。一台计算机也可以命名，称为主机名。在表示一台计算机时把主机名放在其所属域名之前，用圆点分隔开，构成主机地址，便可以在全球范围内区分不同的计算机了。www 就是一台提供网页的服务器。

为了保证域名系统的通用性，Internet 制定了一组正式通用的代码作为顶级域名，如表 3-1 所示。

表 3-1 顶级域名代码

域名代码	意义	域名代码	意义
com	商业组织	org	非盈利组织
edu	教育机构	net	主要网络支持中心
gov	政府部门	int	国际组织
mil	军事部门	info	提供信息服务单位

国家和地区的域名常用两个字母表示，部分国家和地区的域名如表 3-2 所示。

表 3-2　部分国家和地区的域名

域名代码	国家和地区	域名代码	国家和地区	域名代码	国家和地区
au	澳大利亚	fl	芬兰	nl	荷兰
be	比利时	fr	法国	no	挪威
ca	加拿大	hk	中国香港	nz	新西兰
ch	瑞士	ie	爱尔兰	ru	俄罗斯
cn	中国	in	印度	se	瑞典
de	德国	it	意大利	tw	中国台湾
dk	丹麦	jp	日本	uk	英国
es	西班牙	kp	韩国	us	美国

使用域名和 IP 地址都可以准确地找到网络上的计算机，就像每位同学都有学号和名字，通过学号和名字都可以找到该同学。

3. 中文域名

中文域名是含有中文文字的域名。中文域名系统原则上遵照国际惯例，采用树状分级结构，系统的根不被命名，其下一级称为"中文顶级域"（CTLD），顶级域一般由"地理域"组成，二级域为"类别/行业/市地域"，三级域为"名称/字号"。格式为

地理域.类别/行业/市地域.名称/字号

中文域名的结构符合中文语序，例如，北京化工大学的中文域名是：北京. 教育. 北京化工大学，其中北京化工大学域下的子域名由其自行定义，例如，北京. 教育. 北京化工大学. 信息科学与技术学院。

根据信息产业部《关于中国互联网络域名体系的公告》，中文域名分为以下四种类型：中文.cn、中文.中国、中文.公司和中文.网络。

使用中文域名时，用户只需在 IE 浏览器地址栏中直接输入中文域名，例如，"http：//北京大学.cn"，即可访问相应网站。如果用户觉得输入 http 的引导符比较麻烦，并且不愿意切换输入法，希望用"。"来代替"."，那么只要在中国互联网络信息中心网站安装中文域名的软件就可以实现，例如，输入"北京大学。cn"即可访问北京大学的网站。

3.2.3　连接到 Internet

网络接入技术指计算机主机和局域网接入广域网的技术，即用户终端与 Internet 服务提供商（internet server provider，ISP，就是为用户提供 Internet 接入和（或）Internet 信息服务的公司和机构）的连接技术，也泛指"三网"融合后用户多媒体业务的接入技术。

电信部门组建和运营的电信网分为核心网（长途网与中继网）及接入网两个部

分。接入网（access network）是指本地交换机和用户端设备之间的传输系统，主要任务是将所有用户接入到核心网中，它由业务结点接口和相关用户网络接口间的一系列传输实体组成。用户接入方式有多种选择，如可以由电信部门、有线电视台和ISP接入等。接入网技术是信息高速公路的最后一公里技术，为能在网络中传输高质量的图像和多媒体的信息及高速数据传输，需要接入网部分也有较高的数据传输速率，即更高的带宽，宽带接入网（broad band access network）和宽带接入技术是当前网络技术应用的一大热点。

当前应用及研究中的网络接入技术大致分成以下几类。

1. 拨号上网方式

拨号上网是以前使用最广泛的 Internet 接入方式，它通过调制解调器和电话线将计算机连接到 Internet 中，并进一步访问网络资源。拨号上网的优点是安装和配置简单，一次性投入成本低，用户只需从 ISP（网络运营商）处获取一个上网账号，然后将必要的硬件设置连接起来即可；缺点是速度慢和接入质量差，而且用户在上网的同时不能接收电话。这种上网方式适合于上网时间比较少的个人用户。

2. ISDN 上网方式

ISDN 是 Integrated Service Digital Network 的缩写，即窄带综合业务数字网，俗称"一线通"，它也是利用现有电话线来访问 Internet 的。这种接入 Internet 的方式具有如下特点：①多业务性。可以实现电话、传真、可视图文字、可视电话等多种业务。②数字化。提供端到端之间的数字连接，终端到终端之间完全实现数字化，信息交换质量较高。③使用方便性。只需一个入网接口，使用一个统一号码，在这个接口上可以连接不同种类的多个终端。

使用 ISDN 上网的缺点是费用较高，因为使用 ISDN 需要专用的终端设置（包括网络终端 NT1 和 ISDN 适配器）。

3. 宽带上网方式

非对称数字用户线（asymmetric digital subscriber line，ADSL）。ADSL 技术是一种在普通电话线上高速传输数据的技术，它使用了电话线中一直没有被使用过的频率，所以可以突破调制解调器的 56kbps 速度的极限。其主要特点是可以充分利用现有的电话网络，在线路两端加装 ADSL 设备即可为用户提供高速宽带服务。另外，ADSL 可以与普通电话共存于一条电话线上，并不影响接打电话。

高速数字用户环路（VDSL）是 ADSL 的快速版本。使用 VDSL，短距离内的最大下传速率可达 55Mbps，上传速率可达 19.2Mbps，甚至更高。VDSL 提供了更高的带宽，满足更多的业务需求，它除支持与 ADSL 相同的应用外，还支持包括高保真音乐、高清晰度的电视，多通道视频业务、MPEG-2 图像等，是真正的全业务接入（FSAN）手段。它的特点是传输速率快，有效距离短，速率可变自适应，并可以按照要求配制成对称和非对称两种传输模式。

4. 光纤上网方式

光纤上网是指采用光纤线取代铜芯电话线，通过光纤收发器、路由器和交换机接入 Internet 中。这种接入 Internet 的方式可以使下载速度最高达到 6Mbps，上传速率达到 640kbps。光纤上网的优点是带宽独享、性能稳定、升级改造费用低、不受电磁干扰、损耗小、安全和保密性强以及传输距离长。

5. HFC

HFC 是一种基于有线电视 CATV 网传输设施的电缆调制解调器的接入方式，它可通过有线电视的光纤同轴网前端的网络路由器高速接入 Internet；具有专线上网的连接特点，适用于拥有有线电视网的家庭、个人或中小团体。特点是速率较高，接入方式方便（通过有线电缆传输数据，不需要布线），可实现各类视频服务、高速下载等。缺点在于基于有线电视网络的架构是属于网络资源分享型的，当用户激增时，速率就会下降且不稳定，扩展性不够。

6. 无线接入方式

无线上网就是指不需要通过电话线或网络线，而是通过通信信号来连接到 Internet。只要用户所处的地点在无线接入口的无线电波覆盖范围内，再配上一张兼容的无线网卡就可以轻松上网了。优点是不受地点和时间的限制、速度快，使用无线上网卡还可以收发信息；缺点是费用高。

用户常用的无线接入方式有移动无线接入和蜂窝移动无线通信。

（1）宽带无线局域网络（WLAN）。

无线局域网络是便携式移动通信的产物，终端多为便携式微机。其构成包括无线网卡、无线接入点（AP）和无线路由器等。目前最流行的是 IEEE802.11 系列标准，它们主要用于解决办公室、校园、机场、车站及购物中心等场所用户终端的无线接入。

（2）蓝牙技术。

蓝牙是一种短距离无线连接技术，用于提供一个低成本的短距离无线连接解决方案。家庭信息网络由于距离短，可以利用蓝牙技术。蓝牙采用 2.4GHz 的 ISM（工业、科研和医疗）频段，不受各国频率分配不统一的影响；采用 FM 调制方式，降低了设备成本；采用快速跳频、正向纠错（FEC）和短分组技术，可减少同频干扰和随机噪声，使无线通信质量有所提高。蓝牙的传输速率为 1Mb/s，传输距离约 10m，加大功率后可达 100m。

（3）蜂窝移动无线通信系统。

蜂窝移动无线通信系统是当前移动通信的主力军，它采用蜂窝结构，频率可重复利用，实现了大区域覆盖；并支持漫游和越区切换，实现了高速移动环境下的不间断通信。从 20 世纪 70 年代起，它已经历了第一代（1G）、第二代（2G）、第三代（3G）和目前流行的 4G。

7. 卫星接入

与地面通信系统相比，宽带卫星接入系统虽然有延时较长等缺点，但却具有一些地面网络无法比拟的优点，例如，覆盖面广，具有极佳的广播性能；传输不受地理条件的限制，组网灵活；网络建设速度快，成本低；能够灵活高效地利用和扩展带宽；链路性能好，利于推广多元化的多媒体应用；技术成熟，标准稳定等。作为地面网络的补充，宽带卫星接入系统对于地面网络不能到达的不发达地区来说是一种有效的通信方式。

不同的网络接入技术，应用场合及前景也各具特点。新型的 56kb/s 的 Modem 在当前骨干网速度不很高的情况下，使个人用户拨号上网的速率和效率得到一定程度的提高。ISDN 适用于小型企业客户和个人用户的接入。应用 HFC 技术和 CATV 资源，将成为用户高速率、低成本的有效途径。非对称数字用户线（ADSL）为企业用户的局域网互联和 Internet 接入技术提供"最后一公里"服务。无线接入在许多移动场所且不便于铺设物理线缆的地方提供了一种有效和有前景的接入技术。

3.3　Internet 的应用

作为世界上最大的信息资源数据库和最廉价的通信方式，Internet 为用户获取并提供了许多服务，其中最常见的有：电子邮件（E-mail）、远程登录（Telnet）、文件传输（FTP）、网络新闻（News）、信息检索、网上冲浪、电子商务、休闲娱乐、网络交流等。Internet 已演变为信息经济的原动力和新引擎，演变为一个降低成本、提高生产力，并为各种新工作铺平道路的推土机。

3.3.1　IE 浏览器的使用

接入 Internet 后，还需要安装上网浏览软件，才能浏览网上信息，这种浏览软件称为浏览器。浏览器的种类有很多，常用的是微软公司的 IE 浏览器，另外还有 Opera、Mozilla 的 Firefox、Maxthon（基于 IE 内核）、MagicMaster（M2）等。在此主要介绍 IE 浏览器的使用。

Internet Explorer 9 浏览器，简称 IE9，于 2011 年 3 月 21 日由微软在中国发布正式版本，该版本不支持 Windows XP 操作系统。要想让 IE 更好用，使用起来更方便的话，需要进入 Internet 选项进行一些高级设置。

1. 界面设计

打开 IE9 时首先注意的是紧凑的用户界面，清爽美观，所有的任务栏都在同一行里。如果经常需要同时打开很多网页，那么也可让这些标签单独一行显示，只需在浏览器顶部单击鼠标右键，然后勾选"在单独一行显示选项卡"即可，如图 3-11 所示。

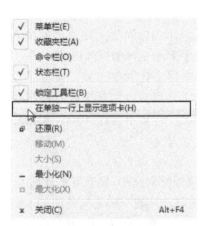

图 3-11　设置单独一行显示

2. 固定网站

如果经常访问某些网页时，使用"固定网站"功能，就可以从 Windows 7 桌面上的任务栏直接进行访问。将地址栏中的图钉图标如图 3-12 所示，（或"新建选项卡"页的网站图标）拖动到任务栏，该网站图标会一直显示在此处，直到删除为止。以后单击该图标时，就会在 IE 中打开该网站。打开固定的网站时，网站图标显示在浏览器顶部，因此您可以很方便地访问网站主页。"返回"和"前进"按钮可以更改颜色与图标颜色匹配。

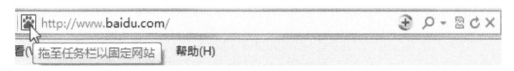

图 3-12 "固定网站"功能设置图标

3. 下载管理

选择 IE 菜单栏的"工具"→"查看下载"命令，打开"查看下载"对话框。如图 3-13 所示。"查看下载"对话框是一项强大的新功能，它包含一个从 Internet 下载的文件的动态列表，可以在可能存在恶意文件时发出通知。如果您的 Internet 连接速度较慢，还可以用它暂停和重新启动下载，此外还可以显示已下载文件在计算机上的位置。用户可以随时清除该列表。

图 3-13 "查看下载"对话框

4. 增强的选项卡

可以在一个窗口中打开的多个网页间轻松切换，如图 3-14 所示，IE 9 浏览器中一个窗口中显示了多个网页。

"新建选项卡"页显示用户最常访问的网站，并将它们彩色编码以便快速导航。网站标志栏还会显示您访问每个网站的频率，还可以根据需要随时删除或隐藏显示的网站。

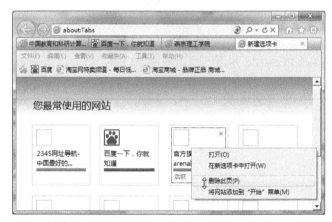

图 3-14 一个 IE 窗口中显示多个网页的效果

5. 地址栏中搜索

用户可以直接从地址栏中搜索。输入网站地址后，将直接进入该网站。如果输入搜索术语或不完整的地址，将使用当前选定的搜索引擎启动搜索。单击地址栏可从列出的图标中选择搜索引擎或添加新的搜索引擎。从地址栏中进行搜索时，可以选择是打开搜索结果页还是置顶搜索结果（如果用户所用的搜索引擎支持此功能）。还可以选择在地址栏中获取搜索建议，不过默认情况下将不启用搜索建议。

6. Internet 选项设置

要想让 IE 更好用，使用起来更方便的话，还需要进入 Internet 选项进行一些高级设置。选择 IE 菜单栏的"工具"→"Internet 选项"命令，打开"Internet 选项"对话框。如图 3-15 所示。

图 3-15 "Internet 选项"对话框

（1）快速设置默认首页。

打开一个浏览器窗口，往往会看到直接打开了某个网站，有时候不希望总是打开某个网站，而是希望打开一个空白的网页或希望打开自己常用的某个网页。这时就可以在"Internet 选项"对话框中的"常规"选项卡里设置，在"主页"栏的文本框中键入自己欲设置的默认网页的名称，例如，http://www.ncbuct.edu.cn，或单击"使用空白页"按钮设置成空白网页。然后单击"确定"按钮，以后再打开 IE 就会默认使用我们设置的网页作为默认主页了。

（2）清除临时文件、历史记录。

在使用 IE 访问网站时会产生 Internet 临时文件、历史记录（已访问网站的列表）等，所有这些都会占用宝贵的硬盘空间，可以通过单击"Internet 选项"对话框中"常规"选项卡中的"浏览历史记录"栏下的"删除"按钮来进行清理。如图 3-16 所示的删除选项。

（3）安全性设置。

现在的网页不只是静态的文本和图像，页面中还包含一些 Java 小程序、Active X 控件及其他一些动态和用户交流信息的组件。这些组件以可执行的代码形式存在，从而可以在用户的计算机上执行，它们使整个 Web 变得活泼生动，但是这些组件既然可以在用户的计算机上执行，也就会产生潜在的危险性。如果这些代码是精心编写的网络病毒，那么危险就会发生。通过对 IE 浏览器的安全性设置基本可以解决这个问题。选择"安全"选项卡，如图 3-17 所示。

图 3-16　"删除浏览的历史记录"对话框

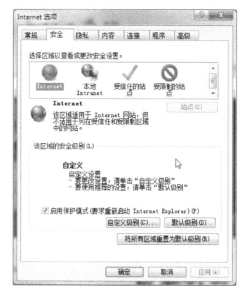

图 3-17　"安全选项"对话框

在四个不同区域中，单击要设置的区域，单击"默认级别"按钮，会出现滑块。

单击"自定义级别（C）…"按钮，可以自定义诸如 ActiveX、JavaScript 等选项，如图 3-18 所示。这样能够在很大程度使我们上网时变得更加安全一些。

（4）阻止弹出广告。

现在的广告无孔不入，很多网站打开的同时就会弹出广告页面，为了"蔽"掉这些广告，可以通过"Internet 选项"对话框中的"隐私"选项卡来完成，如图 3-19 所示。

图 3-18 安全选项设置对话框   图 3-19 阻止弹出窗口设置对话框

（5）清除自动保存的登录密码。

每次进入一个新网站，要输入用户名和密码时，系统总会提示，是否需要记住密码以方便下一次登录，一般都选"否"，不过有的时候操作太快，或者鼠标没操纵好，也有一时不慎点了"是"的时候，这要是普通网站就无所谓了，要是邮箱之类的私人地界，就有点麻烦了。通过"Internet 选项"对话框中的"内容"选项卡来进行设置。如图 3-20 所示，在"自动完成"栏单击"设置"按钮，打开"自动完成设置"对话框，如图 3-21 所示。在"自动完成设置"对话框中不要勾选"表单上的用户名和密码"，以后就再也不会自动保存我们的密码了。

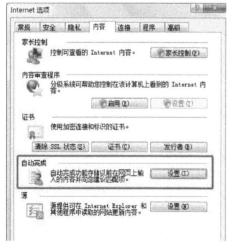

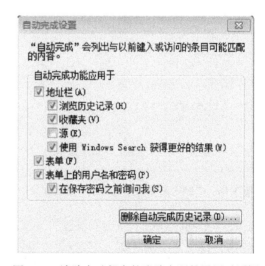

图 3-20 "内容"选项卡对话框   图 3-21 清除自动保存的登陆密码的设置对话框

（6）恢复 IE 为默认浏览器。

自己的电脑有的时候总免不了会给别人用，可经过多次使用后，浏览器好多设置就会被改掉，例如，修改了默认的浏览器，每次打开网页总是以新的浏览器打开，为了恢复成以前的浏览器浏览网页，可在"Internet 选项"对话框中选择"程序"选项卡，在"默认的 Web 浏览器"栏中单击"设为默认值"就是了。

3.3.2　收发电子邮件

电子邮件（electronic mail，E-mail，标志：@，也被大家昵称为"伊妹儿"），是一种用电子手段提供信息交换的通信方式，是互联网应用最广的服务。通过网络的电子邮件系统，用户可以以非常低廉的价格（不管发送到哪里，都只需负担网费）、非常快速的方式（几秒钟之内可以发送到世界上任何指定的目的地），与世界上任何一个角落的网络用户联系。

电子邮件可以是文字、图像、声音等多种形式。同时，用户可以得到大量免费的新闻、专题邮件，并实现轻松的信息搜索。

1. 电子邮件地址的构成

地址格式：用户标识符+@+域名。其中：@是"at"的符号，表示"在"的意思。

电子邮件地址的格式由三部分组成。第一部分用户标识符代表用户信箱的账号，对于同一个邮件接收服务器来说，这个帐号必须是唯一的；第二部分"@"是分隔符；第三部分是用户信箱的邮件接收服务器域名，用以标志其所在的位置。

2. 电子邮件服务商的选择

在选择电子邮件服务商之前我们要明白使用电子邮件的目的是什么，根据自己不同的目的有针对性的去选择。

如果是经常和国外的客户联系，建议使用国外的电子邮箱。如 Gmail，Hotmail，MSN mail 等。

如果是想当作网络硬盘使用，经常存放一些图片资料等，那么就应该选择存储量大的邮箱，如 Gmail，网易 163 mail，126 mail，Yeah mail，TOM mail，21CN mail 等。

如果自己有计算机，那么最好选择支持 POP/SMTP 协议的邮箱，可以通过 Outlook，Foxmail 等邮件客户端软件将邮件下载到自己的硬盘上，这样就不用担心邮箱的大小不够用，同时还能避免别人窃取密码以后偷看你的信件。当然前提是不在服务器上保留副本。

如果经常需要收发一些大的附件，Gmail，Hotmail，MSN mail，网易 163 mail，126 mail，Yeah mail 等都能很好地满足要求。

如果只是在国内使用，那么 QQ 邮箱也是很好的选择，拥有 QQ 号码的邮箱地址能让你的朋友通过 QQ 和你发送即时消息。当然也可以使用别名邮箱。另外随着腾讯收购 Foxmail，腾讯在电子邮件领域的技术得到很大的加强。所以使用 QQ 邮箱应该是很放心的。

选择电子邮件一般从信息安全、反垃圾邮件、防杀病毒、邮箱容量、稳定性、收发速度、能否长期使用、邮箱的功能、进行搜索和排序是否方便和精细、邮件内容是否可以方便管理、使用是否方便、多种收发方式等综合考虑。每个人可以根据自己的需求不同，选择最适合自己的邮箱。

3. 常见电子邮箱

微软睿邮（微软）；Hotmail mail（微软）；MSN mail（微软）；Gmail（谷歌）；35mail（35 互联）；QQ mail（腾讯）；Foxmail（腾讯）；163mail（网易）；126 邮箱（网易）；188 邮箱（网易）；21CN 邮箱（世纪龙）；139 邮箱（移动）；189 邮箱（电信）；梦网随心邮；新华邮箱；人民邮箱；中国网邮箱；新浪邮箱等。

3.3.3　搜索引擎

随着搜索引擎技术和市场的不断发展，出现了多种不同类型的搜索引擎，各类媒体上有关搜索引擎的名词也越来越多，甚至产生让人眼花缭乱的感觉，如交互式搜索引擎、第三代搜索引擎、第四代搜索引擎、桌面搜索、地址栏搜索、本地搜索、个性化搜索引擎、专家型搜索引擎、购物搜索引擎、自然语言搜索引擎、新闻搜索引擎、MP3 搜索引擎、图片搜索引擎等。

目前，国内常用的几大中文搜索引擎包括以下几种。

（1）百度是中国互联网用户最常用的搜索引擎。

（2）谷歌 Google 的使命是整合全球范围的信息，使人人皆可访问并从中受益。

（3）Sogou 搜狗是搜狐公司于 2004 年 8 月 3 日推出的全球首个第三代互动式中文搜索引擎。

（4）Soso 腾讯推出的独立搜索网站。提供综合、网页、图片、论坛、音乐、搜吧等搜索服务。

（5）微软必应，2009 年 6 月 1 日，微软新搜索引擎 Bing（必应）中文版上线。

（6）Yahoo 中国，Yahoo!全球性搜索技术（yahoo! search technology，YST）是一个涵盖全球 120 多亿网页（其中雅虎中国为 12 亿）的强大数据库，拥有数十项技术专利、精准运算能力，支持 38 种语言，近 10000 台服务器，服务全球 50%以上互联网用户的搜索需求。

（7）网易有道搜索，网易自主研发的搜索引擎。目前有道搜索已推出的产品包括网页搜索、博客搜索、图片搜索、新闻搜索、海量词典、桌面词典、工具栏和有道阅读。

（8）新浪搜索，全球最大的中文网络门户，采用了目前最为领先的智慧型互动搜索技术，充分体现了人性化应用理念，将给网络搜索市场带来前所未有的挑战。

（9）中国搜索，中搜在 2002 年进入中文搜索引擎市场，为全球最大的中文搜索引擎技术供应和服务商之一，从搜索引擎的推动者转变为个人门户领导者。

（10）TOM 搜索，与谷歌合作建立中文搜索引擎。

3.3.4　常用网络工具软件介绍

1．网络下载工具

互联网时代，资源共享已经成为主流，网上下载资源也是普遍的需求。目前有很多专用的下载工具，有些下载工具已不再使用，但在过去可能很多人离不开它们。

（1）在网页中直接下载。

有些文件如 Doc、pdf、压缩文件等，提供不需要专门的下载工具就可以下载的普通下载，单击下载链接后会直接显示如图 3-22 所示的窗口来选择。一般选择"保存"将所要下载的文件保存到本地硬盘上。

图 3-22　在网页中直接下载文件

（2）NetAnts（网络蚂蚁）。

NetAnts 是由国人开发的一个优秀的文件下载工具，以下载速度快而闻名遐迩。与其他目前流行的下载工具相比，其特色在于进一步扩展了断点续传的功能，可以进行多点同时传输。

网络蚂蚁的特点归纳起来有：支持 HTTP 和 FTP 协议，如果服务器支持续传的话，网络蚂蚁可以同时用 1～5 个链接来下载文件，速度很快；用户可随时中止正在进行的下载任务，网络蚂蚁将自动保存下载任务的当前状态，以后可以在中断的地方恢复传输；能够捕获浏览器的动作，当用户在浏览器中单击链接时，网络蚂蚁将自动激活。网络蚂蚁代表着七八年前的主流，现在已经淡出了人们的视野。

（3）FlashGet（网际快车）。

网际快车（FlashGet）诞生于 1999 年，是国内第一款也是唯一一款为世界 219 个国家的用户提供服务的中国软件。FlashGet 通过把一个文件分成几个部分同时下载可以成倍的提高速度，下载速度可以提高 100%～500%。目前很多网站的资源下载都提供了使用 FlashGet 下载。

（4）BitComet（BT 下载工具）。

BitComet 是基于 BitTorrent 协议的 P2P 文件分享免费软件，支持多任务下载，文件有选择的下载；磁盘缓存，减小对硬盘的损伤；只需一个监听端口，方便手工防火墙和 NAT/Router 配置；在 Windows XP 下能自动配置支持 Upnp 的 NAT 和 XP 防火墙、续传做种免扫描、速度限制等多项实用功能，以及自然方便地使用界面。一般我们下载档案或软件，大都由 HTTP 站点或 FTP 站台下载，若同一时间下载人数多时，基于该服务器频宽的因素，速度会减慢许多，而该软件却不同，恰巧相反，同时间下载的人数越多下载的速度便越快，因为它采用了多点对多点的传输原理。

（5）Thunder（迅雷）。

迅雷是一款集 Flashget 和 BT 优点于一身的新型 P2P 下载软件。它在多线程下载的同时，摆脱了传统 P2P 软件只能在客户端进行点对点内容传递的局限性，即在没有其他（种子）用户分享资源的时候，迅雷一样能对有网络镜像的流行游戏和电影实现多服务器超速下载，并在下载的过程中，动态地实现互联网上的智能路由和下载源的实时筛选，从而保证下载效率的最大优化、更快速度、更高下载成功率和更大可扩展性。同时，Thunder 支持页面右键单击下载、断点续传和杀毒软件配合保证下载文件的安全性、提示用户及时升级等大家熟悉的下载功能。

（6）QQ 旋风（腾讯）。

QQ 旋风是腾讯公司推出的新一代互联网下载工具，下载速度更快，占用内存更少，界面更清爽简单。QQ 旋风创新性的改变下载模式，将浏览资源和下载资源融为整体，让下载更简单，更纯粹，更小巧。

（7）PSearcher。

批量下载图片、flash、mp3、文档、小说等各种网站资源。搜索网站、枚举并下载资源，只要指定一个初始网页，就可以沿着这个网页进行多级爬行搜索。如果了解网站的基本结构，通过网页地址过滤，可以大大提高搜索效率。它特别适合批量下载论坛图片。

此款下载工具是专门针对于图片、flash、mp3、文档、小说等，虽然小巧，但是很实用，对于照片的搜索效率很高，而且可以批量下载论坛图片，让用户可以更快地下载完更多照片。

（8）维棠 FLV。

视频下载软件，是一款专门从国内外在线视频网站（优酷、土豆、奇艺、新浪、搜狐等）下载高清视频的软件。不需要自己找下载地址，不需要去找缓存，只要一个网页地址，就可以下载保存自己喜欢的视频。维棠采用独创的智能分析下载技术，不用打开网页就可以解析下载地址，并且可以选择下载超清、高清或者标清的版本，甚至能一键下载整个剧集！维棠还提供了自动合并的功能，将下载下来的多个视频片段自动合并成一个完整的视频。维棠还集成了转换、播放等相关功能，使用十分方便。

除此列举的网络下载工具外，网络上有很多类似的软件，我们可以根据自己习惯来选择使用。

2. 压缩工具

文件压缩，原本是在存储空间甚至需要以字节来计算的时代，为了节省文件所占用的空间而诞生的。而随着网络的普及，为了节省文件在网络上传输的流量及时间，对文件进行压缩也几乎成为了必备的过程。

根据所使用的压缩算法的不同，压缩文件也被区分为不同的格式。下面就来简单介绍一下 Windows 系统中经常会用到的几种压缩文件格式，以及常用的压缩和解压缩软件。

（1）WinZIP。

ZIP 是最常见的压缩文件格式了，Windows 系统集成了对 ZIP 压缩格式的支持，因此可以不需要单独安装一个压缩或者解压缩软件，现在大多数操作系统都会集成对 ZIP 文件的支持，而所有的压缩软件也都会提供对 ZIP 文件的支持。ZIP 时代最出名的压缩软件就要数 WinZIP 了，几乎是每台电脑都必备的软件。它支持 ZIP、CAB、TAR、GZIP、MIME，以及更多格式的压缩文件。直到 Windows 系统开始集成了对 ZIP 文件的支持，以及后起之秀 RAR 格式的出现，使得 WinZIP 不再是那么必要，才让它逐渐淡出了大家的视线。

（2）WinRAR。

虽然 ZIP 在压缩文件格式中地位很高，但现在相当多的下载网站都选择了用 RAR 格式来压缩其文件，最根本的原因就在于 RAR 格式的文件压缩率比 ZIP 更高。所以 RAR 逐渐取代 ZIP 的主导地位。对 RAR 文件进行压缩或者解压缩，首选的软件是 WinRAR。它几乎也是现在每台电脑都必装的软件。它提供了对 RAR 和 ZIP 文件的完整支持，能解压 ACE、ARJ、CAB、IS、JAR、BZ2、GZ、LZH、TAR、UUE、Z 等格式文件。WinRAR 的功能包括强力压缩、分卷、加密、自解压模块、备份简易等。不过需要提醒用户的是，作为商业软件，WinRAR 只允许用户进行 30 天的免费试用，虽然过期后软件仍然能够正常工作，但如果不是付费购买的，已经不再合法了。

（3）7Z。

作为压缩格式的后起新秀，7Z 有着比 RAR 更高的压缩率，能够将文件压缩得更加小巧。不过因为 RAR 格式已经高度普及，7Z 想要取代 RAR 目前的地位相当不容易。与之前两种格式一样，7Z 也有着专门支持它的软件：7-zip。使用 7-zip 可以解压缩 RAR 格式的压缩文件，而 WinRAR 也同样可以解压缩 7Z 格式的压缩文件。

（4）CAB。

CAB 是微软的一种安装文件压缩格式，主要应用于软件的安装程序中。因为涉及安装程序，所以 CAB 文件中包含的文件通常都不是简单的直接压缩，而是对文件名等都进行了处理，所以虽然可以对其直接解压缩，但解压后得到的文件通常都无法直接使用。和 ZIP 一样，Windows 系统自身就可以打开 CAB 格式的文件，而几乎所有压缩软件也都可以对 CAB 文件进行解压。

（5）ISO。

很多用户都认为 ISO 是一种压缩格式，这源于 WinRAR 添加了对 ISO 格式的解压缩支持。而实际上，ISO 并不是压缩格式，它之中所包含的文件也并没有经过压缩。ISO 只是一种光盘的镜像格式，完全复制并保存了光盘上的内容而已。所谓的对 ISO 解压的过程，不过就是对 ISO 内文件的提取过程。

（6）WinMount。

最后单独介绍一个软件：WinMount。当解压缩一个文件时，就必然会多占用一些磁盘空间，因为磁盘上同时存在了压缩文件和解压后的文件。而 WinMount 的特点就是能够将压缩文件以类似虚拟光驱的方式挂接为一个虚拟磁盘供用户使用，因为所有的操作都是在内存中进行的，并没有实际执行任何的解压缩操作，所以不会占用额外的磁盘空间。这对于一些用户来说，还是很有帮助的。

3. 网络聊天工具

MSN 目前最新的中文版是 9.0Beta。MSN 是一种 Internet 软件，它基于 Microsoft 高级技术，可使用户更有效地利用 Web。MSN 9 是一种优秀的通信工具，使 Internet 浏览更加便捷，并通过一些高级功能加强了联机的安全性。这些高级功能包括家长控制、共同浏览 Web、垃圾邮件保护器和定制其他。

阿里旺旺，是将原先的淘宝旺旺与阿里巴巴贸易通整合在一起的新品牌。是淘宝网和阿里巴巴为商人度身定做的免费网上商务沟通软件。这个品牌分为阿里旺旺（淘宝版）与阿里旺旺（贸易通版）、阿里旺旺（口碑网版）三个版本。目前贸易通账号需要登录贸易通版阿里旺旺，淘宝账号需要登录淘宝版阿里旺旺，口碑网登陆口碑版的阿里旺旺。

4. 网络电话工具

网络电话（voice over internet protocol，VoIP）是一种以 IP 电话为主，并推出相应的增值业务的技术。VoIP 相对比较便宜，是互联网上的一种应用。网络电话不受管制。因此，从本质上说，VoIP 电话与电子邮件，即时信息或者网页没有什么不同，它们均能在经过了互联网连接的机器间进行传输。这些机器可以是电脑，或者无线设备，如手机或者掌上设备等。为什么 VoIP 服务有些要收钱，有些却免费？VoIP 服务不仅能够沟通 VoIP 用户，而且也可以和电话用户通话，如使用传统固话网络以及无线手机网络的用户。对这部分通话，VoIP 服务商必须要给固话网络运营商以及无线通信运营商支付通话费用。这部分的收费就会转到 VoIP 用户头上。网上的 VoIP 用户之间的通话可以是免费的。使用VoIP，需要有互联网连接，网络连接速度越快，VoIP 的通话质量就越好。常用的网络电话软件有：TOM-Skype，KC、UUCALL 网络电话、酷宝网络电话、阿里通网络电话等。

3.3.5　BBS——网上讨论区

BBS 是英文 Bulletin Board System 的缩写，即"电子布告栏系统"或"电子公告牌系统"。BBS 是一种电子信息服务系统。它向用户提供了一块公共电子白板，每个用户都可以在上面发布信息或提出看法，早期的 BBS 由教育机构或研究机构管理，如今多数网站上都建立了自己的 BBS 系统，供网民通过网络来结交更多的朋友，表达更多的想法，目前国内的 BBS 已经十分普遍。

3.3.6　博客

博客（Blog 或 Blogger）就是以网络作为载体，简易迅速便捷地发布自己的心得，及时有效轻松地与他人进行交流，再集丰富多彩的个性化展示于一体的综合性平台。博客是继 Email、BBS、ICQ 之后出现的第四种网络交流方式，至今已十分受大家的欢迎，是网络时代的个人"读者文摘"，一个典型的博客结合了文字、图像、其他博客或网站的链接及其他与主题相关的媒体，能够让读者以互动的方式留下意见，是社会媒体网络的一部分，代表着新的生活方式和新的工作方式，更代表着新的学习方式。比较著名的博客平台有：新浪博客、QQ 空间、搜狐博客、网易博客、凤凰博报、百度空间等。

3.3.7　微博

微博（Weibo），微型博客（MicroBlog）的简称，即一句话博客，是一个基于用户关系信息分享、传播以及获取的平台。用户可以通过 WEB、WAP 等各种客户端组建个人社区，以 140 字的文字更新信息，并实现即时分享。

最早也是最著名的微博是美国 twitter。2009 年 8 月中国门户网站新浪推出"新浪微博"内测版，成为门户网站中第一家提供微博服务的网站，微博正式进入中文上网主流人群视野。随着微博在网民中的日益火热，在微博中诞生的各种网络热词也迅速走红网络，微博效应正在逐渐形成。2013 年上半年，新浪微博注册用户达到 5.36 亿，2012 年第三季度腾讯微博注册用户达到 5.07 亿，微博成为中国网民上网的主要活动之一。

3.4　计算机系统的安全与防护

3.4.1　计算机病毒

几乎所有网上用户都经受过"病毒"干扰的苦恼，刚才还好好的计算机突然"瘫痪"了，在键盘上敲打了几个小时输入的文稿顷刻间没有了，程序正运行的关键时刻系统莫名其妙地重新启动。计算机系统中经常发生的这种不正常现象，罪魁祸首就是计算机病毒。计算机病毒严重威胁着计算机信息系统的安全，有效地预防和控制计算机病毒的产生和蔓延，清除侵入计算机系统内的计算机病毒是用户必须关心的问题。

1. 计算机病毒的定义

所谓"计算机病毒"是指编制或者在计算机程序中插入的破坏计算机功能或者毁坏数据，影响计算机使用，并能自我复制的一组计算机指令或者程序代码。计算机病毒是人为制造出来专门威胁计算机系统安全、网络系统安全和信息安全的程序。病毒可以潜伏在可执行程序中，也可以潜伏在数据文件中。有些病毒甚至潜伏在计算机或服务器的硬盘坏磁道中，很难检测到它们。

2. 计算机病毒的特点

计算机病毒的特点概括地讲有：传染性、隐蔽性、潜伏性、破坏性、寄生性、触发性、主动性和不可预见性。

（1）传染性：传染性是病毒的基本特征，病毒为了要继续生存，唯一的方法就是要不断地传染其他文件，且病毒传播繁殖的速度快、范围广。而被感染的文件又成为新的传染源。病毒会通过软盘、U盘、网络等从已经感染的计算机扩散到未被感染的计算机上。

（2）隐蔽性：病毒代码一般都很小以利于隐蔽。它的存在、传染和对数据的破坏过程都不易被操作人员察觉，同时又是难以预料的，发作后电脑仍能"正常"运行，有时让人感觉不到异常。

（3）潜伏性：大部分病毒感染后并不马上发作，而是隐藏起来，在满足其特定条件后才发作。

（4）破坏性：病毒发作后都会对系统产生不同程度的影响。轻者降低计算机的运行速度，重者导致系统崩溃。

（5）寄生性：病毒不是独立存在而是嵌入在宿主程序中，只有宿主程序被执行时病毒才有机会发作。

（6）触发性：病毒的发作一般都有一个或几个激发条件，如特定的日期、时间等。

（7）主动性：病毒对系统的攻击是主动的，是不以人的意志为转移的。从一定程度上讲，计算机系统无论采取多么严密的防范措施都不可能彻底地排除病毒的传播泛滥和对系统的攻击。

（8）不可预见性：从对病毒的检测方面来看，病毒对反病毒软件永远是超前的。新一代病毒甚至连一些基本的特征都隐藏了，有时病毒利用文件中的空隙来存放自身代码，有的新病毒则采用变形来逃避检查，这成为新一代计算机病毒的基本特征。

3. 计算机病毒的种类

目前针对计算机病毒的分类方法很多，基于技术的分类可将计算机病毒分为以下7种。

（1）网络病毒。

网络病毒是在网上运行并传播、破坏网络系统的病毒。该病毒利用网络不断寻找有安全漏洞的计算机，一旦发现这样的计算机，就趁机侵入并寄生于其中，该病毒的传播媒介是网络通道，故网络病毒的传染能力更强，破坏力更大。

（2）邮件病毒。

邮件病毒主要是利用电子邮件软件的漏洞进行传播的计算机病毒，该病毒的传播方式是将病毒依附于电子邮件的附件中，当接收者收到电子邮件打开附件时，即激活病毒。

（3）文件型病毒。

文件型病毒是以感染可执行文件而著称的病毒。这种病毒把可执行文件作为病毒传播的载体，当用户执行带病毒的可执行文件时，病毒就获得了控制权，开始其破坏活动。

（4）宏病毒。

宏病毒是一种积存于文档或模板的宏中的计算机病毒。它主要利用软件（如 Word、Excel 等）本身所提供的宏能力而设计的。一旦打开这样的文档，宏病毒就会被激活，转移到计算机上，并驻留在 Normal 模板中，以后，所有自动保存的文档都会"感染"上这种宏病毒，而且如果其他用户打开了感染病毒的文档，宏病毒又会转移到其他的计算机上。

（5）引导型病毒。

引导型病毒是利用系统启动的引导原理而设计的。正常系统启动时，是将系统程序引导装入内存。而病毒程序则修改引导程序，先将病毒程序装入内存，再去引导系统，这样就使病毒驻存在内存中，待机滋生繁衍，进行破坏活动。

（6）变体病毒。

变体病毒是一类高级的文件型病毒，它每次传染时都会改变程序代码的特征，以防止杀毒软件的追杀。变体病毒的算法比一般病毒复杂，甚至用到数学算法为病毒程序加密，使病毒程序每次都呈现不同的形态，让杀毒软件检测不到。

（7）混合型病毒。

兼有两种以上病毒类型特征的病毒称为混合型病毒。目前最猖獗的邮件病毒中有很多都是文件型病毒和宏病毒的混合体。

4. 计算机病毒的危害

计算机病毒主要带来以下几方面的危害。

（1）对计算机信息数据的直接破坏。

大部分病毒在发作时直接破坏计算机系统的重要数据，如格式化磁盘、改写文件分配表和目录区、删除重要文件或用"垃圾"数据改写文件等。

（2）抢占系统资源。

除 VIENNA、CASPER 等少数病毒外，大多数病毒在发作时都是常驻内存，这必然抢占了一部分内存，导致内存减少，使部分软件不能运行。

（3）侵占磁盘空间破坏信息数据。

病毒体是要占用一部分磁盘空间，由于是非法占用，势必破坏磁盘中的信息数据。其中引导型病毒是驻存在磁盘引导扇区，为此它要把原来的引导区转移到其他扇区，被覆盖扇区的数据永久性丢失，无法恢复。而文件型病毒把病毒体写到其他可执行文件中或磁盘的某个位置。文件型病毒传染速度很快，由此非法占据大量的磁盘空间。

（4）影响计算机运行速度。

病毒进驻内存后不仅干扰系统运行，而且还要与其他程序争夺 CPU，从而影响计算机运行速度。

（5）盗取用户个人隐私。

例如，通过 Internet 盗取 QQ 账号和密码、游戏账号和密码、信用卡账号和密码等，病毒传播者还可以通过 Internet 控制用户计算机，包括删除、复制用户计算机上的文件，监控用户在计算机上的所有操作，甚至强制打开计算机上的视频偷窥用户生活中的隐私。

5. 计算机病毒的预防

计算机病毒主要通过移动存储设备（如软盘、光盘、U 盘或者移动硬盘）和计算机网络两大途径进行传播。因此，像"讲究卫生，预防疾病"一样，对计算机病毒采取"预防为主"还是有效的。预防计算机病毒可以从管理和技术两方面入手。思想上足够重视，从加强管理措施上下工夫，制定切实可行的管理措施并严格贯彻落实。计算机病毒具有隐蔽性和主动攻击性，对于网络系统无法百分之百杜绝病毒的传染，只能尽最大可能降低病毒感染传播的概率。当计算机系统受到感染时，立即采取有效措施将病毒消除，尽可能把病毒的危害降到最低。

6. 计算机病毒的检测

计算机病毒的检测通常有两种方法：手工检测和自动检测。

（1）手工检测。基本过程是利用一些工具软件，对易遭病毒攻击和修改的内存及磁盘的有关部分进行检查，通过和正常情况下的状态进行对比分析，来判断是否被病毒感染。这种方法检测病毒，费时费力，但可以剖析新病毒，检测识别未知病毒，可以检测一些自动检测工具不认识的新病毒。

（2）自动检测。是指通过一些诊断软件来判断一个系统或一个软盘是否有毒的方法。自动检测比较简单，一般用户都可以进行，但需要较好的诊断软件。这种方法可方便地检测大量的病毒，但是，自动检测工具只能识别已知病毒，而且自动检测工具的发展总是滞后于病毒的发展，所以检测工具对未知病毒很难识别。

7. 计算机病毒的清除

清除计算机病毒一般有两种方法：人工清除方法和软件清除方法。

（1）人工清除方法。一般只有专业人员才能进行。它是利用实用工具软件对系统进行检测，清除计算机病毒，其基本思路如下。

①对传染引导扇区的病毒：用原有正常的分区信息和引导扇区覆盖被病毒感染的分区信息和引导扇区。用户可事先将这些信息提取并保存下来。

②对传染可执行文件的病毒：恢复正常文件，清除链接的病毒。一般来说，攻击.COM文件和.EXE 文件的病毒在传染过程中要么链接于文件的头部，要么链接于文件的中部。编制链接于文件中部的病毒比较困难，所以也不常见。因此，删除可执行文件中链接的病毒可以使程序恢复正常。

当一种病毒刚刚出现，而又没有相应的病毒清除软件能将其清除时，人工清除病毒方法是必要的。但是，人工清除病毒容易出错，如果操作不慎会导致系统数据的破坏和丢失，而且这种方式要求用户对计算机系统非常熟悉。因此，只要有相应的病毒处理软件，应尽量地采用软件自动处理。

（2）软件清除方法。利用专门的防治病毒软件对计算机病毒进行检测和清除。常见的计算机病毒清除软件有：KV 系列、360 安全卫士、瑞星杀毒软件、金山毒霸、诺顿杀毒软件和卡巴斯基等。

3.4.2　信息系统安全

随着互联网络的飞速发展，信息对于人们的工作和生活变得越来越重要，信息已经成为国民经济和社会发展的重要资源。计算机信息系统现在已经完全深入到人们的生产生活中，它可以说是无处不在，各类计算机信息系统正成为各行业、各部门必不可少的工具，正因为它重要，才使信息系统成为被攻击的目标。因此，信息安全已经成为信息系统生存和成败的关键，也构成 IT 界一个重要的领域。

1. 信息安全的基本概念

信息安全是指信息网络的硬件、软件及其系统中的数据受到保护，不受偶然的或者恶意的原因而遭到破坏、更改、泄露，系统连续可靠正常地运行，信息服务不中断。信息安全主要包括保证信息的保密性、完整性和可用性等。其根本目的就是使内部信息不受外部威胁，因此信息通常要加密。为保障信息安全，要求有信息源认证、访问控制，不能有非法操作。信息安全是一门涉及计算机科学、网络技术、通信技术、密码技术、信息安全技术、应用数学、数论、信息论等多种学科的综合性学科。

计算机信息安全面临的威胁主要有以下几个方面。

（1）非授权访问：指非授权用户对系统的入侵。即没有预先经过同意就使用网络或计算机资源；有意避开系统访问控制机制，对网络设备及资源非正常使用或擅自扩大权限，越权访问信息。主要表现为假冒身份攻击、非法用户进入系统违法操作、合法用户以未授权方式操作等。

（2）信息泄露：指有价值的和高度机密的信息泄露给了未授权实体。信息在传输过程中，黑客利用电磁泄漏或搭线窃听等方式截获机密信息，或通过对信息流向、流通、通信频度和长度等参数的分析，推出用户口令、账号等重要信息。

（3）拒绝服务攻击：对于系统进行干扰，改变其正常的作业信息流程；执行无关程序，使系统响应减慢甚至瘫痪，用户的合法访问被无条件拒绝和推迟。

（4）破坏数据完整性：以非法手段窃取对数据的使用权，使数据的一致性受到未授权的修改、创建、破坏而损害。

（5）利用网络传播病毒：通过网络传播病毒的破坏性远远高于单机系统，对信息安全造成的威胁极大，而且用户很难防范。

2. 黑客及防御策略

黑客（Hacker）的原意是指那些精通操作系统和网络技术，并利用其专业知识编制新程序的人。但到了今天，黑客一词已被用于泛指那些专门利用计算机搞破坏或恶作剧的家伙，对这些人的正确英文叫法是 Cracker，故又称"骇客"。

这些人往往具有非凡的计算机技术和网络知识，除通过正当手段来对他人的计算机进行物理性破坏和重装系统外，他们还可以通过网络来操作其他人的计算机，例如，将别人的计算机当跳板来盗取另一台计算机内的文件、破坏系统、格式化磁盘、监视他人计算机、偷窥他人隐私、远程控制他人计算机、入侵攻击他人或公司的服务器等。

防御黑客的策略如下。

（1）提高安全意识。

①不要随意打开来历不明的电子邮件及文件，不要随便运行不太了解的人给你的程序，如"特洛伊"类黑客程序就需要骗你运行。

②尽量避免从 Internet 下载不知名的软件、游戏程序。即使从知名的网站下载的软件也要及时用最新的病毒和木马查杀软件对软件和系统进行扫描。

③密码设置尽可能使用字母数字混排，单纯的英文或者数字很容易穷举。将常用的密

码设置不同类型，防止被人查出一个，连带到重要密码。重要密码最好经常更换。

（2）使用防毒、防黑等防火墙软件。

防火墙是一个用以阻止网络中的黑客访问某个机构网络的屏障，也可称为控制进/出两个方向通信的门槛。在网络边界上通过建立起来的相应网络通信监控系统来隔离内部和外部网络，以阻挡外部网络的侵入。

（3）设置代理服务器，隐藏自己的 IP 地址。

保护 IP 地址的最好方法就是设置代理服务器。代理服务器能起到外部网络申请访问内部网络的中间转接作用，其功能类似于一个数据转发器，它主要控制哪些用户能访问、哪些服务类型。当外部网络向内部网络申请某种网络服务时，代理服务器接受申请，然后它根据其服务类型、服务内容、被服务的对象、服务者申请的时间、申请者的域名范围等来决定是否接受此项服务，如果接受，它就向内部网络转发这项请求。

（4）将防毒、防黑当成日常例行工作，定时更新防毒组件，将防毒软件保持在常驻状态，以彻底防毒。

（5）由于黑客经常会针对特定的日期发动攻击，计算机用户在此期间应特别提高警戒。

（6）对于重要的个人资料做好严密的保护，并养成资料备份的习惯。

3. 防火墙的概述及应用

防火墙技术是建立在现代通信网络技术和信息安全技术基础上的应用性安全技术，越来越多地应用于专用网络与公用网络的互联环境之中，尤以 Internet 网络为最甚。防火墙英文名称为 FireWall，本义原是指古代人们房屋之间修建的那道墙，这道墙可以防止火灾发生的时候蔓延到别的房屋。这里所说的防火墙可不是用来防火的，而是位于计算机和它所连接的网络之间的硬件或软件，是隔离在本地网络与外界网络之间的一道防御系统，也可以位于两个或多个网络之间，如局域网和互联网之间，网络之间流入流出的所有通信均要经过防火墙。通过防火墙可以对网络之间的通信进行扫描，关闭不安全的端口，阻止外来的 DoS 攻击，封锁"特洛伊"木马等，以保证网络和计算机的安全。

防火墙如果从实现方式上来分，可分为硬件防火墙和软件防火墙，硬件防火墙是指把防火墙程序做到芯片里面，由硬件执行这些功能，能减少 CPU 的负担，使路由更稳定，具有各种安全功能，效果较好，但价格比较高，一般小型企业和个人很难实现，只有在大型网络中使用的比较多。软件防火墙其实就是安全防护软件，价格很便宜，但这类防火墙只能通过一定的规则来达到限制一些非法用户访问内部网的目的。目前软件防火墙主要有天网防火墙个人及企业版、Norton 防火墙个人及企业版、还有许多原来是开发杀毒软件的开发商现在也开发了软件防火墙，如金山系列、瑞星系列、KV 系列等。通常我们个人计算机就可以安装这些防火墙软件来预防计算机受到网络攻击。

在互联网上防火墙是一种非常有效的网络安全模型，通过它可以隔离风险区域（即Internet 或有一定风险的网络）与安全区域（局域网）的连接，同时不会妨碍人们对风险区域的访问。防火墙可以监控进出网络的通信量，从而完成看似不可能的任务；仅让安全、核准了的信息进入，同时又抵制对企业构成威胁的数据。一般的防火墙都可以达到以下目的。

（1）通过源地址过滤，拒绝外部非法 IP 地址，有效地避免了外部网络上与业务无关的主机的越权访问。

（2）防火墙可以只保留有用的服务，将其他不需要的服务关闭，这样做可以将系统受攻击的可能性降低到最小限度，使黑客无机可乘。

（3）防火墙可以制定访问策略，只有被授权的外部主机可以访问内部网络的有限 IP 地址，保证外部网络只能访问内部网络中的必要资源，与业务无关的操作将被拒绝。

（4）由于外部网络对内部网络的所有访问都要经过防火墙，所以防火墙可以全面监视外部网络对内部网络的访问活动，并进行详细的记录，通过分析可以得出可疑的攻击行为。

（5）安装了防火墙后，网络的安全策略由防火墙集中管理，因此，黑客无法通过更改某一台主机的安全策略来达到控制其他资源访问权限的目的，而直接攻击防火墙几乎是不可能的。

（6）防火墙可以进行地址转换工作，使外部网络用户不能看到内部网络的结构，使黑客攻击失去目标。

防火墙正在成为控制对网络系统访问的非常流行的方法。事实上，在 Internet 上的 Web 网站中，超过三分之一的 Web 网站都是由某种形式的防火墙加以保护，这是对黑客防范最严，安全性较强的一种方式，任何关键性的服务器，都建议放在防火墙之后。

虽然防火墙可以阻断攻击，但不能消灭攻击源，也不能抵抗最新的未设置策略的攻击漏洞，并且防火墙对待内部主动发起连接的攻击一般无法阻止。

3.5　本 章 小 结

本章主要介绍了网络基础知识、Internet 基础知识、Internet 的广泛应用、计算机病毒检测预防以及信息系统安全的相关知识。通过本章的学习，应该掌握计算机网络的定义、计算机网络的功能、网络的主要拓扑结构、计算机网络的类型、网络协议的概念、IP 地址的划分、计算机病毒种类和危害以及检测清除方法。了解计算机网络形成和发展，常用的组成计算机网络的设备，接入 Internet 的方式，Internet 的常见应用，信息系统安全的基本概念和防火墙的相关知识，能够解决日常生活、学习中的实际问题。

课 后 练 习

一、单选题

1. 计算机网络最突出的优点是（　　　）。
　　A. 资源共享和快速传输信息　　　　B. 高精度计算和收发邮件
　　C. 运算速度快和快速传输信息　　　D. 存储容量大和高精度
2. 调制解调器（Modem）的功能是实现（　　　）。
　　A. 模拟信号与数字信号的转换　　　B. 数字信号的编码
　　C. 模拟信号的放大　　　　　　　　D. 数字信号的整形

3. 依据前三位数码，判别以下哪台主机属于 B 类网络（　　）。

    A. 010·········　　B. 111·········　　C. 110·········　　D. 100·········

4. 计算机网络技术包含的两个主要技术是计算机技术和（　　）。

    A. 微电子技术　　B. 通信技术　　C. 数据处理技术　　D. 自动化技术

5. 按照网络分布和覆盖的地理范围，可将计算机网络分为（　　）。

    A. 局域网、互联网和 Internet 网　　　　B. 局域网、城域网、广域网和个人区域网

    C. 广域网、互联网和城域网　　　　　　D. Internet 网、城域网和 Novell 网

6. 网络主机的 IP 地址由一个（　　）的二进制数字组成。

    A. 8 位　　　　B. 16 位　　　　C. 32 位　　　　D. 64 位

7. 域名中的 com 是指（　　）。

    A. 商业组织　　B. 国际组织　　C. 教育机构　　D. 网络支持机构

8. IP 地址分为（　　）。

    A. AB 两类　　B. ABC 三类　　C. ABCD 四类　　D. ABCDE 五类

9. http://www.cernet.edu.cn 中代表国家区域名的是（　　）。

    A. www　　　　B. cernet　　　　C. edu　　　　D. cn

10. TCP/IP 协议的含义是（　　）。

    A. 局域网传输协议　　　　　　B. 拨号入网传输协议

    C. 传输控制协议和网络协议　　D. OSI 协议集

11. 下列域名中，属于教育部门的是（　　）。

    A. www.pku.edu.cn　　　　　　B. ftp.cnacn

    C. www.ioscn　　　　　　　　　D. ftp.btnet.cn

12. 下列各项中，不能作为 IP 地址的是（　　）。

    A. 202.96.0.1　　　　　　　　B. 202.110.6.12

    C. 112.256.23.8　　　　　　　D. 159.226.1.18

13. 计算机网络系统中的资源可分成三大类：数据资源、软件资源和（　　）。

    A. 硬件资源　　B. 程序资源　　C. 设备资源　　D. 文件资源

14. 计算机网络按其拓扑结构分类，可分为总线网、环型网、树型网和（　　）。

    A. 星型网　　B. 广播网　　C. 电视网　　D. 电话网

15. LAN 通常是指（　　）。

    A. 广域网　　B. 局域网　　C. 个人网　　D. 城域网

16. 下列不属于有线网络的通信介质为（　　）。

    A. 同轴电缆　　B. 双绞线　　C. 微波　　D. 光纤

17. CERNET 是（　　）的缩写。

    A. 中国科技网　　　　　　　　B. 中国金桥信息网

    C. 中国教育和科研计算机网　　D. 中国公用计算机互联网

18. 下列网络中，属于局域网的是（　　）。

    A. 因特网　　　　　　　　　　B. 中国计算机互联网

    C. 中国教育科研网　　　　　　D. 校园计算机网

19. 能保存网页地址的文件夹是（　　　）。

　　A. 收件箱　　　B. 公文包　　　　　　C. 我的文档　　　D. 收藏夹

20. Internet 中 URL 的含义是（　　　）。

　　A. 统一资源定位器　　　　　　　B. Internet 协议

　　C. 简单邮件传输协议　　　　　　D. 传输控制协议

21. 若要将计算机与局域网连接，至少需要具有的硬件是（　　　）。

　　A. 集线器　　　B. 网关　　　　　　C. 网卡　　　　　D. 路由器

22. 要给某人发电子邮件，必须知道他的（　　　）。

　　A. 电话号码　　B. 家庭地址　　　C. 姓名　　　　　D. E-mail 地址

23. E-mail 地址中@的含义为（　　　）。

　　A. 在　　　　　B. 或　　　　　　C. 与　　　　　　D. 和

24. Internet 实现了分布在世界各地的各类网络的互联，其最基础和核心的协议是（　　　）。

　　A. HTTP　　　B. HTML　　　　　C. TCP/IP　　　　D. FTP

25. Internet 是由（　　　）发展而来的。

　　A. 局域网　　　B. ARPANET　　　C. 标准网　　　　D. WAN

26. 关于计算机病毒，下列说法正确的是（　　　）。

　　A. 计算机病毒是一种程序，它在一定条件下被激活，只对数据起破坏作用，没有传染性

　　B. 计算机病毒是一种数据，它在一定条件下被激活，起破坏作用，并没有传染性

　　C. 计算机病毒是一种程序，它在一定条件下被激活，起破坏作用，并有极强的传染性，但无自我复制能力

　　D. 计算机病毒是一种程序，它在一定条件下被激活，破坏计算机正常工作，并有极强的传染性

27. 下列选项中，不属于计算机病毒特征的是（　　　）。

　　A. 破坏性　　　B. 潜伏性　　　　C. 传染性　　　　D. 免疫性

28. 一般说来，下面哪种方式传播病毒速度最快（　　　）？

　　A. 优盘　　　　　　　　　　　　B. 计算机网络

　　C. 光盘　　　　　　　　　　　　D. 硬盘

29. 在优盘中发现计算机病毒后，下列方法中清除病毒最彻底的是（　　　）。

　　A. 用查毒软件处理　　　　　　　B. 删除优盘文件

　　C. 用杀毒软件处理　　　　　　　D. 格式化优盘

30. 下列关于防火墙作用的说法不正确的是（　　　）。

　　A. 防火墙不仅可以防止病毒也可以杀掉病毒

　　B. 防火墙可以进行地址转换工作，使外部网络用户不能看到内部网络的结构

　　C. 防火墙可以全面监视外部网络对内部网络的访问活动，并进行详细的记录

　　D. 防火墙是隔离在本地网络与外界网络之间的一道防御系统

二、简答题

1. 简述计算机网络的定义。
2. 列举网络的常用设备及其功能。
3. 简述 TCP/IP 的分层结构。
4. 说明 IP 地址与域名分别表示的意义。
5. 列举几种常用的 Internet 应用。
6. 简述计算机病毒的基本特征，列出几种你所知道的计算机病毒。
7. 简述防火墙的定义，防火墙有哪些作用？
8. 说明计算机病毒检测的基本原理，常用的检测方法有哪些。
9. 对计算机病毒的预防措施有哪些？
10. 列举出目前常用的杀毒软件，并简要说明相应的功能。

第4章　文字处理 Word 2010

Word 2010 是使用最广泛的文字处理软件之一，是 Microsoft 公司的 Microsoft Office 2010 办公套装软件中的一员，在以前版本的基础上扩展了很多功能并美化了操作界面。它不仅可以轻松地编排出规整的图文报告、信函和计划书，还可以快速地审阅、修订和管理文档。同时"所见即所得"的工作方式使非专业用户使用起来也十分方便，强大的功能同样适合专业排版人员使用。

本章内容主要包括：

（1）Word 2010 的新特性、工作界面、几种视图模式。

（2）Word 2010 基本操作：新建、打开、保存、关闭。

（3）Word 2010 排版技术。

（4）文档中的表格。

（5）图文混排。

（6）Word 2010 高级功能应用。

4.1　初识 Word 2010

与旧的 Word 版本相比，Word 2010 提供了一系列新增和改进的工具，并在用户界面上进行了较大的改进。本节将详细介绍 Word 2010 新特性、工作界面和几种视图模式。

4.1.1　Word 2010 的新特性

在 Word 2010 中，更多新特性的加入，使得用户的办公效率在很大程度上得到了提升。不仅可以让用户制作出更加精美的文档，同时也提供了更好的用户体验。下面就分别来介绍 Word 2010 中的几个新特性。

（1）Word 2010 全新界面：较之前的 Word 2003，界面发生了巨大的变化，整体采用了淡蓝与渐变的结合，布局更加紧凑。以选项卡替代了菜单选项，将 Office 中丰富的功能按钮按照其功能分为了多个选项卡。新的选项卡采用了圆角边沿设计，玻璃质感，清爽、简洁的蓝色界面让用户感受到全新的视觉冲击。

（2）增强的导航窗格：较 Word 2007 对导航窗格进行了进一步的增强，使之具有了标题样式判断、即时搜索的功能。如图 4-1 所示。

（3）图片处理功能：Office 2010 内建了截图工具，可以轻松地截取图片。在 Word 2010 中内建了强大的图片处理功能——背景移除工具、去除图片水印。图片处理及图片格式可以与专业图片处理软件相媲美，并且非常易用。还可以使用 Word 2010 的图片工具进一步对图像进行处理，如增加边框、裁剪锐化、柔化、亮度、对比度、饱和度、阴影、增加艺术效果等。

图 4-1　导航窗格

（4）更加丰富的 SmartArt：SmartArt 作为 Office 一大特色功能，用户可以将观点和信息转化为图形，轻松快捷地制作精美的业务流程图。在 Word 2010 中，SmartArt 自带资源得到了进一步的丰富，增加了全新分类，制作出"图片+文字"的抢眼效果。

（5）翻译功能：翻译功能在 Word 2010 中也得到了加强，加入了全文在线翻译和屏幕取词助手。如图 4-2 所示，在"审阅"选项卡中的"语言"选项组中单击"翻译"按钮，打开翻译功能列表。

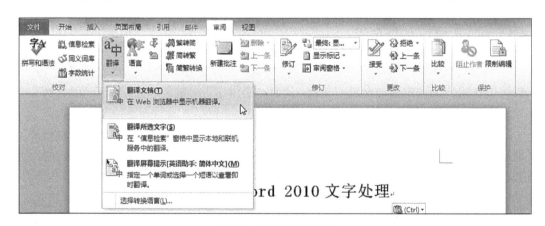

图 4-2　翻译功能列表

（6）协作和共享功能：Word 2010 支持网络服务及协同办公，通过"共享"功能，可满足多种用户需求。在"文件"选项卡下有"共享"或"保存并发布"按钮，如图 4-3 所示，可以以电子邮件附件形式发送、SharePoint 协同办公支持、发布为博客文章等功能实现文档的共享。同时，在"共享"或"保存并发布"选项中，增加了创建 PDF/XPS 文件的功能。可以直接将 Word 文件转化为 PDF/XPS。

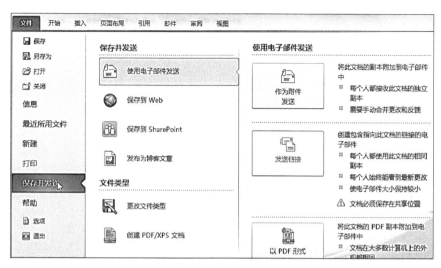

图 4-3　共享功能

（7）使用模板新建文档：在 Word 2010 中内置有多种用途的模板（如书信模板、公文模板等），用户可以根据实际需要选择特定的模板创建各种类型的文档。

（8）制作书法字帖：Word 2010 中还添加了一项非常具有中国元素的功能——书法字帖。使用"新建"选项卡中的"书法字帖"模板即可轻松创建属于自己的书法字帖。

（9）增加的文本效果：Word 2010 在对文字效果处理上增加了许多功能，如工具栏的文本效果，如图 4-4 所示。

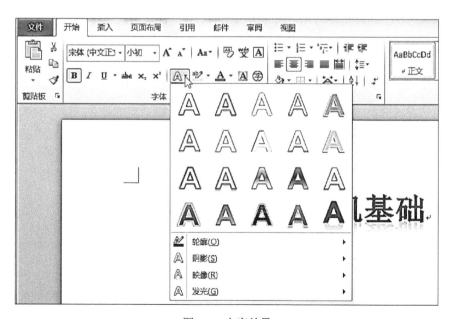

图 4-4　文字效果

（10）邮件绘制信封：Word 2010 中增加了制作信封的功能。在"邮件"选项中，用户可以快速地制作个性化的信封。将信封打印后，可以得到自己制作的个性纸质信封。

4.1.2　Word 2010 的界面

　　Word 2010 与之前版本相比，其最显著的变化就是取消了传统的菜单操作方式。启动 Word 2010 后，可以看到如图 4-5 所示的工作窗口，包括如下各功能区。

　　（1）快速访问工具栏：常用命令位于此处，通过快速访问工具栏，只需一次单击即可访问命令。默认命令集包括"保存"、"撤消"和"恢复"，可以自定义快速访问工具栏，将常用的其他命令包含在内。还可以修改该工具栏的位置，以及将其从默认的小尺寸更改为大尺寸。系统默认的快速访问工具栏位于整个窗口的左上角，用户可通过自定义快速访问工具栏右侧的按钮 ▼ 进行切换。

　　（2）标题栏：显示正在编辑的文档的文件名以及所使用的软件名。

　　（3）选项卡：将一类功能组织在一起，选项卡包含若干个组。

　　（4）选项卡下的功能区：工作时需要用到的命令位于此处。不同选项卡下出现不同的功能区按钮。它与其他软件中的"菜单"或"工具栏"相同。

　　（5）任务窗格：是提供常用命令的独立窗口，一般位于文档窗口的左侧。

　　（6）工作区：显示要编辑的文档。

　　（7）状态栏：显示正在编辑的文档的相关信息。

> **注意：**
> 　　选项卡。选项卡将各种命令分门别类地放在一起，只要单击即可，该选项卡中所有的命令按钮都将按组显示。

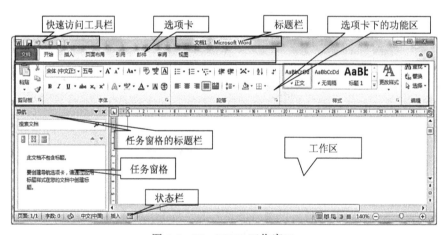

图 4-5　Word 2010 工作窗口

　　单击选项卡的名称切换到与之相对应的选项卡面板。每个选项卡根据功能的不同又分为若干个组，每个选项卡内所拥有的功能如下所述。

　　1. "开始"选项卡

　　"开始"选项卡中包括剪贴板、字体、段落、样式和编辑五个组，对应 Word 2003

的"编辑"和"段落"菜单部分命令。该功能区主要用于帮助用户对文档进行文字编辑和格式设置，是用户最常用的功能区，如图 4-6 所示。

图 4-6　"开始"选项卡

2．"插入"选项卡

"插入"选项卡包括页、表格、插图、链接、页眉和页脚、文本、符号和特殊符号几个组，对应 Word 2003 中"插入"菜单的部分命令，主要用于在文档中插入各种元素，如图 4-7 所示。

图 4-7　"插入"选项卡

3．"页面布局"选项卡

"页面布局"选项卡包括主题、页面设置、稿纸、页面背景、段落、排列几个组，对应 Word 2003 的"页面设置"菜单命令和"段落"菜单中的部分命令，用于帮助用户设置文档页面样式，如图 4-8 所示。

图 4-8　"页面布局"选项卡

4．"引用"选项卡

"引用"选项卡包括目录、脚注、引文与书目、题注、索引和引文目录几个组，用于实现在文档中插入目录等高级设置功能，如图 4-9 所示。

图 4-9　"引用"选项卡

5. "邮件"选项卡

"邮件"选项卡包括创建、开始邮件合并、编写和插入域、预览结果和完成几个组，该功能区的作用比较专一，专门用于在文档中进行邮件合并、制作信函等方面的操作，如图 4-10 所示。

图 4-10 "邮件"选项卡

6. "审阅"选项卡

"审阅"选项卡包括校对、语言、中文简繁转换、批注、修订、更改、比较和保护几个组，主要用于对 Word 2010 文档进行校对和修订等操作，适用于多人协作处理长文档，如图 4-11 所示。

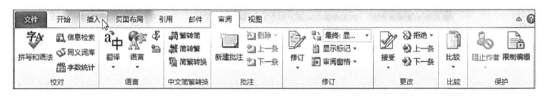

图 4-11 "审阅"选项卡

7. "视图"选项卡

"视图"选项卡包括文档视图、显示、显示比例、窗口和宏几个组，主要用于帮助用户设置操作窗口的视图类型，以方便操作，如图 4-12 所示。

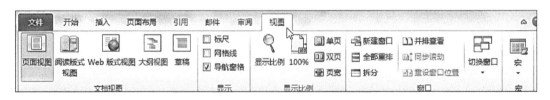

图 4-12 "视图"选项卡

8. 上下文选项卡

除前面所述标准命令选项卡外，Word 2010 还有上下文命令选项卡。这是一种新的 Office 用户界面元素。根据上下文（即进行操作的对象以及正在执行的操作）的不同，标准命令选项卡旁边可能会出现一个或多个上下文命令选项卡。例如，如果在文档中插入一个图片，则在"视图"选项卡旁边将显示一个"图片工具"的上下文选项卡，如图 4-13

所示。这种上下文命令选项卡根据所选对象不同而弹出或关闭，智能化的功能，方便用户操作。

图 4-13 "图片工具"上下文选项卡

9. "文件"选项卡

"文件"选项卡取代了 Microsoft Office 早期版本中的"Office 按钮 "和"文件"菜单。位于 Microsoft Office 2010 程序的左上角。打开一个文档，并单击"文件"选项卡可查看 Backstage 视图，如图 4-14 所示。Backstage 视图是 Office 2010 中的新功能，在 Backstage 视图中可以管理文档和有关文档的相关数据：创建、保存和发送文档，检查文档中是否包含隐藏的元数据或个人信息，设置打开或关闭"记忆式键入"建议之类的选项等。

图 4-14 "文件"选项卡

> **注意：**
> ①若要从 Backstage 视图快速返回到文档，请单击"开始"选项卡，或者按键盘上的 Esc。
> ②在"信息"命令面板中，如果打开的是 Word 2003 文档，会出现"转换"按钮，进行旧版本格式转换，使得该文档转换成新版本，应用新版本下的工具。

4.1.3　Word 2010 中的视图模式

Word 2010 中提供了多种视图模式供用户选择，这些视图模式包括"页面视图"、"阅读版式视图"、"Web 版式视图"、"大纲视图"和"草稿视图"五种视图模式。用户可以在"视图"选项卡中的"文档视图"选项组中选择需要的文档视图模式，如图 4-15 所示。也可以在 Word 2010 文档窗口的右下方 🔲🔲🔲🔲🔲 图标中单击不同的视图按钮选择视图。

（1）"页面视图"可以查看到与打印效果一致的文档，同时还可以看到设置的页眉、页脚、页边距等。在编辑文档时一般都使用这种视图方式。

（2）"阅读版式视图"以图书的分栏样式显示文档，"文件"按钮、功能区等窗口元素被隐藏起来。正文显得更大，换行是随窗口大小而变化的，不是显示实际的打印效果。

（3）"Web 版式视图"是为浏览以网页为主的内容而设计的，如可以复制一个网页到 Word 里查看，而且阅读时有方便的标签导航。该视图适用于发送电子邮件和创建网页。

（4）"大纲视图"一般用于设置文档的结构，可以通过拖动标题来移动、复制或重新组织正文。同时可以显示标题的层级结构，方便地折叠和展开各种层级的文档。大纲视图广泛用于长文档的快速浏览和设置。

（5）"草稿视图"取消了页面边距、分栏、页眉页脚和图片等元素，仅显示标题和正文，是最节省计算机系统硬件资源的视图方式。

图 4-15　"视图"选项卡下的五种视图

4.2　Word 2010 基本操作

4.2.1　新建 Word 文档

启动 Word 2010 程序后，系统在打开的同时会自动新建一个名为"文档 1"的空白文档。用户在使用该空白文档完成文字输入和编辑后，如果需要再次新建一个空白文档，则可以按照如下步骤进行操作。

（1）在 Word 2010 应用程序窗口中，依次单击"文件"→"新建"命令，如图 4-16 所示。

（2）在打开的"新建"面板中，选中需要创建的文档类型，例如，可以选择"空白文档"、"博客文章"、"书法字帖"等各种模板的文档，如果本机上安装的模板不能满足用户的需要，还可以到微软公司网站的模板库中下载。然后单击"创建"按钮，如图 4-16 中鼠标图标所示，即可创建所需要的文档。

> **注意：**
> 　在 Word 2010 中有三种类型的模板，分别为：.dot 模板（兼容 Word 97-2003 文档）、.dotx（未启用宏的模板）和.dotm（启用宏的模板）。在"新建文档"对话框中创建的空白文档使用的是 Word 2010 的默认模板 Normal.dotm。

图 4-16　"新建"面板

4.2.2　打开 Word 文档

打开已有文档最简单的方法就是在文档的存储位置处双击 Word 文档图标。除此之外，可以通过以下几种方式来打开。

（1）通过"文件"选项卡打开：切换到"文件"选项卡，选择"打开"命令，弹出"打开"对话框，选择要打开的文件，再单击"打开"按钮即可打开文件了。

（2）通过快速访问工具栏打开：这种方式操作简单，使用较多。单击标题栏上的"自定义快速访问工具栏"按钮，从打开的菜单中选择"打开"命令，如图 4-17 所示。这时，"打开"按钮 被添加到快速访问工具栏中，单击按钮 ，将会弹出"打开"对话框，选择需要打开的文件，再单击"打开"按钮即可。

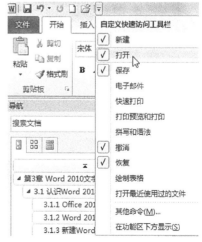

图 4-17　自定义快速访问工具栏

4.2.3　保存 Word 文档

文档创建好后，应及时保存，并且在文档编辑过程中也要养成及时保存文档的习惯，否则会因为断电或误操作造成数据丢失。保存文档的方法很简单，有四种方法。

（1）在当前打开的文档窗口中，依次单击"文件"→"保存"命令，在弹出的"另存为"对话框中选择准备保存的文件的位置，并且在"文件名"文本框中输入文件名，在"保存类型"下拉列表框中选择要保存的文件格式，单击"保存"按钮，即可保存好新创建的文档。

（2）如果要保存现有文档（即已经保存过的文档）可以单击快速访问工具栏中的图标按钮 📷，将不会弹出"另存为"对话框，也可以直接使用键盘快捷键"Ctrl+S"组合键进行保存。

（3）如果将现有文档另存为新的文件名或存放在其他位置，则依次单击"文件"→"另存为"命令，打开另存为对话框，和（1）中的描述一样。

（4）自动保存文档，Word 在一定时间自动保存文档一次，这样可以有效防止用户忘记保存或者在异常情况下导致文档信息丢失。设置自动保存依次单击"文件"→"选项"命令，打开"Word 选项"对话框，切换到"保存"选项卡，在"保存文档"选项区域中，勾选"保存自动恢复信息时间间隔"复选框，并指定具体分钟数（可输入 1～120）。系统默认自动保存时间间隔是 10min，如图 4-18 所示。单击"确定"按钮，自动保存文档设置完毕。

图 4-18　设置文档自动保存的"Word 选项"对话框

4.2.4　关闭 Word 文档

当编辑完文档内容后，如果不准备使用该文档，可将其关闭以释放其占用的系统资源。

关闭 Word 文档的常用方法有以下几种。

（1）在 Word 窗口中单击右上角的"关闭"按钮 ✕ 。

（2）切换到要关闭的文档，按"Ctrl+F4"或"Ctrl+W"组合键可快速关闭。

（3）切换到"文件"选项卡，并在打开的 Backstage 视图中选择"关闭"命令。

（4）在标题栏中单击 Word 程序图标（快速访问工具栏左边的图标 W ）从弹出的快捷菜单中选择"关闭"命令。

（5）在 Word 窗口中右击标题栏空白处，从弹出的快捷菜单中选择"关闭"命令。

4.3　Word 2010 排版技术

创建好文档后，可以在文档中输入并编辑文本内容，并按照需要对文本外观进行修饰，使其变得美观易读，从而达到制作文档需要，这就是文档排版。文档排版一般在页面视图下进行（可以"所见即所得"）操作中要遵守"先选定后执行"的原则。下面就文档的排版操作来进行介绍。

4.3.1　输入文本

1. 普通文本输入

输入文本时，不同内容的输入方法会有所不同，普通的文本输入，如汉字、英文、阿拉伯数字等可以通过键盘直接输入。使用键盘输入文本时，各种输入法之间互相切换可以使用"Ctrl+Shift"组合键，在中英文输入法之间切换可以使用"Ctrl+空格键"组合键。文字输入总是在光标所在的位置，即插入点处。插入点总是随着文字的不断输入而后移。

在使用 Word 进行编辑的过程中，为了方便读者，可以为一些生僻字添加拼音标注。选中需要添加拼音的汉字，然后在"开始"选项卡下的"字体"组中单击"拼音指南"按钮 𝕨 ，打开如图 4-19 所示对话框。在此对话框中设置拼音字母的大小、字体以及对齐方式等参数，最后单击"确定"按钮，将为选中的汉字添加上了拼音。

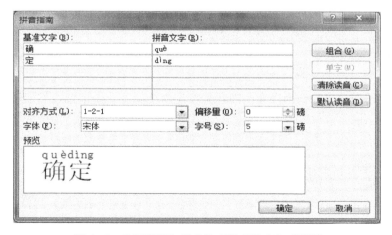

图 4-19　为汉字添加拼音的"拼音指南"对话框

2. 插入符号和特殊字符

如果在文档中出现了键盘上没有的符号或者特殊字符,可通过以下方式进行查找和插入:将光标定位在要插入符号的位置,依次单击"插入"选项卡→"符号"组→"符号"命令,在下拉列表中选择所需的符号,如果所需的符号不在列表,单击"其他符号"命令,打开"符号"对话框,如图4-20所示,在"符号(S)"选项卡中选择需要插入的符号,从"特殊字符(P)"选项卡中选择需要插入的字符,单击"插入"按钮即可插入到光标所在的位置。

图4-20　"符号"和"特殊字符"对话框

4.3.2　文本选择

通常在 Word 中文字显示为白底黑字,被选中的文本则高亮反显为蓝底,这样我们就可以很容易区别出选中的和未选中的文本。

(1)选择连续文本。

选择连续的一段文本时,在文本开始处按下鼠标左键拖动直至包含所有要选择的文本,松开鼠标后便完成了选择操作,或者先在文本开始处单击鼠标,然后按下 Shift 键,再在要选定文字的结束位置单击,这样就选中了从光标停留处到结束位置之间的内容了。

(2)选择不连续文本。

选取不连续的文字时,按住 Ctrl 键,用鼠标逐一选择要选中的文字。

(3)选择整行、整段和整篇文本。

把鼠标移动到选定栏中(文档窗口左端至文本之间的空白区域)当鼠标变成 ⤢ 时,单击鼠标即可选中一行;双击鼠标可选择整个段落;快速三击则可选择整篇文本。选择整篇文本也可以利用"Ctrl+A"组合键。

（4）竖行选择文本。

在选择文本时，先按下 Alt 键不放，再按住鼠标左键并拖动，即可选择鼠标经过的竖行文本。

4.3.3　查找、替换和定位

有的时候需要查找文档中的某些词语，如果文档中文字较多且要查找内容重复出现的次数也较多时，可以使用查找功能来查找这些词语，同时可以进行替换。

1. 查找文本

（1）使用"导航"窗格查找文本的步骤如下。

①把光标定位在文档中，在"开始"选项卡下的"编辑"组中单击"查找"按钮。

②打开如图 4-21 所示的"导航"窗格，然后在文本框中输入搜索内容，如输入"规矩"，搜索的结果会在文档中以黑字黄底显示出来。

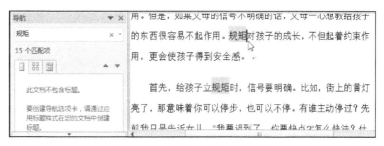

图 4-21　"导航"窗格中的搜索

（2）高级查找。

①在"开始"选项卡下的"编辑"组中，单击"查找"按钮旁边的下拉按钮，从打开的菜单中选择"高级查找"命令。

②弹出"查找和替换"对话框，并默认切换到"查找"选项卡，接着在"查找内容"下拉列表框中输入"规矩"，再单击"查找下一处"按钮，如图 4-22 所示。

图 4-22　"查找和替换"对话框

③这时在文档中符合条件的文本会以黑色蓝底显示出来。继续单击"查找下一处（F）"按钮，系统将会继续查找符合条件的文本。

> **注意：**
> 　　如果要查找的文本有特殊格式，单击"更多"按钮，然后在"搜索选项"选项组中进行设置；或是单击"格式"按钮，并在展开的菜单中选择需要的命令，接着在弹出的对话框中进行设置即可，如图 4-23 所示。

图 4-23　特殊格式文本查找的对话框

2. 替换

"查找"命令通常与"替换"命令相结合使用。

（1）在"开始"选项卡下的"编辑"组中，单击"替换"命令，弹出"查找和替换"对话框，并默认切换到"替换"选项卡，如我们将文档中的"规矩"替换为"rules"，在"查找内容"文本框中输入"规矩"，"替换为"文本框中输入"rules"，如图 4-24 所示。

图 4-24　"查找和替换"对话框中的"替换"选项卡

注意：

　　如果要删除查找的内容，只要不在"替换为"文本框中输入内容，直接进行替换即可。

　　（2）单击"查找下一处"按钮，系统自动查找第一个符合条件的文本，并以黑字蓝底显示出来，单击"替换"按钮，Word 会自动替换，并查找下一处。当文档中找不到"规矩"后，则会弹出 Microsoft Word 提示对话框，提示 Word 已完成对文档的搜索，此时单击"确定"按钮即可完成替换。

　　如果在"替换"选项卡中单击"全部替换"按钮，Word 全部替换完毕后会弹出 Microsoft Word 提示对话框，提示完成替换的次数。单击"确定"按钮，Word 程序将从头开始复查一遍。

注意：

　　如果要替换的文本有特殊格式要求，单击"更多"→"格式"按钮，并在打开的菜单中选择需要的命令，例如，对替换后的 rules 字体进行设置，这时选择"字体"命令，接着在弹出的"替换字体"对话框中可以设置即可，如图 4-25 所示。

　　另外，查找和替换可以对全文查找替换，也可以只对选中的段落或文字查找替换。如果是对全文查找替换，在"查找和替换"对话框中的"替换"选项卡里单击"全部替换"按钮，弹出如图 4-26 所示对话框，单击"确定"按钮即可完成对全文的查找替换；如果只对选中的部分文本进行查找替换，首先选中要查找替换的文本，然后在"查找和替换"对话框中的"替换"选项卡里单击"全部替换"按钮，弹出如图 4-27 所示对话框，这时一定要注意单击"否"按钮，完成只对选中的文本查找和替换，未选中的文本将不会被查找和替换。

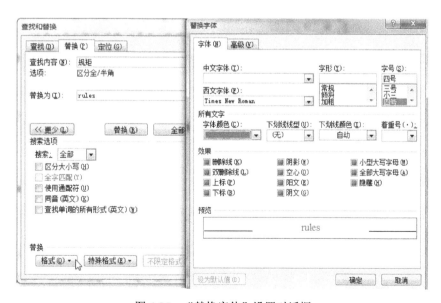

图 4-25　"替换字体"设置对话框

图 4-26　对全文查找替换的"查找和替换"对话框

图 4-27　对所选内容查找替换的"查找和替换"对话框

3. 定位

Word 还提供了定位功能，定位功能为我们编辑页数较多的文档提供了一些方便。例如，要查看文档的第 8 页，可以选择"查找和替换"对话框中的"定位"选项卡，如图 4-28 所示，选择定位目标为"页"，在"输入页号"文本框中输入"8"，单击"定位"按钮就可以直接查看文档的第 8 页内容。

此外，定位对象还可以是节、行、书签、批注、脚注、尾注等。

图 4-28　"定位"选项卡

4.3.4　撤消与恢复

撤消和恢复是专为防止用户误操作而设计的"反悔"机制，撤消可以取消前一步（或几步）的操作，而恢复可以取消刚做的撤销操作。

（1）撤消操作。

撤消是取消上一步的操作，当我们进行编辑操作时，Word 会自动顺次记录下最新的操作命令，当需要撤消某些操作时，可以通过快捷键"Ctrl+Z"或者快速启动栏中的按钮 来实现。多次单击这个按钮，能够撤消多次操作，或单击"撤消"按钮右侧的倒三角按钮，从展开的菜单中选择要撤消的步骤也可撤消多次操作。文档关闭了以后，用户就不可以再撤消文档关闭前的操作了。

（2）恢复操作。

恢复是把撤消掉的操作恢复过来，恢复是撤消的反向操作，只有在执行了撤消命令后，快速访问工具栏上的"恢复"按钮才能使用。在窗口的快速访问工具栏中，单击"恢复"按钮 ，或按"Ctrl+Y"组合键可以恢复刚撤消的上一步操作。

4.3.5　拼写和语法检查

在 Word 2010 文档中经常会看到在某些单词或短语的下方标有红色、蓝色或绿色的波浪线，这是由 Word 2010 中提供的"拼写和语法"检查工具根据 Word 2010 的内置字典标示出的含有拼写或语法错误的单词或短语，其中红色或蓝色波浪线表示单词或短语含有拼写错误，而绿色下划线表示语法错误（当然这种错误仅仅是一种修改建议）。用户可以在 Word 2010 文档中使用"拼写和语法"检查工具检查 Word 文档中的拼写和语法错误，操作步骤如下所述。

（1）打开 Word 2010 文档窗口，如果看到该 Word 文档中包含有红色、蓝色或绿色的波浪线，说明 Word 文档中存在拼写或语法错误。切换到"审阅"选项卡，在"校对"分组中单击"拼写和语法"按钮。

（2）打开"拼写和语法"对话框，保证"检查语法"复选框的选中状态。在错误提示文本框中将以红色、绿色或蓝色字体标示出存在拼写或语法错误的单词或短语。确认标示出的单词或短语是否确实存在拼写或语法错误，如果确实存在错误，在"输入错误或特殊用法"文本框中进行更改并单击"更改"按钮即可。如果标示出的单词或短语没有错误，可以单击"忽略一次"或"全部忽略"按钮忽略关于此单词或词组的修改建议。也可以单击"词典"按钮将标示出的单词或词组加入到 Word 2010 内置的词典中，如图 4-29 所示。

（3）完成拼写和语法检查，在"拼写和语法"对话框中单击"关闭"或"取消"按钮即可。

如图 4-29 中，开启或关闭"拼写和语法"检查的功能，可以单击"选项"按钮，打开"Word 选项"对话框，自动切换在"校对"窗口，如图 4-30 所示，在"在 Microsoft Office 程序中更正拼写时"下方各选项中，对自动更正拼写的设置来勾选复选框。在"在 Word 中更正拼写和语法时"下方各选项中，勾选或取消拼写和语法时的各种选择。

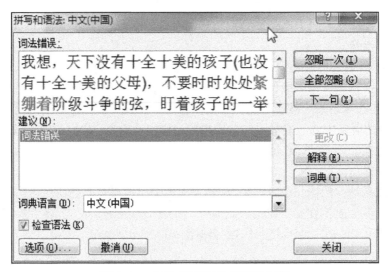

图 4-29　"拼写和语法"检查对话框

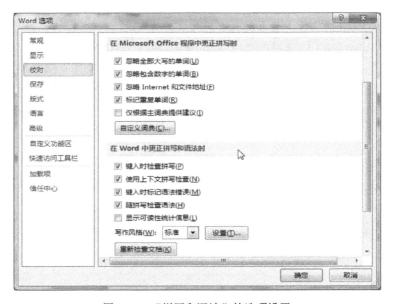

图 4-30　"拼写和语法"的选项设置

4.3.6　字符格式设置

字符是文档中输入的字母、数字、汉字、标点符号和各种特殊符号，字符格式包括：字符的字体、字号、字形、颜色、下划线、着重号、字符间距、文字效果等。我们可以通过以下两种方式来对字符的格式进行设置。

1. 利用"字体"选项组设置字符格式

选择要进行格式设置的文字，切换到"开始"选项卡下的"字体"选项组中的所有图标按钮即可对字符进行相应的设置，如图 4-31 所示。

图 4-31　利用"字体"选项组进行字符设置

"字体"选项组中显示的按钮的名称和功能，可以将鼠标放置在该按钮的上面，随即弹出的信息提示框中会有相应的名称和说明，结合使用这些按钮来设置文本的格式。

2. 利用"字体"对话框设置字符格式

选中要进行格式设置的文字后，选择"字体"选项组右下角的字体对话框启动器按钮，或者单击右键，在弹出的列表中选择命令 A 字体(F)...　，打开"字体"对话框，如图 4-32 所示。在该对话框内可设置字体、字号大小、字形以及字体颜色、是否加着重号、是否将字体设置为各种效果等，设置之后的效果在下面的预览里显示出来。

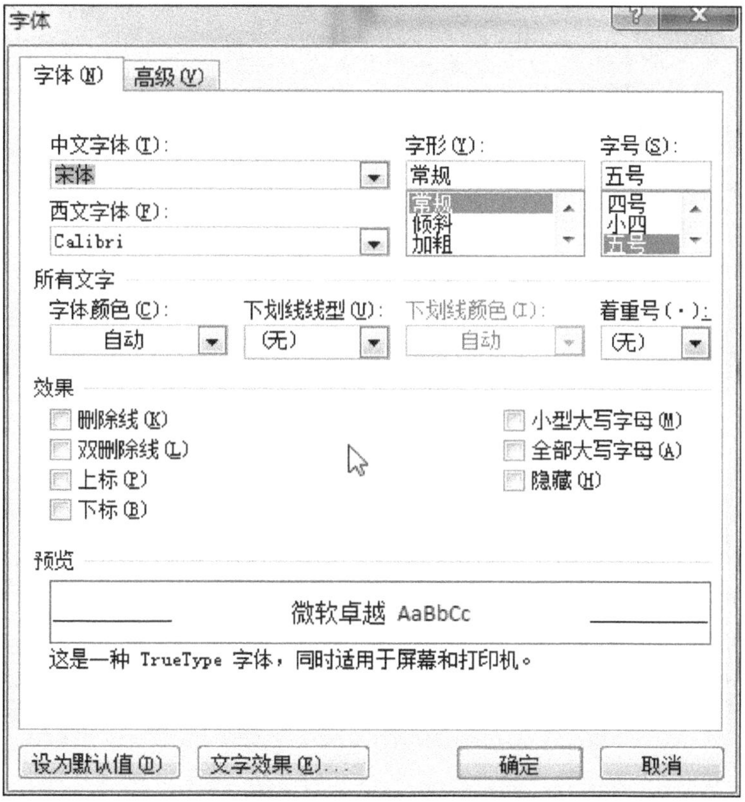

图 4-32　"字体"对话框

单击"文字效果"按钮还可以打开"设置文本效果格式"对话框，如图 4-33 所示，进一步对文本进行填充、边框、文本样式、阴影等效果的设置。

3. 设置字符间距

在上面打开的"字体"对话框中，切换到"高级"选项卡，如图 4-34 所示，选择"字符间距"选项卡，可以设置字符的缩放、间距和位置。

全部设置完成之后，单击"确定"按钮即可。

图 4-33　"设置文本效果格式"对话框

图 4-34　"高级"选项卡设置字符间距

4. 设置首字下沉

首字下沉是将选定段落的第一个字放大数倍，以引导阅读。首字下沉有两种方式，一种是普通下沉，一种是悬挂下沉。普通下沉中下沉字符只占用前几行文本前一个小方块，而不影响首字以后的文本排列，而悬挂下沉中设置的字符所占用的列空间不再出现文本。

设置首字下沉的步骤如下。

（1）把光标定位到要首字下沉的段落中，切换到"插入"选项卡下的"文本"组中，单击"首字下沉"按钮，弹出如图 4-35 所示的列表框。

（2）选择"下沉"或"悬挂"。如果想对下沉的行数等进一步设置，单击"首字下沉选项（D）按钮"。

（3）打开"首字下沉"对话框，如图 4-36 所示。在"位置"选择区中选择"下沉"或者"悬挂"，然后选择要下沉的文字字体、下沉行数和距正文的距离，单击"确定"按钮即可。

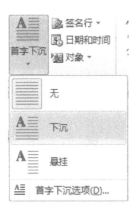

图 4-35　首字下沉列表

5. 更改文字方向

为满足不同用户的需求，有时候需要更改文字的方向。选中要设置的文字，单击鼠标右键，从弹出的快捷菜单中选择命令 文字方向(X)... ，弹出如图 4-37 所示的“文字方向”对话框，可以选择文字的排列方向。选择完后单击“确定”按钮，可看到刚刚设置的文字已经改变了排列方向。

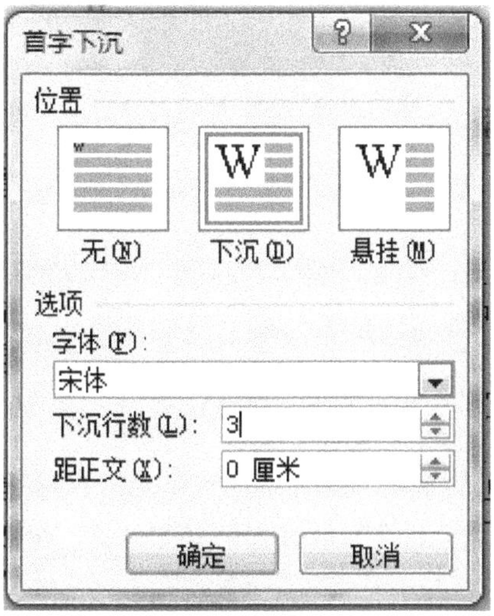

图 4-36　“首字下沉”对话框

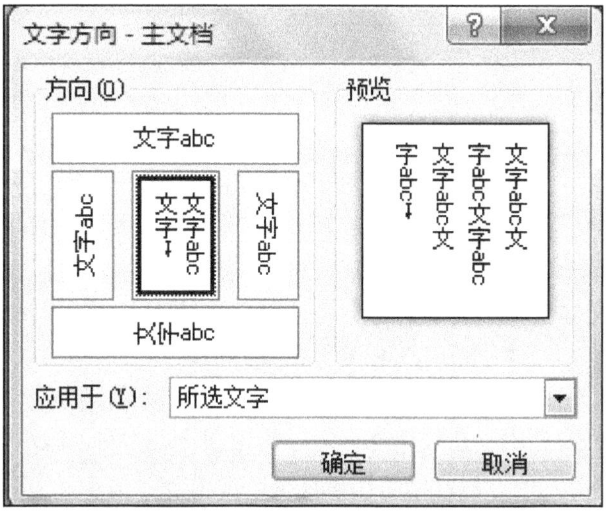

图 4-37　“文字方向”对话框

4.3.7　格式化段落

在 Word 中每按回车键，都会在文档中插入一个段落标记“↵”，也就是产生一个段落。段落也有格式，包括对齐方式、段落缩进、段落间距和行距等。

段落的格式设置适用于整个段落或几个段落的，在对一个段落进行排版之前，可以将光标定位在要进行格式设置的段落内任意处；如果对多个段落进行排版，则需要将这几个段落都选中。凡是对段落的各种设置，都可以通过“段落”对话框来设置。

1. 设置段落对齐方式

段落对齐是指段落文本边缘的对齐方式，在 Word 2010 段落对齐方式分为 5 种：左对齐、右对齐、居中、两端对齐、分散对齐。默认的对齐方式是两端对齐。

设置对齐方式，可以单击“开始”→“段落”组中的图标区，这 5 个图标即这 5 中对齐方式，选择其中的某个对齐方式按钮就行了。如图 4-38 所示，这是最快捷方便也是最常用的方法。

也可以选中要设置的段落，单击右键，在弹出的菜单中选择“段落”打开段落设置对话框；或单击“段落”组中右下角的段落对话框启动器按钮来打开段落对话框进行段落设置。

图 4-38　段落设置对齐

2. 段落缩进

段落缩进是指段落中各行相对于页面左右边界向内退缩的距离。段落缩进包括左缩进、右缩进、首行缩进和悬挂缩进。"左缩进"和"右缩进"是指将段落中各行左侧或右侧向内移动指定的距离；"首行缩进"是指将首行向内移动指定的距离；"悬挂缩进"是指除首行外，其余各行向内移动指定的距离。缩进的距离单位是厘米或字符。

段落缩进有三种常用设置方法。

（1）使用标尺。将"视图"选项卡下"显示"组中的标尺复选框☑ 标尺 勾选上后，将在文档上方出现水平标尺，如图 4-39 注明了该水平标尺中各缩进标记的名称。在 Word 2010 中，只要把鼠标指针移到缩进标记之上，就会显示相应的提示，拖动这些标尺来自由设置缩进。

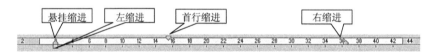

图 4-39　水平标尺中各缩进的名称

（2）使用"页面布局"→"段落"组中的命令。

选中要设置的段落，单击"页面布局"→"段落"→"缩进"按钮下设置左缩进和右缩进，如图 4-40 所示。

图 4-40　使用"页面布局"选项卡设置段落缩进

（3）使用"段落"对话框。选中要设置的段落，单击"页面布局"选项卡或"开始"选项卡→"段落"组中右下角的"段落"对话框启动器按钮 ，打开"段落"对话框，如图 4-41 所示。在该对话框中的"缩进"选项区域中进行设置。单击"确定"按钮即可完成。

3. 设置段落间距

段落间距的设置包括段落文本行间距和段落间距。如图 4-41 所示。在该对话框中的

"间距"选项区域中进行设置。

（1）段落间距：分为段前间距和段后间距，分别指当前段落与上一段落和下一段落之间的距离，可以输入，也可以利用文本框后面的按钮微调。

（2）行间距：行距是指段内行和行之间的垂直距离，行距文本框下有 6 个选择：单倍行距、1.5 倍行距、2 倍行距、最小值、固定值和多倍行距。默认值是单倍行距，表示 Word 根据字体大小自动调节的最佳行距；1.5 倍行距和 2 倍行距以及多倍行距是相对于单倍行距的 1.5 倍、2 倍或多倍；最小值通常是由 Word 自动调节为能容纳段中字体或图形的最小行距；固定值是可以在后面文本框中进行设置的，设置完成之后，每两行之间的间距均是设置值。

图 4-41   "段落"对话框

4.3.8 项目符号和编号

在文档处理中，经常需要在段落前面加上项目符号和编号来准确清楚地表达某些内容之间的并列关系和顺序关系，以方便文档阅读。项目符号可以是字符，也可以是图片；编号是连续的数字和字母，编号的起始值和格式可以自行设置，当增加或删除段落时，系统会自动重新编号。

1. 自动添加项目符号与编号

Word 2010 可以在输入文本时自动创建项目符号或编号。要在文档输入时自动添加项目符号列表，在文档中输入一个星号（*）或一个或两个连字符（—），后跟一个空格或制表符 Tab 键，紧接着输入内容。当按下 Enter 键时，Word 2010 自动将该段转换为项目符号列表（如星号会自动转换成黑色的圆点）同时会自动在下一行输入前插入该符号。

要结束项目符号列表时，按回车键开始一个新段，然后按 Backspace 键即可删除为该段新增的项目符号。同样，如要创建带有编号的列表，先输入诸如"1."，"a)"，"（1）"，"1)"，"一、"，"第一"等格式，后跟一个空格或制表位，然后输入文本。当按回车键时，在新的一段开始处会自动接上上一段进行编号。

想要取消项目符号或编号列表的这种自动创建功能，可以通过"文件"→"选项"，打开"Word 选项"对话框，如图 4-42 所示，单击"校对"命令，在对应的右边面板"自动更正选项"中单击"自动更正选项（A）…"按钮，打开"自动更正"对话框，选择"键入时自动套用格式"选项卡，将"键入时自动应用"选项区中的"自动项目符号列表"和"自动编号列表"前的复选框取消勾选，如图 4-43 所示，最后单击"确定"按钮即可。

图 4-42 　"校对"命令对话框　　　　　图 4-43 　"键入时自动套用格式"选项卡

2. 使用已有的项目符号或编号

选定要添加项目符号的段落，单击"开始"→"段落"→"项目符号"按钮 ≣ 右侧的倒三角按钮；或单击右键，在弹出的菜单中选择命令图标 ≣ 项目符号(B) 右侧的倒三角按钮。打开"项目符号库"对话框，其中包含了最近使用过的项目符号、项目符号库和文档项目符号，如图 4-44 所示。选取一种符号即可。

　　对于编号列表的添加，与项目符号添加是同样的操作步骤。单击"开始"→"段落"→"编号"按钮 ⊞ 右侧的倒三角按钮；或单击右键，在弹出的菜单中选择命令图标 ⊞ 编号(N) 右侧的倒三角按钮。打开"编号库"对话框，如图 4-45 所示，选取一种编号即可。

图 4-44　"项目符号库"对话框

图 4-45　"编号库"对话框

3. 定义新项目符号和编号

　　在以上的项目符号和编号库中没有找到合适的符号，可以定义新的符号和编号，具体操作步骤如下所述。

　　（1）选定要添加项目符号的段落，在图 4-44 中的"项目符号库"对话框中，选择"定义新项目符号（D）…"选项，弹出"定义新项目符号"对话框，如图 4-46 所示。

　　（2）单击"符号"按钮，打开如图 4-47 所示的"符号"对话框，选择需要的符号；单击"图片"按钮，打开的是来自剪贴画中的图片项目符号。

图 4-46　"定义新项目符号"对话框

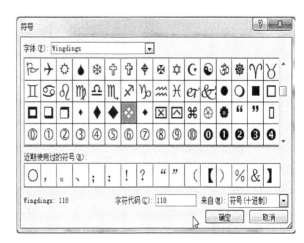

图 4-47　"符号"对话框

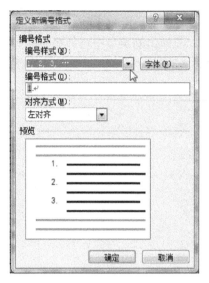

图 4-48　"定义新编号格式"对话框

同使用项目符号类似，添加编号也可以使用自定义的编号。具体步骤如下。

（1）选定要添加编号的段落，在图 4-45 中的"编号库"对话框中，选择"定义新编号格式（D）…"选项，弹出"定义新编号格式"对话框，如图 4-48 所示。

（2）在"编号样式"下拉列表中，选择一种编号样式。如果编号样式列表中没有想要的样式，可以自定义。选择编号样式中的某一种，然后在"编号格式"的下文本框中只需修改灰色部分，即可得到想要的样式。也可以将灰色位置处的编号起始点进行修改，例如，目前默认是 1，如果改为 3，即所选的段落编号将从 3 开始。

（3）在"对齐方式"的下拉列表中选择对齐方式，有左对齐、居中、右对齐三种对齐方式可选。单击"确定"按钮即可。

4. 删除项目符号或编号

选中要删除项目符号或编号的段落，然后打开"项目符号库"或"编号库"中的"无"即可取消项目符号或编号。

4.3.9　页面设置

页面设置反映了文档的整体外观和输出效果，页面设置包括页边距、纸张大小、纸张方向和版式等。这些设置是打印文档之前必要的工作，可以选择默认的页面设置，也可以根据自己的需要重新设置或修改这些选项。设置页面可以在输入文档内容之前，也可以在输入文档的过程中或文档输入之后进行。

页面设置可以通过"页面布局"选项卡→"页面设置"组中的各个按钮区快捷设置；也可以启动"页面布局"选项卡→"页面设置"组中右下角的对话框启动器，打开"页面设置"对话框中的各选项卡来进行设置。

1. 设置页边距

页边距用于设置文档内容与纸张四边的距离，决定在文本的边缘留多少空白区域，通常正文显示在页边距以内，而页眉和页脚显示在页边距上。设置页边距的操作步骤如下。

（1）打开我们要设置的文档（本书以提供素材"散文-车窗外.docx"为例来设置）然后单击"页面布局"→"页面设置"→"页边距"按钮，在弹出的如图 4-49 所示

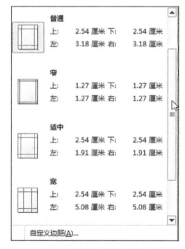

图 4-49　"页边距"下拉列表

下拉列表中选择需要的页边距大小。

（2）单击该下拉列表中最后一项"自定义边距"按钮，弹出 4-50 如图所示"页面设置"对话框，在"页边距"选项卡中即可自行设置需要的页边距。

（3）在"页边距"选项卡中也可以设置"纸张方向"，即正文对于纸张来说是横向还是纵向放置。

（4）除此之外，还可以选择将以上所设置的格式应用于"整篇文档"或"本节"或"插入点之后"。

2. 设置纸张大小

用于选择打印纸的大小，一般默认为 A4 纸，常用的还有 16 开和 B5 纸。在"页面设置"对话框中，切换到"纸张"选项卡，如图 4-51 所示。如果当前使用的纸张为特殊规格（如请柬）可在"纸张大小"下拉列表框中选择"自定义大小"选项，在"高度"和"宽度"数值框中选择或输入纸张的具体大小。

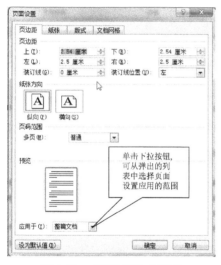

图 4-50　"页边距"选项卡

图 4-51　"纸张"选项卡

3. 版式

"版式"选项卡用于设置页眉和页脚的特殊选项，如奇偶页不同、首页不同、距页边距的距离、垂直对齐方式等，如图 4-52 所示。如果为文档的每行前添加行号，可以单击该选项卡下的"行号"按钮，打开"行号"对话框，选中"添加行号"复选框，即可添加行号。

4. 文档网格

"文档网格"选项卡用于设置每页容纳的行数和每行容纳的字符网格数、文字排列方向、是否在屏幕上显示网格线等，如图 4-53 所示。

通常，页面设置作用于整个文档，如果对部分文档进行页面设置，则应在"应用于"下拉列表框中选择范围（如插入点之后）。

　　　　图 4-52　　"版式"选项卡

　　　　图 4-53　　"文档网格"选项卡

4.3.10　边框、底纹及文档背景

　　边框和底纹也是对文档的一种修饰，可以用在页面上，也可以用在段落或文字上，起到强调和美观的作用，给人以深刻的印象。对于添加的边框还可以通过选择线型、指定线条颜色和宽度来设置自己需要的效果。

　　1. 设置文字边框

　　打开所编辑的文档，选定要进行设置的段落或文字，对齐设置边框的步骤如下。

　　（1）单击"开始"→"段落"→"下边框"按钮 回 右边的倒三角按钮，在展开的下拉列表中单击"边框和底纹"命令。

　　（2）弹出"边框和底纹"对话框，选择"边框"选项卡，如图 4-54 所示，在左侧"设置"选项组的"无"、"方框"、"阴影"、"三维"、"自定义" 5 中类型中选择一种边框类型，在"样式（Y）"列表框中选择一种边框的线型；从"颜色（C）"下拉列表中选择边框线颜色；从"宽度"下拉列表中选择边框线宽度；在右边"预览"区中可以指定是哪一边要设置刚刚定义的这些属性边框。

　　注意，在"应用于（L）"选项下的下拉列表中，默认是"文字"；如果在设置之前选中的是段落，则该列表中显示的是"段落"。

　　2. 页面边框

　　在使用 Word 2010 制作贺卡的时候，为了让贺卡更加好看，可以加入边框和底纹，"边框和底纹"对话框中的"页面边框"选项卡用于对整个页面或整个文档添加边框。如图 4-55 所示。它的设置与"边框"选项卡基本相同，只是增加了"艺术型"下拉列表框。

　　也可以通过"页面布局"→"页面背景"→"页面边框"按钮 回 来打开"页面边框"选项卡进行设置。

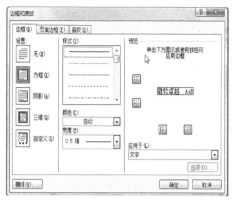

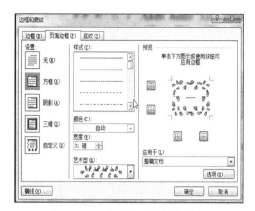

图 4-54　"边框"选项卡　　　　　　　图 4-55　"页面边框"选项卡

3. 底纹

底纹不同于边框,底纹只能对选定的段落或文字添加,而不能对页面添加。设置底纹有以下 3 中方法。

(1)使用"边框和底纹"对话框。

选定要设置底纹的文字或段落后,和前面设置边框一样的方法打开"边框和底纹"对话框。切换到"底纹"选项卡,如图 4-56 所示。其中,"填充"是指底纹的背景色(如灰色–5%);"样式"是指底纹的图案式样(如浅色下斜线);"颜色"是指底纹图案中点或线的颜色。根据自己的需要来选择底纹的背景色、图案,然后在"应用于"下拉列表框中选择"文字"或者"段落",单击"确定"按钮即可,在"预览"窗口可以看到设置好的效果。

(2)使用"字符底纹"按钮。

使用"开始"选项卡"字体"组中"字符底纹"按钮 A,可以快速完成字符底纹的设置。但"字符底纹"按钮添加的底纹只有一种颜色设置,即灰色且灰度 15%。选中已经设置底纹的文字或段落,单击"字符底纹"按钮 A,即可取消对底纹的设置。

(3)使用"底纹"按钮。

使用"开始"→"段落"→"底纹"按钮 ,可以快速为选定文字或段落设置背景。单击按钮右边的倒三角符号,在弹出的对话框中选择颜色即为文字添加底纹。

4. 设置文档背景颜色及填充效果

为 Word 文档添加背景会让文档更加温馨。在 Word 2010 中,为文档设置文档背景颜色时,可以使用渐变、纹理、图案、图片等填充效果,可以通过以下步骤完成。

(1)选择"页面布局"→"页面背景"→"页面颜色"按钮 ,在展开的面板中选择需要的颜色,如图 4-57 所示,一般选择比较浅的颜色,这样不会对文档中的文字产生干扰。如果上面的颜色不合要求,可单击"其他颜色(M)"选取其他颜色。

(2)在图 4-57 所示展开的面板中选择"填充效果"选项,弹出"填充效果"对话框,如图 4-58(a)所示。选择"渐变"标签下的"双色"单选按钮,设置"颜色 1"和"颜色 2"的颜色,在"底纹样式"选项区域中选择需要的样式,随即显示在"变形"区域中,单击"确定"按钮。又或者可以选择"预设"单选按钮,在"预设颜色"中的下拉列表中选择颜色效果，如图 4-58（b）所示。

图 4-56　"底纹"选项卡

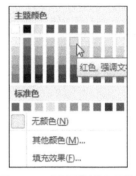

图 4-57　"页面颜色"面板

（3）在"填充效果"对话框中，切换至"纹理"或"图案"或"图片"选项卡中通过提供的样式来选择背景。其中，"图案"和"图片"选项卡中可以选择来自 Word 文档外部的图片作为文档背景，单击"确定"按钮。

重新进行上述操作可更改背景色或填充效果；要删除设置，可执行图 4-57 中"无填充颜色"。

(a) "渐变"选项卡"双色"设置

(b) "渐变"选项卡"预设"设置

图 4-58　"渐变"选项卡

注意:

　　文档背景和填充效果不能在大纲视图和草稿视图中显示，若要显示，需切换到其他视图；默认情况下，不能预览和打印用"背景"创建的文档背景，要预览或打印背景效果，可执行"文件"→"选项"→"显示"选项卡，选中"打印背颜色和图像"复选框。

5. 为文档添加水印

除给文档添加背景外，也可以在 Word 2010 文档背景中显示半透明的标识（如"机密"

"草稿"等文字）。水印既可以是图片，也可以是文字，并且 Word 2010 内置有多种水印样式。在 Word 文档中插入水印的步骤如下。

（1）打开 Word 2010 文档窗口，切换到"页面布局"选项卡。

（2）在"页面背景"分组中单击"水印"按钮，并在展开的水印面板中选择合适的水印即可，如图 4-59 所示。

（3）也可以选择"自定义水印（W）"选项，打开"水印"对话框，如图 4-60 所示，设置自定义的图片水印和文字水印。

图 4-59　"水印"面板

图 4-60　"水印"对话框

要删除以上设置，可执行如图 4-59 中"删除水印（R）"。

注意：

水印是针对打印文档设计的，在打印预览中可见；在阅读版式视图、Web 版式视图、大纲视图和草稿中看不到它们；添加图片或文字水印后，转入"页眉页脚"视图，会出现"图片工具"或"艺术字工具"上下文选项卡，可对水印图片和艺术字的颜色、大小等进行调整。

图片水印只能拉伸，不能平铺。

4.3.11　设置分栏与分节

1．创建分栏

所谓分栏就是将 Word 2010 文档全部页面或选中的内容设置为多栏，从而呈现出报刊、杂志中经常使用的多栏排版页面。默认情况，Word 2010 提供五种分栏类型，即一栏、两栏、三栏、偏左、偏右。用户可以根据实际需要选择合适的分栏类型，操作步骤如下。

（1）打开 Word 2010 文档窗口，切换到"页面布局"选项卡。

（2）在 Word 2010 文档中选中需要设置分栏的内容，如果不选中特定文本则为整篇文档或当前节设置分栏。在"页面设置"分组中单击"分栏"按钮，在展开的分栏列表中选择合适的分栏类型。其中"偏左"或"偏右"分栏是指将文档分成两栏，且左边或右边栏相对较窄，如图 4-61 所示。

（3）选择"更多分栏（C）"命令，弹出"分栏"对话框，在"预设"选项区选择"两栏"选项，勾选"栏宽相等"和"分割线"两个复选框，其他各项使用默认即可。如图 4-62 所示。

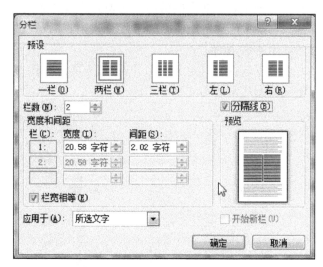

图 4-61　"分栏"面板　　　　　　　图 4-62　"分栏"对话框

（4）单击"确定"按钮，即可将所选文档分为两栏，如图 4-63 所示。

取消"栏宽相等"复选框可以分别为每一栏设置栏宽。在"宽度"和"间距"编辑框中设置每个栏的宽度数值和两栏之间的距离数值。

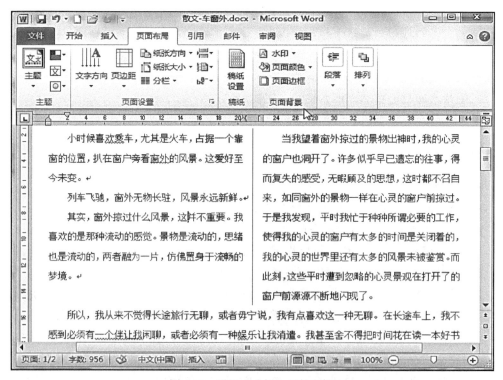

图 4-63　设置"分栏"后的文档

2. 设置分栏位置

有时用户可能需要将文档中的段落分排在不同的栏中。想要另栏排版就需要控制栏中断。有两种方法实现。

（1）通过"段落"对话框。

当一个标题段落正好排在某一栏中的底部，而需要将其放置到下一栏开始位置时，可以在"段落"对话框中的"换行和分页"选项卡下设置勾选"与下段同页"复选框，"确定"即可完成。

（2）通过插入分栏符控制栏中断。

这种方法可以对选定的段落或文本强制分栏。单击"页面布局"→"页面设置"→"分隔符"按钮 ，在展开的"插入分页符和分节符"面板中，如图 4-64 所示，选择"分栏符"。此时可以看到分栏符后面的文字将从下一栏开始，如图 4-65 所示。

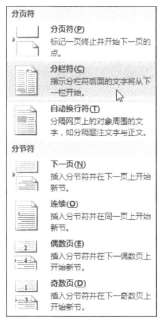

图 4-64 "插入分页符和分栏符"面板中

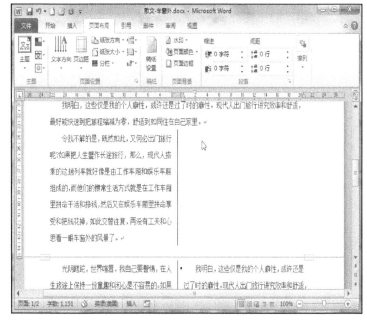

图 4-65 强制分栏后的文档

3. 设置分页符

Word 2010 中文版提供的分隔符有分页符和分节符两种。分页符用于分隔页面，而分节符则用于章节之间的分隔，两者的使用以便于更灵活地设置页面格式。

将鼠标定位在要插入分页的位置，插入分页符有两种方法实现。

（1）单击"插入"→"页"→"分页"按钮 ，如图 4-66 所示。即可在鼠标定位点插入分页符，光标后的内容变成下一页的内容了。

图 4-66　"插入"选项卡中的"分页"

为了防止在一段中间分页，可以通过"开始"选项卡下的"段落"组中，选择段落对话框启动器按钮 ，弹出"段落"对话框，切换到"换行和分页"选项卡中，然后在"分页"选项组中选中"段中不分页"复选框，单击"确定"按钮，如图 4-67 所示。

图 4-67　"段落中不分页"的设置

（2）依次单击"页面布局"→"页面设置"→"分隔符"按钮 ，在展开的"插入分页符和分节符"面板中，如图 4-64 所示，有"分页符"选项组和"分节符"选项组，"分页符"选项组中又包含分页符、分栏符和自动换行符，可根据需要选择不同的分页符插入到文档中。

其中，"分页符"可以使其之后的文本被排到下一页；"分栏符"使其之后的文本分到下一栏；"自动换行符"使其之后的文本被换到下一段开始。

4. 设置分隔符

"分节符"的作用很特殊，每插入一个分节符，文章就多了一个节。在一个节里，页码及页码格式可以独立编排，页眉和页脚也可以与其他节不同。为各个节设置不同的格式，是节存在的原因。

依次单击"页面布局"→"页面设置"→"分隔符"按钮 ，在展开的"插入分页符和分节符"面板中，如图 4-64 所示，"分节符"选项组中包括下一页、连续、偶数页和奇数页，可根据需要选择不同的分节符插入到文档中。

> 注意：
> 　"下一页"分节符将使其之后的文字处于下一页；
> 　"连续"分节符只是在插入点处设置了一个分节符，不进行其他操作；
> 　"偶数页"分节符是指新节从下一个偶数页开始，对于普通的图书中都是从左手页开始；
> 　"奇数页"分节符是指新节从下一个奇数页开始，对于普通的图书中都是从右手页开始。

4.3.12 页眉、页脚和页码

在文档排版打印时，通常会在每页的顶部和底部加入一些说明性信息，称为页眉和页脚。这些信息可以是日期或时间、页码、公司徽标、文档标题等内容。也可以在文档的不同部分使用不同的页眉和页脚，如奇偶页的页眉和页脚可以不同。

1. 插入页眉和页脚

插入页眉页脚可以通过以下步骤完成。

（1）依次单击"插入"→"页眉和页脚"→"页眉"按钮或"页脚"按钮，展开"页眉"或"页脚"面板，如图 4-68 所示的页眉面板。

（2）选择其中的一种页眉样式，或选择"编辑页眉"命令，这时会在页眉区域插入选择的页眉样式，在页眉编辑位置输入页眉信息，如图 4-69 所示。同时，将光标移动到页脚位置可设置页脚信息。

图 4-68 页眉面板

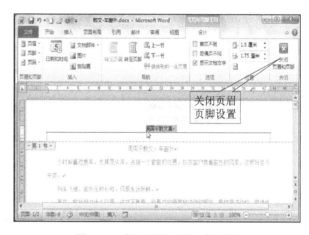

图 4-69 插入页眉后的文档界面

（3）设置页眉和页脚时，首先进入页眉编辑区，此时正文呈灰色，表示不可编辑。页眉设置完毕后，切换至"页眉页脚工具-设计"上下文选项卡中的"关闭"组，关闭页眉和页脚，或在文档编辑区双击，退出页眉/页脚编辑区，如图 4-69 所示。文档返回原来的视图模式。

> **注意：**
> 页眉和页脚只有在页面视图或打印预览中是可见的。页眉和页脚与文档的正文处于不同的层次上，因此在编辑页眉和页脚时不能编辑文档的正文。同时，在编辑文档正文时也不能即时编辑页眉和页脚。

2. 编辑页眉和页脚

在文档中插入页眉和页脚后，如果需要重新设置页眉和页脚，就必须先让页眉和页脚进入可编辑状态。具体操作步骤如下。

（1）在文档的页眉处双击，打开"设计"上下文选项卡，如图 4-69 所示，可以编辑页眉和页脚。

（2）在"选项"组中，勾选"首页不同"复选框，此时首页的页眉和页脚将自动消失；勾选"奇偶页不同"复选框，此时原来的页码在偶数页页脚中将会消失。

（3）将光标移至偶数页页脚，插入页码，并设置对齐方式，如左侧装订的书籍，奇偶页页脚的页码对齐方式如果在下角处，一般奇数页页码右对齐，偶数页页码左对齐。此时，可以设置奇偶页页码对齐方式。

（4）要单独设置文档中某部分的页眉页脚，则对该部分添加新的节，并断开各节间的连接，然后对于不同的节，设置不同的页眉页脚。

（5）在"插入"组中，可以选择为页眉页脚加入图片、日期和时间等元素。

（6）在"位置"组中设置页眉页脚距页边的距离。

（7）编辑完页眉页脚后，双击文档正文部分，即可退出页眉页脚编辑状态，返回文档的原来视图。

3. 插入页码

页码与页眉和页脚相关联，用户可以将页码添加到文档的顶端、底端或页边距中。下面以在页面低端插入页码为例进行介绍，具体操作步骤如下。

（1）单击"插入"→"页眉和页脚"组→"页码"按钮，在展开的菜单中选择页码位置，这里选择"页面底端"命令，接着在弹出的下拉列表中选择页码样式，如图 4-70 所示。本例在下拉列表中选"带有多种形状"组中的"带状物"样式。

图 4-70　插入页码的列表

（2）进入页眉页脚可编辑状态下，选中页码中的图形，然后依次单击"绘图工具-格式"→"形状样式"→"形状填充"按钮，从打开的下拉列表中选择填充颜色，如图 4-71 所示。

（3）可以对插入的页码进行修改。单击"设计"→"页眉页脚"→"页码"按钮，在展开的列表中可以选择"设置页码格式（F）..."命令，接着在弹出的"页码格式"对话框中设置页码的编号格式和页码编号，最后单击"确定"按钮，如图 4-72 所示。

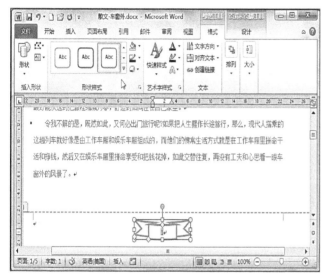

图 4-71　带有图形的页码格式设置界面

图 4-72　页面格式设置对话框

（4）页码设置完毕，在文本编辑区双击，退出页眉/页脚区域。

4. 为各节创建不同的页眉和页脚

在文档编辑的过程中，有时候需要不同的页眉页脚页码格式设置，如编写教材的过程中，目录部分的页码和正文的页码格式不相同，目录的页码一般用类似"Ⅰ，Ⅱ，Ⅲ，Ⅳ，..."这样的格式来标注页码，而正文部位页码一般用带阿拉伯数字的格式。因此对于同一文档不同部分设置不同的页眉页脚页码格式，操作步骤如下。

（1）使用前面学过的插入所需要的分节符，将文档分隔成不同的节，将鼠标指针定位在文档的某一节中，并依次单击"插入"→"页码和页脚"→"页眉"按钮。

（2）在打开的内置"页眉库"下拉列表中选择其中一种页眉样式，这样页眉就插入到文档本节中的第一页了。

（3）单击"页眉和页脚工具-设计"→"导航"→"下一节"按钮，就进入页眉的第二节区域中。

（4）单击"导航"→"链接到前一条页眉"按钮，断开新节页眉与前一节页眉之间的链接，此时用户就可以输入本节的页眉了，如图 4-73 所示。不同节可以设置不同的页眉页脚和页码了。

图 4-73　页眉在不同节中的显示

5. 删除页眉和页脚

双击页眉、页脚或页码，然后选择页眉、页脚或页码，按 Delete 即可删除。

在具有不同页眉、页脚或页码的每个节中重复以上操作便可删除其他节的页眉页脚。

另外，也可通过"插入"→"页眉和页脚"→"页眉"命令按钮，在展开的下拉列表中执行"删除页眉"命令即可。

4.3.13　用格式刷复制格式

在 Word 编辑过程中，有时需要对多个段落或文本使用同一格式，这时我们可以利用"开始"选项卡下的"剪贴板"组中的"格式刷"按钮　来复制格式，提高效率。其操作步骤如下。

（1）选定要复制格式的段落或文本。

（2）单击"格式刷"按钮　。

（3）用鼠标拖动经过要应用此格式的段落或文本即可。

如果同一格式要多次复制，可在（2）操作时双击"格式刷"按钮　，若需要退出时可再次单击"格式刷"按钮　或按 Esc 键取消。

4.3.14　公式的输入

在文档编辑中，有时需要输入形式复杂的数学公式，Word 2010 包括编写和编辑公式的内置支持。早期版本使用 Microsoft 公式 3.0 加载项，公式 3.0 包含在 Word 的早期版本中，并在 Word 2010 中可用。

以如图 4-74 所示的公式为例来说明公式的输入操作步骤。

$$s = \sqrt{\sum_{i=1}^{n} x_i^2 - n\overline{x^2}} + 1$$

图 4-74 公式样例

（1）将光标定位在需要插入公式的位置，单击"插入"→"符号"→"公式"按钮 ，展开"公式工具-设计"选项卡，如图 4-75 所示。

图 4-75 "公式工具-设计"选项卡

（2）在文档中出现的虚线框内输入"s="。

（3）单击"公式工具-设计"→"结构"→"根式"按钮，展开如图 4-76 所示的根式列表，从中选择平方根图标√□。

（4）将光标定位到平方根中的区域，单击"结构"组中的"大型运算符"按钮，在展开的列表中选择 Σ□，确定好光标的位置，分别输入"i=1""n"。

（5）将光标定位至 Σ 之后，单击"结构"组中的"上下标"按钮，在展开的列表中选择□□，确定好光标的位置，分别输入"x""i""2"。

图 4-76 "根式"列表

（6）把光标放置在根式内 x_i^2 之后，输入"$-n$"，单击"结构"组中的"导数符号"按钮，在展开的列表中选择"横杠□"。

（7）选中□，单击"结构"组中的"上下标"按钮，在展开的列表中选择□□，在其中相应位置分别输入"x""2"。

（8）在整个表达式之后单击，使光标放置在根式外，输入"+1"，在输入框外单击结束。

（9）选中输入的完整公式，在"开始"选项卡→"字体"组中可以设置公式的大小。完成的公式如下所示。

$$s = \sqrt{\sum_{i=1}^{n} x_i^2 - n\overline{x^2}} + 1$$

4.4　文档中的表格

文档中经常需要使用表格来组织文档中有规律的文字和数据，具有分类清晰、简明直观的优点。Word 2010 提供了强大的基于 Word 文档的表格工具，帮助用户更方便智能的在 Word 文档中完成相应的表格操作。如果要制作较大型的、复杂的表格，或是要对表格中的数据进行大量复杂的计算和分析的时候，Excel 是更好的选择。

Word 中的表格在结构上由行和列组成，行和列的交叉处形成了单元格，表格的信息包含在单元格中。用户可以在单元格中添加文本或图形，甚至是另一张表格。

4.4.1　建立表格

在 Word 2010 中，用户不仅可以通过指定行和列插入表格，也可以通过绘制表格功能自定义绘制需要的表格或通过快速表格创建内置的一些表格，还可以按现有的诸如数据库或电子表格之类的数据源创建表格。

1. 简单创建表格

通过"插入表格"面板和命令插入表格操作步骤如下。

（1）打开 Word 2010 文档窗口，切换到"插入"选项卡。在"表格"分组中单击"表格"按钮，在展开的表格菜单第一项图标 上移动鼠标指针选择表格的行数和列数，单击后即可自动在当前光标定位点创建表格；或在展开的表格菜单中选择"插入表格"命令，如图 4-77 所示。

（2）弹出"插入表格"对话框，如图 4-78 所示，在"表格尺寸"选项组输入行数和列数；在"自动调整"操作选项组中根据需要选择相应的单选按钮，单击"确定"按钮，便可完成插入表格的操作，如表 4-1 所示。

图 4-77　"表格"组展开的列表

图 4-78　"插入表格"对话框

表 4-1　"插入表格"后创建的空白表格

2. 绘制表格

通过"绘制表格"命令绘制复杂或不固定结构的表格，在如图 4-77 中选择"绘制表格"命令，鼠标指针变为铅笔形状，移动笔形鼠标指针到文本区域，按住鼠标左键不松拖拽到适当位置，释放鼠标左键即可绘制出一个矩形，继续同样的方法绘制表格的行、列。如果在绘制过程中绘制了不需要的框线，则可以将光标置于表格内，此时，在选项卡功能区中出现"表格工具"上下文选项卡，在该选项卡中选择"设计"子选项卡，单击"设计"子选项卡中的"擦除"按钮，此时鼠标指针变为橡皮形状。可以将橡皮形状的鼠标指针移动到要擦除的框线的一端，按住鼠标左键不放，拖拽鼠标指针到框线的另一端，释放鼠标左键即可删除该框线。

3. 使用已有的表格模板快速创建表格

Word 2010 中包含有各种各样的已有表格模板，只需挑选所需要的表格模板，就可以轻松插入一张表格。具体步骤如下。

（1）切换到"插入"选项卡。在"表格"分组中单击"表格"按钮，如图 4-77 在展开的表格菜单中选择"快速表格"选项，此时弹出"内置"下拉列表框，在该列表框中列出了比较常用的模板表格，如图 4-79 所示。

图 4-79　"内置"表格下拉列表

（2）选择"带副标题 2"样式，单击选择即可在文档中插入表格，如表 4-2 所示。

表 4-2　使用"内置"表格模板中的"带副标题 2"样式创建的表格

2005 年地方院校招生人数			
学院	新生	毕业生	更改
本科生			
Cedar 大学	110	103	+7
Elm 学院	223	214	+9
Maple 高等专科院校	197	120	+77
Pine 学院	134	121	+13
Oak 研究所	202	210	−8

续表

2005 年地方院校招生人数			
学院	新生	毕业生	更改
研究生			
Cedar 大学	24	20	+4
Elm 学院	43	53	−10
Maple 高等专科院校	3	11	−8
Pine 学院	9	4	+5
Oak 研究所	53	52	+1
总计	998	908	90

4.4.2 编辑表格

表格建好后，可以在表格的任一单元格中定位光标并输入文字，也可以插入图片、图形、图表等内容。实际上，Word 将每个单元格当作段落来处理。

1. 表格文本对齐

在表格中输入文本和在文档中输入文本一样。Word 2010 是在同一个单元格中开始一个新的段落，可以将每个单元格视为一个小文档，对它进行文档的各种编辑和排版。

在对表格及单元格中内容进行操作之前，必须遵循"先选定，后执行"的原则，选定表格的操作如表 4-3 所示。

表 4-3　选定表格的操作方法

选定	操作方法
单元格	鼠标指向单元格的左侧边沿处，光标呈 ▞ 时单击左键，选定多个单元格时，按住 Ctrl 键依次选取即可
行	鼠标指向该行左侧空白处，光标呈 ↗ 时单击左键，选定多行时，按住 Ctrl 键依次选取即可
列	鼠标指向该列顶端边沿处，光标呈 ↓ 时单击左键，选定多列时，按住 Ctrl 键依次选取即可
表格	鼠标移动到整个表格的左上角，单击 ✣ 图标即可

可以对选定的单个单元格、多个单元格、块或行以及列中的文本进行文本的对齐操作，包括左对齐、两端对齐、居中、右对齐和分散对齐等 9 种对齐方式。默认情况下，表格文本对齐方式为靠上居左对齐。

表格文本对齐的设置也要遵循"先选定，后执行"的原则，改变文字对齐方式有以下几种方法。

（1）鼠标选定要改变文字对齐方式的单元格或行，在"表格工具-布局"上下文选项卡下，"对齐方式"组中，选择 9 种对齐方式（靠上两端对齐、靠上居中、靠上右对齐、中部两端对齐、中部居中、中部右对齐、靠下两端对齐、靠下居中、靠下右对齐）中一种即可。如图 4-80 所示。

（2）鼠标选定要改变文字对齐方式的单元格，然后单击右键，选择"单元格对齐方式（G）"，在展开的 9 种对齐方式组图中选择其中的一种。

图 4-80　"对齐方式"组图

2. 为表格增加或删除行、列

光标置于表格右端外侧，按下 Enter 键，就在光标所在处的下方插入了新的一行；或者用鼠标左键单击某一行，单击"表格工具-布局"→"行和列"→"在上方插入"按钮或"在下方插入"命令，如图 4-81 所示，就插入了新的一行；单击"表格工具-布局"→"行和列"→"在左侧插入"命令或"在右侧插入"命令，就插入了新的一列。也可以通过右键，在弹出的菜单中选择"插入"命令，如图 4-82 所示，选择不同选项来插入行或列或单元格。

图 4-81　"表格工具-布局"选项卡

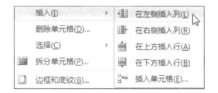

图 4-82　右键弹出的"插入"行或列命令

行或列的删除，可以用光标选中某行或者某列，单击"表格工具-布局"→"行和列"→"删除"命令下，可以选择"删除行"或"删除列"即可。也可以通过右键，在弹出的快捷菜单中选择选择"删除行"或"删除列"。

3. 合并单元格

合并单元格是指将相邻的几个单元格合并成为一个大单元格。操作时先将要合并的单元格选中，然后单击"表格工具-布局"→"合并"→"合并单元格"命令，如图 4-81 所示；或单击右键，从弹出的快捷菜单中选择"合并单元格（M）"命令也可以实现。

4. 拆分单元格和表格

拆分单元格是指将一个单元格拆分成几个相邻的小单元格。操作时先将要拆分的单元格选中，然后单击"表格工具-布局"→"合并"→"拆分单元格"命令；或单击右键，从弹出的快捷菜单中选择"拆分单元格（P）…"命令，这时会弹出"拆分单元格"对话框，如图 4-83 所示。如果将"拆分前合并单元格"复选框勾选，则会在拆分前将选中的多个单元格合并，然后再按要求拆分。

图 4-83　　"拆分单元格"对话框

如果要将一张表格拆分成两张独立的表格，可将光标置于第二张表格的开头行，然后选择"表格工具-布局"→"合并"→"拆分表格"命令，则表格被分成两张新表格。

5. 表格的移动、复制和删除

（1）表格的移动。

在文档编辑中，表格可以置于文字中间，也置于文字右侧等。将光标置于表格中的任意位置，表格的左上角、右下角会同时出现两个标志，分别是"表格移动标志"⊞和"表格缩放标志"口；用鼠标左键拖动"表格移动标志"，可以把表格置于文字当中合适的位置，拖动"表格缩放标志"，可以调整表格的尺寸。

（2）表格的复制。

与文字一样，首先用光标选中要复制的表格，按住 Ctrl 键不松开，用鼠标左键拖动至新位置即可。

（3）表格的删除。

在选中表格后可以单击"表格工具-布局"→"行和列"→"删除"→"删除表格"命令；也可单击鼠标右键选择快捷菜单中的"删除表格（T）"命令。除此之外，也可以用键盘的组合键"Shift+Delete"来快捷剪切表格。

> **注意：**
> 　　如果先选中了表格，按下 Delete 键只能删除表格中的文字，而不能删除整个表格。

6. 调整表格及其行高与列宽

在 Word 中不同的行可以有不同的高度，但同一行中所有单元格必须具有相同的高度。向表格中输入文本时，Word 2010 会自动调整行高以适应输入的内容，也可以自动调整或手动调整行高与列宽。

（1）自动调整表格。

Word 2010 提供了自动调整表格的功能，单击"表格工具-布局"选项卡→"单元格大小"组→"自动调整"命令，在下拉的列表中有"根据内容自动调整表格""根据窗口自动调整表格""固定列宽"三项命令可供选择，如图 4-84 所示。

①"根据内容自动调整表格"，表格按每一列的文本内容重新调整列宽，相应的表格的大小也会随之变动，调整后的表格看上去更加紧凑、整洁。

②"根据窗口自动调整表格"，表格中每一列的宽度按照相同的比例扩大，调整后的表格宽度与正文区宽度相同，而且如果插入列后，整个表格的大小不会改变。

③"固定列宽"，固定已选定的单元格或列的宽度，当单元格内容增减时，单元格列宽不变，若内容太多，会自动加大单元格的行高。

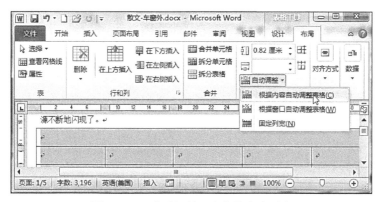

图 4-84　"自动调整"表格的命令列表

（2）调整表格行高与列宽。

表格的行高与列宽不满足要求时，可以用鼠标直接调节单元格的边线，当光标变成 $\frac{+}{+}$ 或 ⊪ 时，左键拖动鼠标就可以相应地调整行高或列宽了。

如果要精确地调整行高或列宽，先选中要调整的行或列，然后打开"表格工具-布局"选项卡→"单元格大小"组中直接在高度和宽度文本框中填写数值，如图 4-85 所示，或通过该组右下角对话框启动器 按钮来打开表格属性对话框（也可以通过"表格工具-布局"→"表"→"属性"命令打开表格属性对话框；也可单击鼠标右键选择快捷菜单中的"表格属性"命令打开表格属性对话框）进行行和列宽的设置，如图 4-86 所示，选择"行"或"列"选项卡，勾选"指定高度"复选框，就可以精确地调整行高或列宽了。

图 4-85　"单元格大小"选项组　　　　图 4-86　"表格属性"对话框

7. 绘制斜线表头

在实践工作中，经常需要带有斜线表头的表格来划分多个项目标题，斜线表头以斜线划分多个项目标题分别对应表格的行和列。在 Word 2010 之前的版本中都有直接的命令绘制多条斜线表头，Word 2010 中文版中目前还没有绘制两条以上的斜下表头的功能，只能完成划分两个项目标题的一条斜线表头，多条斜线表头可以通过绘图工具中的直线去手动绘制。添加一条斜线表头的操作步骤如下。

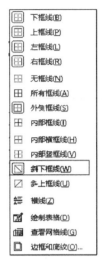

图 4-87　"斜下框线"

（1）将光标定位在表头的位置，即表格的第 1 行第 1 列，单击"表格工具-设计"→"表格样式"→"边框"按钮，在弹出的下拉列表中选择"斜下框线"命令。如图 4-87 所示。

（2）此时可以看到已向表格第 1 行第 1 列中插入了一条斜线，例如，向该单元格中输入行标题"成绩"，按键盘回车键，调整位置再输入列标题"姓名"。

（3）用空格或回车调整标题的位置，已达到所需的表头。

4.4.3　设置表格格式

表格的格式包括很多方面，如表格边框样式、底纹样式和表格结构等。表格格式影响着表格的美观程度。

1. 表格自动套用格式

Word 2010 提供了多种预置的表格格式，用户可以通过自动套用表格格式功能来快速编辑表格。选择表格或将光标置于表格中任意单元格，选择"表格工具-设计"选项卡→"表格样式"组中的某种表格样式图标，此时文档中的表格便会以预览的形式显示所选表格的样式；单击样式图标列表右下角的下拉三角符号，如图 4-88 所示。此时，可以展开所有的内置表格样式列表，在其中选择一种，如图 4-89 所示。

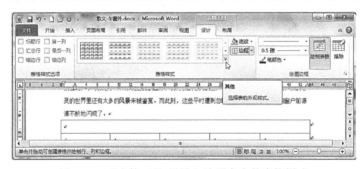

图 4-88　"表格工具-设计"选项卡中的表格样式

2. 设置表格属性

设置表格的属性可以使文本内容更加突出，外观更美观。选中表格或将光标定位在表格中任意位置，单击"表格工具-布局"→"表"→"属性"命令打开表格属性对话框，也可单击鼠标右键选择快捷菜单中的"表格属性"命令，打开表格属性对话框，如图 4-90 所示。选择"表格"选项卡，从中可以对表格的对齐方式和文字环绕方式进行设置。

设置表格边框和底纹，让表格内容更加突出。在 Word 2010 中不仅可以在"表格工具-设计"→"表格样式"组中设置表格边框和底纹，还可以在"边框和底纹"对话框设置表格边框和底纹，操作步骤如下。

（1）选中需要设置边框的单元格或整个表格，打开表格属性对话框，单击"边框和底纹"按钮，或单击鼠标右键选择快捷菜单中的"边框和底纹（B）..."命令，弹出"边框和底纹"对话框，如图 4-91 所示。

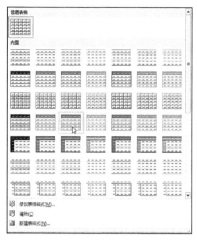

图 4-89　表格样式列表　　　　　　　　　　图 4-90　表格属性对话框

（2）在打开的"边框和底纹"对话框中切换到"边框"选项卡，在"设置"区域选择边框显示位置。其中：

①选择"无"选项表示被选中的单元格或整个表格不显示边框。

②选中"方框"选项表示只显示被选中的单元格或整个表格的四周边框。

③选中"全部"表示被选中的单元格或整个表格显示所有边框。

④选中"虚框"选项，表示被选中的单元格或整个表格四周为粗边框，内部为细边框。

⑤选中"自定义"选项，表示被选中的单元格或整个表格由用户根据实际需要自定义设置边框的显示状态，而不仅仅局限于上述四种显示状态，如图 4-91 所示。

（3）在"样式"列表中选择边框的样式（如双横线、点线等样式）；在"颜色"下拉菜单中选择边框使用的颜色；单击"宽度"下拉三角按钮选择边框的宽度尺寸。在"预览"区域，可以通过单击某个方向的边框按钮来确定是否显示该边框，同时系统默认应用于"表格"。设置完毕单击"确定"按钮。

（4）切换至"底纹"选项卡，在"填充"列表中选择表格的底纹颜色，也可以在"图案"选项组中的"样式"下拉列表中选择表格的底纹样式，同时"颜色"下拉列表框会高亮显示，可以通过选择颜色来设置底纹样式的颜色，如图 4-92 所示。

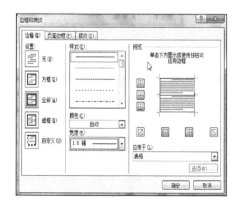

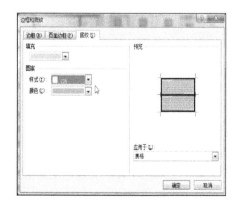

图 4-91　"边框和底纹"对话框　　　　　　　图 4-92　"底纹"选项卡

（5）设置完毕单击"确定"按钮，返回"表格属性"对话框，单击"确定"按钮，完成对表格边框和底纹的设置。

4.4.4　表格的排序与计算

1．表格排序

对数据进行排序并非 Excel 表格的专利，在 Word 2010 中同样可以对表格中的数字、文字和日期数据进行排序操作，操作步骤如下。

（1）在需要进行数据排序的 Word 表格中单击任意单元格。单击"表格工具-布局"→"数据"→"排序"按钮 。

（2）打开"排序"对话框，在"列表"区域勾选"有标题行"单选框。如果勾选"无标题行"单选框，则 Word 表格中的标题也会参与排序，如图 4-93 所示。

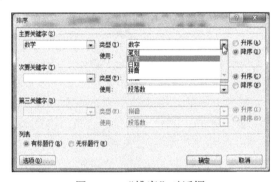

图 4-93　"排序"对话框

> **注意：**
> 如果当前表格已经启用"重复标题行"设置，则"有标题行"或"无标题行"单选框无效。

（3）在"主要关键字"区域，单击关键字下拉三角按钮选择排序依据的主要关键字。单击"类型"下拉三角按钮，在"类型"列表中选择"笔划"、"数字"、"日期"或"拼音"选项。如果参与排序的数据是文字，则可以选择"笔划"或"拼音"选项；如果参与排序的数据是日期类型，则可以选择"日期"选项；如果参与排序的只是数字，则可以选择"数字"选项。选中"升序"或"降序"单选框设置排序的顺序类型。

（4）在"次要关键字"和"第三关键字"区域进行相关设置，并单击"确定"按钮对Word 表格数据进行排序。

2．表格计算

在 Word 2010 文档中，可以借助 Word 2010 提供的数学公式运算功能对表格中的数据进行数学运算，这些数学函数包括求和（Sum）、平均值（Average）、最大值（Max）、最小值（Min）、条件统计（If）等。具体操作步骤如下。

（1）在参与数据计算的表格中单击计算结果单元格。依次单击"表格工具-布局"→

"数据"→"公式"按钮 [fx 公式]，打开"公式"对话框。

（2）在打开的"公式"对话框中，"公式"编辑框中会根据表格中的数据和当前单元格所在位置自动推荐一个公式，例如，"=SUM（LEFT）"是指计算当前单元格左侧单元格的数据之和。用户可以单击"粘贴函数"下拉三角按钮选择合适的函数，例如，平均数函数 AVERAGE、计数函数 COUNT 等。其中公式中括号内的参数包括四个，分别是左侧（LEFT）、右侧（RIGHT）、上面（ABOVE）和下面（BELOW）。完成公式的编辑后单击"确定"按钮即可得到计算结果，如图 4-94 所示。

> **注意：**
> 　　用户还可以在"公式"对话框中的"公式"编辑框中编辑包含加、减、乘、除运算符号的公式，如编辑公式"=12*5"并单击"确定"按钮，则可以在当前单元格返回计算结果 60，如图 4-95 所示。

图 4-94　编辑函数公式对话框

图 4-95　编辑运算公式对话框

类似的公式无需重复操作，但是也不能像 Excel 中那样拖放自动应用到其他单元格。因为 Word 中的"公式"是以域的形式存在于文档之中的，而 Word 并不会自动更新域。要更新域，需要选中域，然后用右键单击选中的域，从弹出的快捷菜单中，单击"更新域"。或者，也可以选中域后，按下 F9 键更新域结果。还可以选中整篇 Word 文档后，按下 F9 键一次性地更新所有的域。

因此，在完成一个单元格公式计算后，可以复制已经创建完成的公式，将其粘贴到其他的单元格中，如图 4-96 所示，选中需要更新的单元格数据，单击鼠标右键，选择"更新域"命令进行域更新，如图 4-97 所示。最快捷便是选中整篇 Word 文档后，按下 F9 键一次性地更新所有的域。

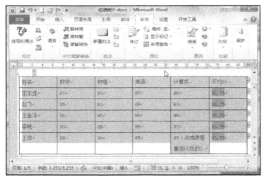
图 4-96　粘贴公式后的效果

图 4-97　右键弹出菜单中的"更新域"

在计算过程中，经常要用到单元格地址，它用字母后面跟数字的方式来表示，其中字母表示列号（依次 A，B，C，…）数字表示行号（依次 1，2，3，…）。例如，第 1 行第 1 列的单元格地址是 A1，"A1:A5" 表示从第 1 行第 1 列的单元格到第 1 行第 5 列单元格矩形区域内的所有单元格。

4.5　图文混排

在文档编辑中有时需要使用图形或图片来增强效果，Word 提供了以下几种常用的图片形式：剪贴画、其他程序创建的图片、绘制的图形和艺术字等。这些图形对象与文字结合在一个版面上实现图文混排，增加了文档的可读性，使文档更加生动有趣，达到图文并茂的效果。

4.5.1　插入图片

1. 插入剪贴画

Word 2010 收集了大量的剪贴画，并且把它们分门别类地保存在剪辑管理器中，方便我们使用。默认情况下，Word 2010 中的剪贴画不会全部显示出来，而需要用户使用相关的关键字进行搜索。用户可以在本地磁盘和 Office.com 网站中进行搜索，其中 Office.com 中提供了大量剪贴画，用户可以在联网状态下搜索并使用这些剪贴画。

在 Word 2010 文档中插入剪贴画的步骤如下。

（1）将光标定位到要插入剪贴画的位置，切换到"插入"选项卡→"插图"组中，单击"剪贴画"按钮，打开"剪贴画"任务窗格。

（2）在"搜索文字"编辑框中输入准备插入的剪贴画的关键字（如"工业"）。如果当前电脑处于联网状态，则可以勾选"包括 Office.com 内容"复选框，如图 4-98 所示。

（3）单击"结果类型"下拉三角按钮，在类型列表中包括了所有媒体文件类型"插图"、"照片"、"视频"、"音频"，勾选"插图"复选框。

（4）完成搜索设置后，在"剪贴画"任务窗格中单击"搜索"按钮。如果被选中的收藏集中含有指定关键字的剪贴画，则会显示剪贴画搜索结果。单击合适的剪贴画，或单击剪贴画右侧的下拉三角按钮，并在打开的菜单中单击"插入"按钮即可将该剪贴画插入到文档中。

2. 插入图片文件

除剪贴画外，我们还可以插入其他的图片文件。将光标定位到要插入图片的位置，依次单击"插入"选项卡→"插图"→"图片"按钮，打开"插入图片"对话框，如图 4-99 所示，选

图 4-98　"剪贴画"窗格

择想要插入的图片单击"插入"按钮即可。

图 4-99　"插入图片"对话框

4.5.2　设置图片格式

图片插入到文档之后，一般还要进行适当的修饰，如调整图片的大小，对图片多余的地方进行剪裁、改变图片的亮度和对比度、调整图片的位置等。

选中图片后，在选项卡区出现"图片工具-格式"上下文选项卡，通过该选项卡中的工具对图片格式进行设置。如图 4-100 所示，展示了"图片工具-格式"选项卡工具。

图 4-100　"图片工具-设计"选项卡

1. 改变图片大小和调整图片位置

选中图片，用鼠标拖动图片边框可以调整图片大小。也可以单击"图片工具-格式"➜

"大小"组右下角的对话框启动器打开"布局"对话框，选择"大小"选项卡，然后进行图片大小的设置，如图 4-101 所示。

　　默认情况下，插入到 Word 2010 文档中的图片作为字符以"嵌入型"插入到文档中，其位置随着其他字符的改变而改变，用户不能自由移动图片。而通过为图片设置文字环绕方式，则可以自由移动图片的位置。选择所需图片，单击"图片工具-格式"→"排列"→"位置"按钮右侧的倒三角按钮，打开下拉列表，如图 4-102 所示，可以在其中选择一种位置。这些文字环绕方式包括"顶端居左，四周型文字环绕"、"顶端居中，四周型文字环绕""顶端居右，四周型文字环绕""中间居左，四周型文字环绕""中间居中，四周型文字环绕"、"中间居右，四周型文字环绕""底端居左，四周型文字环绕""底端居中，四周型文字环绕""底端居右，四周型文字环绕"9 种方式，然后随意拖动图片调整其位置。也可以在下拉列表中选择"其他布局选项"，打开"布局"对话框，如图 4-102 所示，切换至"位置"选项卡，根据需要进行设置。

图 4-101　　"图片大小"对话框　　　　　　　　图 4-102　　图片位置列表

2. 调整图片亮度、颜色

　　如果感觉插入的图片亮度、对比度、清晰度没有达到自己的要求，可以单击"图片工具-格式"→"调整"→"更正"按钮，在弹出的效果缩略图中选择自己需要的效果。

　　如果图片的色彩饱和度、色调不符合自己的意愿，可以单击该选项组中"颜色"按钮，在弹出的效果缩略图中选择自己需要的效果，调节图片的色彩饱和度、色调，或者为图片重新着色。

　　如果要为图片添加特殊效果，可以单击该选项组中"艺术效果"按钮，在弹出的效果缩略图中选择一种艺术效果，为图片加上特效。

当然，也可以在图片上单击鼠标右键，在弹出菜单中选择"设置图片格式"，打开"设置图片格式"对话框，在"图片更正"选项卡中设置柔化、锐化、亮度、对比度，在"图片颜色"选项卡中设置图片颜色饱和度、色调，或者对图片重新着色，在"艺术效果"选项卡中为图片添加艺术效果。

3. 图片样式选择

Word 2010 中新增了针对图形、图片、图表、艺术字、自动形状、文本框等对象的样式设置，样式包括了渐变效果、颜色、边框、形状和底纹等多种效果，用户可以为选中的图片应用多种样式。

图 4-103　设置图片样式后效果

选中需要应用图片样式的图片。在"图片工具-格式"选项卡下的"图片样式"组中选择合适的快速样式，设置后的效果如图 4-103 所示。

注意：
在"图片样式"分组中单击"其他"按钮可以打开图片样式面板，用户可以看到 Word 2010 提供的所有图片样式。

在"图片样式"组中，还包括"图片边框""图片效果"和"图片版式"三个命令按钮。

"图片边框"可以设置图片边框线型、颜色和粗细。

"图片效果"可以设置图片的阴影、映像、三维旋转等效果，如图 4-104 所示。

"图片版式"可以设置图片不同的版设等，如图 4-105 所示。

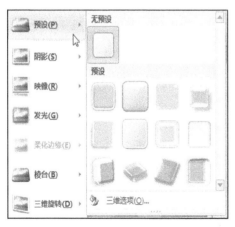

图 4-104　设置图片效果

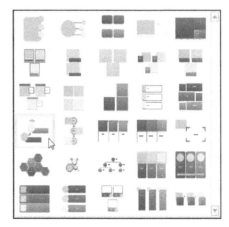

图 4-105　设置图片版式

4. 设置文本环绕图片方式

如果希望在 Word 2010 文档中设置更丰富的文字环绕方式，可以在"图片工具-格式"选项卡下的"排列"组中单击"自动换行"按钮，在打开的菜单中选择合适的文字环绕方

图 4-106　设置文字环绕方式

式即可，如图 4-106 所示。

Word 2010"自动换行"菜单中每种文字环绕方式的含义如下所述。

（1）四周型环绕：不管图片是否为矩形图片，文字以矩形方式环绕在图片四周。

（2）紧密型环绕：如果图片是矩形，则文字以矩形方式环绕在图片周围，如果图片是不规则图形，则文字将紧密环绕在图片四周。

（3）穿越型环绕：文字可以穿越不规则图片的空白区域环绕图片。

（4）上下型环绕：文字环绕在图片上方和下方。

（5）衬于文字下方：图片在下，文字在上分为两层，文字将覆盖图片。

（6）浮于文字上方：图片在上，文字在下分为两层，图片将覆盖文字。

（7）编辑环绕顶点：用户可以编辑文字环绕区域的顶点，实现更个性化的环绕效果。选择"编辑环绕顶点"命令，拖动图片周围的环绕顶点，设置合适的环绕形状后，单击文字部分应用该形状，如图 4-107 所示。

另外，用户可单击"图片工具-格式"→"图片样式"组对话框启动器，或单击右键在菜单中选择"设置图片格式"命令，打开"设置图片格式"对话框设置图片的其他格式，如图 4-108 所示。

图 4-107　拖动环绕顶点设置环绕形状

图 4-108　"设置图片格式"对话框

5. 图片的裁剪

在文档中用户可以方便地对图片进行裁剪操作，以截取图片中最需要的部分。操作步骤如下。

（1）首先将图片的环绕方式设置为非嵌入型，然后选中需要进行裁剪的图片。

（2）单击"图片工具-格式"→"大小"→"裁剪"按钮，图片周围出现 8 个方向的裁剪控制柄。

（3）用鼠标拖动控制柄将对图片进行相应方向的裁剪，同时可以拖动控制柄将图片复原，直至调整合适为止。

（4）将鼠标指针移出图片，则指针将呈剪刀形状，单击鼠标左键将确认裁剪。如果想恢复直接按"Ctrl+Z"撤销之前操作。

4.5.3 艺术字处理

艺术字结合了文本和图形的特点，能够使文本具有图形的某些属性，看起来更像素描、绘图或绘画作品。如设置旋转、三维、映像等效果，在 Word、Excel、PowerPoint 等 Office 组件中都可以使用艺术字功能。Word 2010 中新增的 20 种艺术效果包括铅笔素描、线条图形、水彩海绵、马赛克气泡、玻璃、蜡笔平滑、塑封、影印和画图笔划等。

Word 2010 中加入艺术字步骤如下。

（1）打开 Word 2010 文档窗口，将插入点光标移动到准备插入艺术字的位置。单击"插入"→"文本"→"艺术字"按钮，并在打开的艺术字预设样式面板中选择合适的艺术字样式。

（2）打开艺术字文字编辑框，直接输入艺术字文本即可。用户可以对输入的艺术字通过"开始"→"字体"组分别设置字体、字号等。

（3）选中艺术字，单击"绘图工具-格式"→"艺术字样式"→"快速样式"按钮可以选择各种样式；也可以单击"文字效果"按钮，如图 4-109 所示，在展开的下拉列表中选择"阴影"选项下的"透视"组中的"左上对角透视"选项。

（4）单击"绘图工具-格式"→"艺术字样式"→"文字效果"按钮，在展开的下拉列表中选择"转换"选项下的"弯曲"组中的"波形 2"选项，如图 4-110 所示。

图 4-109 艺术字格式设置

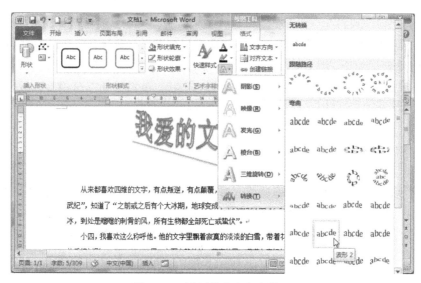

图 4-110　设置艺术字文字效果

4.5.4　绘制自选图形

Word 2010 中的自选图形是指用户自行绘制的线条和形状，用户还可以直接使用 Word 2010 提供的线条、箭头、流程图、星星等形状组合成更加复杂的形状。在 Word 2010 中绘制自选图形的步骤如下。

（1）单击"插入"→"插图"→"形状"按钮，并在展开的形状面板中单击需要绘制的形状，如图 4-111 所示。

图 4-111　自选图形下拉列表

（2）将鼠标指针移动到要插入图形的位置，按下左键拖动鼠标即可绘制图形。将图形大小调整至合适大小后，释放鼠标左键完成自选图形的绘制。

采用上述方法插入自选图形时，每次只能插入一个（松开鼠标后，不能再接着插入第二个同样的图形）。如果需要在文档中一次插入多个同样的自选图形，单击"插入"→"插图"→"形状"按钮，在随后出现的自选图形下拉列表中，右击需要的自选图形，在随后出现的快捷菜单选择"锁定绘图模式"选项，此时，鼠标同样变成细十字线状，按住鼠标左键在文档中拖拉出一个自选图形后，松开鼠标；再移动到另外一个位置，拖拉出一个同样的自选图形……插入的自选图形数量足够以后，按"Esc"键解除锁定即可。

> **注意：**
>
> 　　在插入自选图形的过程中，按住 Shift 键的同时，按住鼠标左键在文档中拖拉，可绘制出"正"的图形来。也就是说，如果选择的是矩形、椭圆、线条等自选图形，则插入的是正方形、圆和直线等。

除此之外，可以通过双击法，即选择"插入"→"插图"→"形状"按钮，展开自选图形下拉列表，在其中双击一下需要插入的自选图形，即可将相应的自选图形按照默认的大小插入到文档中。

4.5.5　图形编辑与效果设置

调整图形大小及其位置的操作与图片的操作相似，选择图形后会出现"绘图工具-设计"上下文选项卡，在该选项卡中编辑图形及设置效果，如图 4-112 所示。

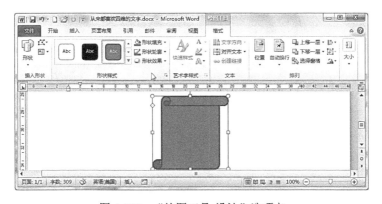

图 4-112　"绘图工具-设计"选项卡

1. 图形编辑及多个图形组合

在 Word 2010 文档中使用自选图形工具绘制的图形一般包括多个独立的形状，当需要选中、移动和修改大小时，往往需要选中所有的独立形状，操作起来不太方便。用户可以借助"组合"命令将多个独立的形状组合成一个图形对象，即可对这个组合后的图形对象进行移动、修改大小等操作，例如，要绘制一个如图 4-113 所示的流程图，绘制步骤如下。

（1）根据示例，依次单击"插入"→"插图"→"形状"按钮，展开自选图形下拉列表中，在其中选择需要的图形，用鼠标拖动左键画出图形。

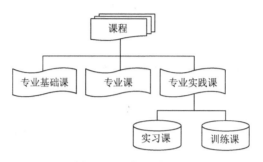

图 4-113　流程图示例

（2）对图形进行加工，插入的流程图选项中的这些图形，默认是被填充的，通过"绘图工具-设计"选项卡→"形状样式"分组→"形状填充"按钮 形状填充 来设置无填充，通过按钮 形状轮廓 修改边框的粗细和颜色。

（3）选定图形，单击鼠标右键，从弹出的快捷菜单中选择"添加文字"命令，在图形中输入相应的文字。

（4）画出箭头、连接线，并调整其线型、粗细、颜色等。

（5）最后，调整各个图形的相对位置。

为了保证流程图的美观，各个图形的线型最好要一致、箭头也要一致。所以，画出一个图形、箭头以后，调整其大小、线型，然后，对于流程图中和它一样形状的图形，就不需要再重新绘制，只要将绘制调整好的图形进行直接复制即可，这样画出的图不仅统一，而且也省去了重复加工图形的工作量。

（6）将各个分离的图形进行组合，使各部分成为一个整体，移动任何一部分，流程图就会整体移动，各部分的相对位置也会保持不变。进行组合的方法是：按下 Shift 键不放，用鼠标左键依次单击各个图形、箭头、连接线等，松开 Shift 键，把光标移到已选取的任何图形单击鼠标右键，在弹出的快捷菜单中选择"组合"→"组合"命令项。

通过上述设置，被选中的独立形状将组合成一个图形对象，可以进行整体操作。如果希望对组合对象中的某个形状进行单独操作，可以右键单击组合对象，在打开的快捷菜单中选择"组合"→"取消组合"命令解除组合。

2. 图形叠放次序

当绘制的多个图形的位置相同时，它们就会层层重叠起来，但不会互相排斥，可以调整各个图形的叠放次序。选中图形，单击"绘图工具-设计"→"排列"→"上移一层"按钮右侧的倒三角按钮，在弹出的下拉列表中选择"置于顶层"选项，选择的图形将被放置到最上层；单击"绘图工具-设计"→"排列"→"下移一层"按钮右侧的倒三角按钮，在弹出的下拉列表中选择"置于底层"选项，选择的图形将被放置到最底层。

还可以通过右键单击，在弹出的快捷菜单中选择"置于顶层"和"置于底层"中的子命令来调整图形的叠放次序。

图形对齐方式与分布、图形阴影及三维设置等效果设置与对图片的这些效果设置一样，在此不再描述。

4.5.6　SmartArt 图形

SmartArt 是用来表现结构、关系或过程的图表，以照片或其他图像来讲述故事。它包括图形列表、流程图、关系图和组织结构图等各种图形。

1. 插入 SmartArt 图形

创建 SmartArt 图形时，系统将提示选择一种 SmartArt 图形类型，如"流程""层次结构""循环"或"关系"。每种类型的 SmartArt 图形包含几个不同的布局。选择了一个布局之后，可以很容易地切换 SmartArt 图形的布局或类型。新布局中将自动保留大部分文字和其他内容以及颜色、样式、效果和文本格式。插入 SmartArt 图形的步骤如下。

（1）单击"插入"→"插图"→"SmartArt"图标按钮，打开 SmartArt 图形选择对话框。

（2）在打开的对话框中，单击左侧的类别名称选择合适的类别，然后在对话框右侧单击选择需要的 SmartArt 图形，如图 4-114 所示，并单击"确定"按钮，即可将图形添加到文档中。

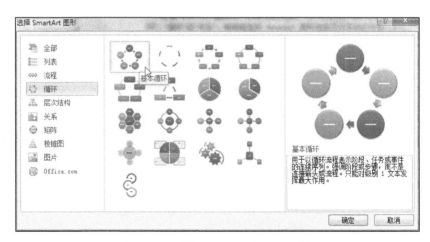

图 4-114　选择 SmartArt 图形对话框

（3）在 SmartArt 图形中输入合适的文本。

2. 编辑 SmartArt 图形

使用默认的图形结构如果不能满足需要，可以在 SmartArt 图形中添加和删除形状以调整布局结构，也可以设置 SmartArt 图形的颜色使其更美观。

选中所添加的图形，打开"SmartArt 工具-设计"选项卡，在该选项卡下可以添加形状、更改颜色、更改布局和样式等操作，如图 4-115 所示。选中 SmartArt 图形中的任意一个图形，可以用 Delete 键直接删除该图形。添加或删除形状以及编辑文字时，形状的排列和这些形状内的文字量会自动更新，从而保持 SmartArt 图形布局的原始设计和边框。

在"SmartArt 工具-格式"选项卡中，和图片图形的格式设置一样，设置对齐方式、位置排列等。

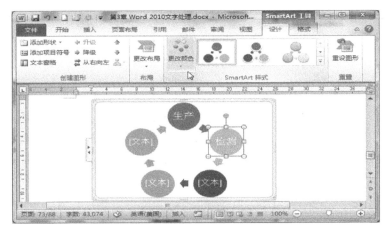

图 4-115　编辑 SmartArt 图形

4.5.7　插入图表

在 Word 2010 中，可以插入多种数据图表和图形，如柱形图、折线图、饼图、条形图、面积图、散点图、股价图、曲面图、圆环图、气泡图和雷达图。这些图表是以图形方式来显示数据，使数据的表示更加直观，分析更为方便。但是图形也是以数据表格为基础生产的，所以称为图表。

在 Word 中插入图表有两种方法，方法一的步骤如下。

（1）将光标定位在 Word 文档中要插入图表的地方，单击"插入"→"文本"→"对象"命令，打开"对象"对话框，如图 4-116 所示。

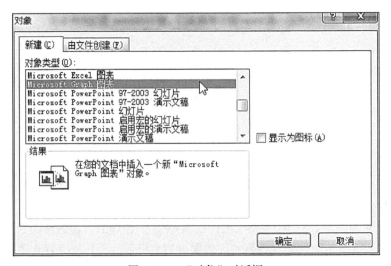

图 4-116　"对象"对话框

（2）在"对象类型"列表框内，选择"Microsoft Graph 图表"或"Microsoft Excel 图表"，单击"确定"按钮，文档中插入了实例图表，如图 4-117 所示。

（3）在数据表内键入所需的信息取代示例数据。Microsoft Graph 将数据表的第 1 行和第 1 列保留用于显示相应行或列的内容信息。在 xy（散点）图或气泡图中，数据表的第 1 行和第 1 列将包含数据。单击某单元格，再键入所需的文字或数字。如果修改了现有的文字或数值，图表将自动做出相应的改变。单击刚刚插入图表的文档窗口，可返回该文档。双击图表可打开图片数据窗口进行数据修改。

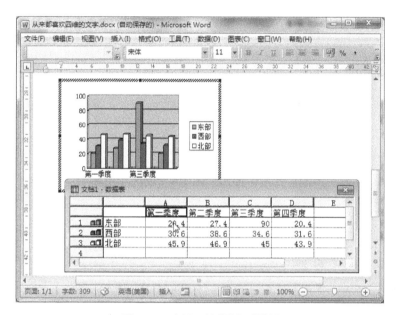

图 4-117　插入示例图表后效果

插入图表的方法二操作步骤如下。

（1）将光标定位到文档要插入图表的位置，依次单击"插入"→"插图"→"图表"按钮。

（2）打开"插入图表"对话框，在左侧的图表类型列表中选择需要创建的图表类型，在右侧图表子类型列表中选择合适的图表，确定。

（3）在并排打开的 Word 窗口和 Excel 窗口中，我们首先需要在 Excel 窗口中编辑图表数据。在编辑 Excel 表格数据的同时，Word 窗口中将同步显示图表结果。

（4）完成 Excel 表格数据的编辑后关闭 Excel 窗口，在 Word 窗口中可以看到创建完成的 Word 图表。

4.6　Word 2010 高级功能应用

4.6.1　样式和模板

样式是一组格式特征，例如，字体名称、字号、颜色、段落对齐方式和间距，某些样式其至可以包含边框和底纹。使用样式来设置文档格式时，方便快捷。应用样式后，可以通过选择所需的快速样式集，快速更改文档的外观以满足需求，也可以通过选择喜欢的主题优化文档的外观。

1. 使用已有样式

在 Word 2010 的"样式"选项中选择样式的操作步骤如下。

（1）将光标定位在要使用样式的段落，单击"开始"→"样式"组中，展开样式列表，选择一种快速样式即可，如图 4-118 所示。

（2）如果快速样式中没有需要的样式，则可以单击"开始"→"样式"组右下角的对话框启动器打开"样式"对话框，如图 4-119 所示。"样式"对话框中列出了所有样式，在其中选择所需的样式就可完成段落格式和样式的设置。

图 4-118　快速样式列表

图 4-119　"样式"对话框

2. 新建样式

Word 提供的样式如果未能满足文档合适需要，这时可以建立一套自己的样式来规范文档。使用新建样式功能建立样式的操作步骤如下。

（1）选中要设置格式的文本，打开样式对话框，单击"新建样式"按钮 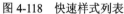，打开"根

据样式格式设置创建新样式"对话框，如图 4-120 所示。

（2）在"属性"选项组的"名称"文本框中输入新建样式的名称，在"样式类型"下拉列表框中选择新建样式的类型，系统默认的样式类型为"段落"。在"样式基准"下拉列表框中设置该新建样式以哪一种样式为基础。在"后续段落样式"下拉列表框中设置该新建样式的后续段落样式；若选中"自动更新"复选框，那么当重新设定文档中使用某种样式格式化的段落或文本时，Word 2010 也会更改该样式的格式，通常不选中这个选项。

（3）在"格式"选项组中可以对字体、段落、边框、文字效果等样式进行简单设置，样式的设置结果将显示在预览框的下方。最后单击"确定"按钮完成新样式的创建。被选中的文本就会按照新建样式的要求显示在文档中。同时新建样式将会自动添加到"样式"任务窗格下拉列表框中。

3. 修改样式

在打开的"样式"对话框中，将鼠标指针放到需要修改的样式名称上，然后单击其右侧的倒三角按钮，在展开的下拉菜单中选择"修改"命令，打开"修改样式"对话框，如图 4-121 所示。在该对话框中进行各选项的设置来更改样式。

图 4-120　"根据格式设置创建样式"对话框

图 4-121　"修改样式"对话框

> **注意：**
> 　　修改样式时，如果选中"自动更新"复选框，那么当用户在文档中修改了段落格式时，Word 2010 就会自动更新样式的格式。"自动更新"功能只对段落样式有效。

4. 清除样式

Word 2010 提供的"样式检查器"功能可以帮助用户显示和清除文档中应用的样式和格式，"样式检查器"将段落格式和文本格式分开显示，用户可以分别清除段落格式和文本格式。在打开的"样式"对话框中单击"样式检查器"按钮 ，打开"样式检查器"对话框，如图 4-122 所示。分别显示出光标当前所在位置的段落格式和文本格式。分别单击"重设为普通段落样式"、"清除段落格式"、"清除字符样式和清除字符格式"按钮清除相应的样式和格式。

图 4-122 "样式检查器"对话框

5. 模板

模板实际是某种文档的模型，是一类特殊的文档，每个文档都是基于模板而创建的，用户在打开 Word 时就启动了模板，该模板是 Word 默认提供的普通模板（Normal.dot 模板）。除通用型的空白文档模板外，Word 2010 中还内置了多种文档模板，如博客文章模板、书法字帖模板等。另外，Office.com 网站还提供了证书、奖状、名片、简历等特定功能模板。借助这些模板，用户可以创建比较专业的 Word 2010 文档。在 Word 2010 中使用模板创建文档的步骤如下。

（1）打开 Word 2010 文档窗口，单击"文件"→"新建"按钮。

（2）在打开的"新建"面板中，用户可以单击"博客文章"、"书法字帖"等 Word 2010 自带的模板创建文档，还可以单击 Office.com 提供的"名片"、"日历"等在线模板。例如，单击"样本模板"选项。

（3）打开样本模板列表页，单击合适的模板后，在"新建"面板右侧勾选"文档"或"模板"单选框（本例选中"文档"选项）然后单击"创建"按钮，如图 4-123 所示。

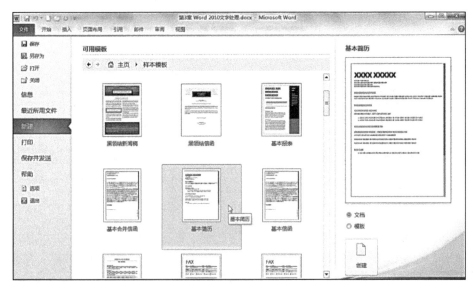

图 4-123 样本模板列表

（4）打开使用选中的模板创建的文档，用户可以在该文档中进行编辑，如图 4-124 所示。

图 4-124 用模板创建的文档

> **注意:**
>
> 　　除了使用 Word 2010 已安装的模板,用户还可以使用自己创建的模板和 Office.com 提供的模板。在下载 Office.com 提供的模板时,Word 2010 会进行正版验证,非正版的 Word 2010 版本无法下载 Office Online 提供的模板。

4.6.2 目录及索引

文档的目录和索引可以帮助用户方便、快捷地查阅有关内容。编制目录就是列出文档中各级标题及每级标题所在的页码;编制索引就是根据某种需要,将文档中的一些单词、词组或者关键字列出来标明它们所在的页码。

1. 添加文档目录

Word 2010 创建目录最简单的方法是使用内置的目录,还可以基于已应用的自定义样式创建目录。添加目录之前,选择要在目录中显示的文本将其用样式标记,一般使用内置样式来标记要显示在目录中的文本。例如,如果选择了要将其样式设置为主标题的文本,单击"快速样式"库中名为"标题 1"的样式。同样,定义标题 2、标题 3 样式以备添加目录所用。

使用内置的目录创建目录步骤如下。

(1)将光标定位在准备放置目录的位置,一般是在文档的最前面。

(2)单击"引用"→"目录"→"目录"按钮,打开内置的目录列表,如图 4-125 所示。

(3)单击选择一种目录样式即可插入目录。如果文档中没有定义的样式,在创建目录时将弹出如图 4-126 所示提示对话框。

图 4-125 内置目录列表

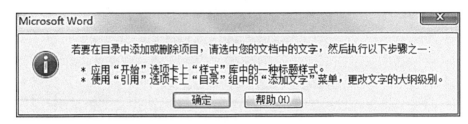

图 4-126 添加目录时弹出的提示对话框

使用自定义样式创建目录步骤如下。

（1）单击"引用"→"目录"→"目录"按钮，打开内置的目录列表，选择"插入目录"命令，打开"目录"对话框，如图 4-127 所示。

（2）在目录对话框中的"格式"下拉列表中选择一种目录格式。在"显示级别"微调框中输入或选择一种显示级别，例如，选择"3"，则在目录中将只显示"标题 1""标题 2""标题 3" 3 个级别的标题。勾选"显示页码"复选框，可以让提取出来的目录具有页码。勾选"页码右对齐"复选框，可以使页码靠右对齐。

（3）在对话框中单击"选项"按钮，在打开的"目录选项"对话框中还可重新设置目录的样式。

（4）各选项设置完成后单击"确定"按钮，此时就会在指定位置建立目录。

目录中的页码是由 Word 自动确定的，在建立目录后，可以利用目录快速查找文档中的相应内容，将鼠标指针移动到目录对应的页码上，按下"Ctrl"键同时单击鼠标便可跳转到文档对应标题处。

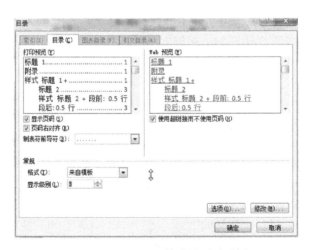

图 4-127 "目录"格式设置对话框

如果目录在生成之后，文档的正文又作了修改，使目录标识的页码与正文的页码不相符合，则可以直接单击"引用"→"目录"→"更新目录"按钮，可以更新整个目录或只更新其页码。也可以在目录区任一位置右击，在弹出的快捷菜单中选择"更新域"命令，对目录页码进行更新。

如果要删除当前目录，则可以直接选择删除目录按钮。

2. 标记并创建索引

所谓索引，就是列出在文档中出现的关键词语和它们所在的页码。建立索引是为了方便在文档中查找某些信息。要创建索引，通过提供文档中主索引项的名称和交叉引用来标记索引项目，然后生成索引。索引一般放在最后，便于读者根据索引找到自己所需要的页面。

在创建索引之前，应该首先标记文档中的词语、单词和符号等索引项。当选择文本并将其标记为索引项时，Word 2010 添加一个特殊的 XE（索引项）域，域是指示 Word 在文档中自动插入文字、图形、页码和其他资料的一组代码。该域包括标记好了的主索引项以及用户选择包含的任何交叉引用信息。可以标记单词或短语为索引项，也可以为连续多页的文本标记索引项。

（1）标记单词或短语为索引项。

若要使用原有文本作为索引项，选择该文本；若要输入自己的文本作为索引项，在要插入索引项的位置单击。具体步骤如下。

①单击"引用"→"索引"→"标记索引项"按钮，打开"标记索引项"对话框，如图 4-128 所示。

②在该对话框中，"索引"选项组中的"主索引项"文本框中显示了选择的文本或需要输入要作为索引的内容；根据需要还可以通过创建次索引项（次索引项就是分为标题下的索引项，例如，索引项"Word"可具有次索引项"Word 2010"和"Word 2012"）、第三级索引项或另一个索引项的交叉引用来自定义索引项。

③要创建次索引项，在"次索引项"框中键入文本；要包括第三级索引项，在次索引项文本后键入冒号，然后在框中键入第三级索引项文本；要创建对另一个索引项的交叉引用，勾选"选项"下的"交叉引用"单选按钮，然后在框中键入另一个索引项文本；要设置索引中将显示的页码的格式，勾选"页码格式"下方的"加粗"复选框或"倾斜"复选框；要设置索引的文本格式，选择"主索引项"或"次索引项"框中的文本，单击鼠标右键，在弹出的快捷菜单中选择"字体"→"字体"对话框，在对话框中选择要使用的格式选项。

④单击"标记"按钮即可标记索引项。要标记文档中与此文本相同的所有文本，单击"标记全部"按钮。此时，"标记索引项"对话框中的"取消"按钮显示为"关闭"，单击"关闭"按钮完成索引项标记。

（2）为延续数页的文本标记索引项，操作步骤如下。

①选择需要索引项引用的文本范围，单击"插入"→"链接"→"书签"按钮，打开"书签"对话框。

②在"书签名"文本框中键入名称，然后单击"添加"按钮。

③在文档中单击用书签标记的文本结尾处。单击"引用"→"索引"→"标记索引项"按钮。

④打开"标记索引项"对话框，在"主索引项"框中键入标记文本的索引项。

⑤要设置索引中将显示的页码的格式，可勾选"页码格式"下方的"加粗"复选框或"倾斜"复选框；要设置索引的文本格式，选择"主索引项"或"次索引项"框中的文本，

单击鼠标右键弹出的快捷菜单中选择"字体"→"字体"对话框，在对话框中选择要使用的格式选项。

⑥在"选项"栏下，勾选"页面范围"单选按钮。

⑦在"书签"下拉列表框中，键入或选择在步骤2中键入的书签名，然后单击"标记"按钮。

（3）为文档中的索引项创建索引，操作步骤如下。

将鼠标指针定位到建立索引的地方，一般在文档最后。单击"引用"→"索引"→"插入索引"按钮，打开"索引"对话框，如图4-129所示。在该对话框的"索引"选项卡的"格式"下拉列表中选择索引风格，其结果可以在"打印预览"列表框中查看。

图 4-128　　"标记索引项"对话框

图 4-129　　"索引"对话框

4.6.3　邮件合并生成批量文档

在实际工作中，经常要处理大量日常报表和信件，如打印标签、信封、考号、证件、工资条、成绩单、录取通知书等。这些报表和信件的主要内容基本相同，只是数据有变化，为了减少重复工作、提高效率，可以使用 Word 的邮件合并功能。

邮件合并就是将两个相关文件的内容合并在一起，用于解决批量分发文件或邮寄相似内容信件时的大量重复性工作。邮件合并是在两个电子文档间进行的，一个是"主文档"，它包括报表或信件共有的文字和图形内容；一个是"数据源"，它包括需要变化的数据信息，以表格形式存储，一行（又叫一条记录）为一个完整的信息，一列对应一个信息类别即数据域（如姓名、地址等）第一行为域名记录。

邮件合并的基本过程包括三个步骤，首先建立主文档，然后准备数据源，最后将数据源合并到主文档中。

1. 创建主文档

主文档指在邮件合并中，所含文档是固定不变的内容，如信封上的寄信人地址和邮件编码、邀请信函中的内容、会议通知等。通常在使用邮件合并之前建立主文档，该 Word 文档在合并之前它只是一个普通的文档。

2. 创建数据源

数据源文件中包含要合并到主文档中信息，即前面提到的变化的内容。如收信人的地址、邮编、被邀请人的姓名、称呼，通知参加会议人的姓名等。该部分内容由数据表中含有标题行的数据记录表表示，其中包含相关的字段和记录内容。数据源可以是 Word、Excel、Access 或 Outlook 中的联系人记录表，或其他数据库文件。在实际工作中，数据源通常是事先存在的，此时可以直接使用。

注意：

数据源文档的第一行必须为字段名，即在邮件合并中的域名。

3. 合并数据源到主文档

将数据源中的相应字段合并到文档的固定内容之中。数据源中的记录行数、决定着主文档生成的份数。合并操作过程可以利用"邮件合并向导"或"邮件合并"工具完成。

下面以使用"邮件合并向导"创建邮件合并信函为例，操作步骤如下。

（1）创建"主文档"，输入内容不变的共有文本，如图 4-130 所示。注意：设计好的成绩单（模板）必须处于打开状态，不能关闭。此时设置的主文档格式也将决定各个副本的显示和打印效果；为了节约用纸，也可将页面分为两栏或多栏。

（2）创建或打开数据源，存放变化的数据信息，本例数据源是 Excel 中的数据，如图 4-131 所示。

成绩通知单

同学：

你期末考试各门课的成绩为：

英语	高数	计算机	思修	体育	军训

图 4-130　"成绩通知单"主文档

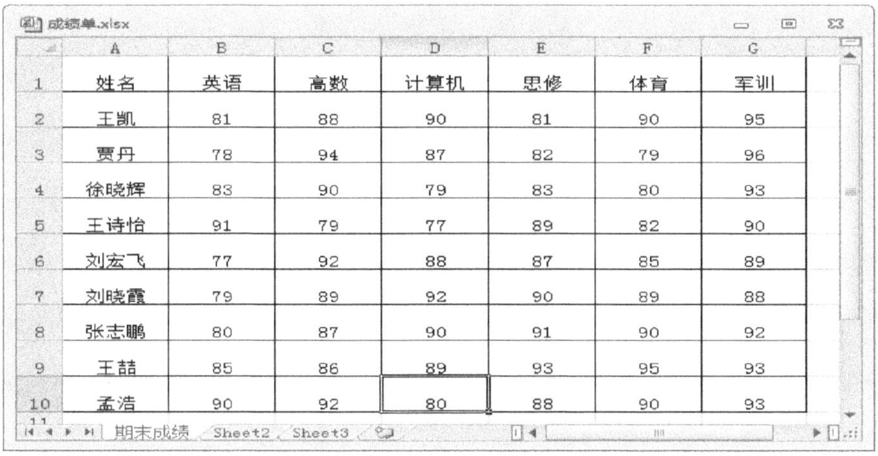

成绩单.xlsx	A	B	C	D	E	F	G
1	姓名	英语	高数	计算机	思修	体育	军训
2	王凯	81	88	90	81	90	95
3	贾丹	78	94	87	82	79	96
4	徐晓辉	83	90	79	83	80	93
5	王诗怡	91	79	77	89	82	90
6	刘宏飞	77	92	88	87	85	89
7	刘晓霞	79	89	92	90	89	88
8	张志鹏	80	87	90	91	90	92
9	王喆	85	86	89	93	95	93
10	孟浩	90	92	80	88	90	93

期末成绩　Sheet2　Sheet3

图 4-131　"成绩通知单"数据源

（3）打开主文档，切换到"邮件"选项卡，在"开始邮件合并"分组中单击"开始邮件合并"按钮，并在展开的菜单中选择"邮件合并分步向导"命令。

（4）打开"邮件合并"任务窗格，在"选择文档类型"向导页选中"信函"单选框，并单击"下一步：正在启动文档"超链接，如图 4-132 所示。

（5）在打开的"选择开始文档"向导页中，勾选"使用当前文档"单选框，即以当前的文档作为邮件合并的主文档，并单击"下一步：选取收件人"超链接，如图 4-133 所示。

（6）在打开的"选择收件人"向导页中，勾选"使用现有列表"单选框，然后单击"浏览"超链接，如图 4-134 所示。

（7）打开"选择数据源"对话框，选择保存成绩单的 Excel 文件，然后单击"打开"按钮，此时打开"选择表格"对话框，选择保存成绩单的工作表名称，如图 4-135 所示，单击"确定"按钮。

（8）打开如图 4-136 所示的"邮件合并收件人"对话框，可以对需要合并的收件人信息进行修改，然后单击"确定"按钮，完成了现有工作表的链接。

（9）继续单击"下一步：撰写信函"超链接，进入"撰写信函"向导页，如图 4-137 所示。如果用户此时还没有撰写信函的正文，可以在活动文档窗口中输入信函文本。如果需要将收件人信息添加到信函中，先将鼠标指针定位在文档合适的位置，单击"地址块"等超链接，本例单击"其他项目…"超链接。

图 4-132　确定主文档类型　　　图 4-133　选择开始文档　　　图 4-134　选择邮件合并数据源

图 4-135　选择数据工作表

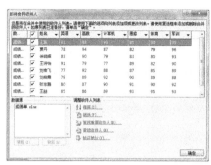

图 4-136 设置邮件合并人信息

图 4-137 撰写信函向导页

（10）打开如图 4-138 所示的"插入合并域"对话框，在"域"列表框中选择要添加成绩单中的人的姓名所在位置的域，本例选择"姓名"，单击"插入"按钮。单击"关闭"按钮。此时文档中相应位置出现已插入的标记。用同样的方法将数据库域列表中其他的字段都插入到文档中相应的位置。如图 4-139 所示。

（11）切换到"撰写信函"向导页，继续单击"下一步：预览信函"超链接，打开"预览信函"向导页，此时，主文档中显示出了数据库表中的第 1 条记录信息。在该向导页中单击"下一步：完成合并"超链接进入"完成合并"向导页，也是邮件合并的步骤（6）（图 4-140）。

（12）单击"编辑单个信函"超链接，打开"合并到新文档"对话框，如图 4-141 所示，选中"全部"按钮，单击"确定"按钮。

图 4-138 插入合并域

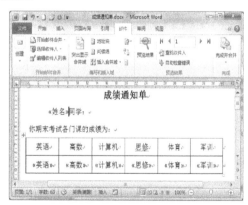

图 4-139 插入域后的主文档效果

图 4-140 完成合并

图 4-141 合并到新文档

（13）Word 将 Excel 中存储的数据信息自动添加到成绩单对应的位置，合并并生成一个如图 4-142 所示的新文档。

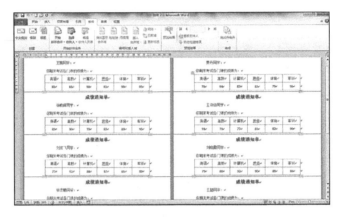

图 4-142　批量生成的成绩单文档效果

4.6.4　超级链接

超级链接是将文档中的文字或图形与其他位置的相关信息连接起来，单击建立了超链接的文字或图形，就会从当前文档快速跳转到其他文字。这种跳转可以在本地计算机或 Internet 网络上进行。

在文档中插入超链接的步骤如下。

（1）在文档中选择要插入链接的文本，然后单击"插入"→"链接"→"超链接"按钮 超链接 。

（2）弹出"插入超链接"对话框，如图 4-143 所示，在"链接到"下选择要链接到的文件，或者电子邮件地址，或者是本文档中的位置。"现有文件或网页"表示链接到一个文件或者一个网页；"本文档中的位置"表示链接到本文档中的某一处；"新建文档"表示链接到一个尚未创建的文件；"电子邮件地址"可以输入邮件地址，给其发送电子邮件。在"要显示的文字"文本框中可以输入要显示的文字。"链接到"对象不同，右边的界面也相应不同，本例中选择"现有文件或网页"，此时在"查找范围"下拉列表框中选择要链接的文档所在的位置。

图 4-143　插入超级链接对话框

（3）在链接对象选定或输入完毕后，单击"确定"按钮返回文档。文档中超链接的文本显示为蓝色并带下划线。

默认情况下，Word 中的超级链接是蓝色带下划线的字体。当鼠标移动到超级链接文本上时，文本旁会显示超级链接目的提示，按住 Ctrl 键并单击鼠标，可以进入到链接的文件中。

4.6.5　打印文档

Word 文档整个编辑好之后，我们想要看到书面的结果，通常要打印出来。打印的时候可以选择性地打印，例如，打印选中的文字、打印奇数页、打印当前页面或打印指定页面等。打印之前可以先预览一下文档的打印效果，确定文档的排版是否满意。

1．打印预览

选择"文件"→"打印"选项，打开"打印"后台视图，如图 4-144 所示，在视图右侧可以预览文档的打印效果，还可以设置打印机和打印页面属性等。在预览下方的工具栏中的"显示比例"按钮上拖动选择显示比例，其中比例是从 10%～500%。

2．打印

对文档的打印预览效果满意后，就可以打印文档了。

图 4-144　"打印"选项后台视图

在打开的"打印"后台视图中，设置打印机和打印页面属性，可以打印文档中的部分内容、设置打印文档的份数、缩放打印等。也可以进入页面设置重新设置页面布局。设置完毕后单击"打印"按钮，即可将文档打印输出。

4.7　本　章　小　结

本章详细介绍了 Word 2010 新特征、界面及其常用的一些操作及使用，主要包括文档的内容编辑、格式排版；如何绘制表格及对表格的操作；公式的输入方法；如何在 Word 文档中插入图片、图形、文本框、SmartArt 图形、图标及其格式设置和图文混排设置；Word 2010 文档的样式定义、目录生成；利用邮件合并功能批量生成文档；如何插入超链接；最后介绍了如何打印编辑好的文档等。Word 在我们的实际工作、学习、生活中应用非常广泛，希望通过这一章的学习，大家能很好地掌握 Word 的使用方法，让它更好地为我们服务。

课　后　练　习

一、单选题

1. 在 Word 中，在正文中选定一个矩形区域的操作是（　　　）。
　　A. 先按住 Alt 键，然后拖动鼠标　　　　B. 先按住 Ctrl 键，然后拖动鼠标

C. 先按住 Shift 键，然后拖动鼠标　　　　D. 先按住 Alt+Shift 键，然后拖动鼠标

2. 按（　　）快捷键可以将已复制的文本进行粘贴。

  A. Ctrl+C　　　　　　B. Ctrl+N　　　　　　C. Ctrl+V　　　　　　D. Ctrl+A

3. 下列有关 Word 2010 格式刷的叙述中，（　　）是正确的。

  A. 格式刷只能复制纯文本的内容

  B. 格式刷只能复制字体格式

  C. 格式刷只能复制段落格式

  D. 格式刷既可以复制字体格式也可以复制段落格式

4. （　　）可以显示出页眉和页脚来。

  A. 普通视图　　　　B. Web 版式视图　　　　C. 页面视图　　　　D. 大纲视图

5. 在编辑 Word 2010 文档中，Ctrl+A 组合键可以（　　）。

  A. 选定一段文字　　　　　　　　　　B. 选定整个文档

  C. 选定一个句子　　　　　　　　　　D. 选定多行文字

6. 在"页面布局"选择卡中，不能进行（　　）操作。

  A. 插入分页符　　　　　　　　　　　B. 插入分节符

  C. 插入页码　　　　　　　　　　　　D. 设置页面

7. 要输入下标，应进行的操作是（　　）。

  A. 插入文本框，缩小文本框中的字体，拖放于下标位置

  B. 使用"开始"选项卡中的"字体"组选项打开"字体"对话框，选择"下标"

  C. 在"插入"选项卡中的"文本"组中选择"首字下标"

  D. Word 中没有输入下标的功能

8. 在 Word 中打印文档时，下列说法中不正确的是（　　）。

  A. 在同一页上，可以同时设置纵向和横向两种页面方向

  B. 在同一文档中，可以同时设置纵向和横向两种页面方向

  C. 在打印预览时可以同时显示多页

  D. 在打印时可以指定打印的页面

9. 在编辑文档时，如要看到页面的实际效果，应采用（　　）模式。

  A. 普通视图　　　　B. 页面视图　　　　C. 大纲视图　　　　D. Web 版式

10. 在 Word 2010 中，用快捷键退出 Word 的最快方法是（　　）。

  A. Alt+F4　　　　　B. Alt+F5　　　　　C. Ctrl+F4　　　　　D. Alt+Shift

11. Word 2010 的"文件"选项卡下的"最近所用文件"选项所对应的文件是（　　）。

  A. 当前被操作的文件　　　　　　　　B. 当前已经打开的 Word 文件

  C. 最近被操作过的 Word 文件　　　　D. 扩展名是.docx 的所有文件

12. 在 Word 2010 编辑状态中，能设定文档行间距的功能按钮是位于（　　）中。

  A. "文件"选项卡　　　　　　　　　　B. "页面布局"选项卡

  C. "插入"选项卡　　　　　　　　　　D. "开始"选项卡

13. 在 Word 编辑时，文字下面有红色波浪下划线表示（　　）。

  A. 已修改过的文档　　　　　　　　　B. 对输入的确认

C. 可能是拼写错误   D. 可能的语法错误

14. 下列哪种情况下无需切换至页面视图下（   ）。

   A. 设置文本格式   B. 编辑页眉

   C. 插入文本框   D. 显示分栏结果

15. 给每位家长发送一份《期末成绩通知单》，用（   ）命令最简便。

   A. 复制   B. 信封   C. 标签   D. 邮件合并

16. 在"页眉设置"对话框中不能设置（   ）。

   A. 纸张大小   B. 页边距   C. 打印范围   D. 正文横排或竖排

17. 在 Word 2010 中编辑文档时，为了使文档更清晰，可以对页眉页脚进行编辑，如输入时间、日期、页码、文字等，但要注意的是页眉页脚只允许在（   ）中使用。

   A. 页面视图   B. 草稿视图   C. 大纲视图   D. 以上都不对

18. "插入艺术字"按钮位于（   ）组中。

   A. 常用   B. 文本   C. 绘图   D. 窗体

19. 下面关于页眉和页脚的叙述中错误的是（   ）。

   A. 一般情况下，页眉和页脚适用于整个文档

   B. 奇数页和偶数页可以有不同的页眉和页脚

   C. 在页眉和页脚中可以设置页码

   D. 首页不能设置页眉和页脚

20. 在输入 Word 2010 文档过程中，为了防止意外而不使文档丢失，Word 2010 设置了自动保存功能，欲使自动保存时间间隔为 10min，应依次进行的一组操作是（   ）。

   A. 选择"文件"→"选项"→"保存"，再设置自动保存时间间隔

   B. 按 Ctrl+S 键

   C. 选择"文件"→"保存"命令

   D. 以上都不对

二、操作题

1. 请按以下要求对 Word 文档进行编辑和排版

（1）文字要求：不少于 150 个汉字，至少两自然段。

（2）将文章正文各段的字体设置为宋体，小四号，两端对齐，各段行间距为 2 倍行距；第一段首字下沉 3 行，距正文 0cm。

（3）页面设置：上、下、左、右边距均为 2cm，页眉 1.5cm。

（4）任选两段，在每一段前设置项目符号"*"（Times New Roman 字体中的符号）。

（5）在文章最后输入以下公式：

$$\lim_{n \to \infty} \frac{\sqrt{2\pi n}\left(\dfrac{n}{e}\right)^n}{n!}$$

2. 用 Word 制作如下表格

要求：

（1）参照下图完成表格的制作，插入表标题，整表所有单元格的内容垂直居中，表内 2～5 行文字水平居中，数据水平右对齐。

（2）表格外围框线为单线 3 磅蓝色；内部框线为单线 1 磅黑色，表中的底纹为灰色-30%。

某地区家电市场各项销售比较表（亿美元）

项目 ＼ 年份	2001	2002	2003
家用电脑	181.6	186.4	190.0
智能冰箱	36.8	40.0	50.0
智能空调	68.7	73.6	80.0
高档电视	117.5	135.1	120.0

3. 用 Word 制作如下流程图

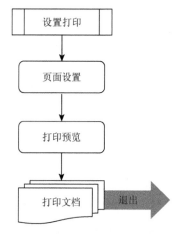

要求：

（1）按上图样式绘制流程图和箭头，不允许出现"嵌入型"的图形或"嵌入型"的艺术字。

（2）流程图填充色为白色，线条为实线，黑色，线型单线，粗细 0.75 磅，文字居中；小箭头为实线，黑色，线型单线，粗细 1.5 磅；大箭头为右箭头，填充颜色红色，线条为实线，红色，线型单线，粗细 1 磅，文字右对齐。

4. 综合应用练习

打开提供的素材文件夹中的文档"WORD.DOCX"。

某高校学生会计划举办一场"大学生网络创业交流会"的活动，拟邀请部分专家和老师给在校学生进行演讲。因此，校学生会外联部需制作一批邀请函，并分别递送给相关的专家和老师。

　　按如下要求，完成邀请函的制作。

　　（1）调整文档版面，要求页面高度 18cm、宽度 30cm，页边距（上、下）为 2cm，页边距（左、右）为 3cm。

　　（2）将素材文件夹下的图片"背景图片.jpg"设置为邀请函背景。

　　（3）根据材文件夹下的"Word-邀请函参考样式.docx"文件，调整邀请函中内容文字的字体、字号和颜色。

　　（4）调整邀请函中内容文字段落对齐方式。

　　（5）根据页面布局需要，调整邀请函中"大学生网络创业交流会"和"邀请函"两个段落的间距。

　　（6）在"尊敬的"和"（老师）"文字之间，插入拟邀请的专家和老师姓名，拟邀请的专家和老师姓名在考生文件夹下的 "通讯录.xlsx "文件中。每页邀请函中只能包含 1 位专家或老师的姓名，所有的邀请函页面请另外保存在一个名为"Word-邀请函.docx"文件中。

　　（7）邀请函文档制作完成后，请保存"Word.docx"文件。

第5章　数据处理 Excel 2010

电子表格软件 Excel 是进行数据处理的常用软件，可以帮助人们方便快速地输入和修改数据，进行相关的数据处理、统计和分析。本章主要介绍 Excel 2010 的基本操作、工作簿和工作表的建立、工作表的管理和编辑、公式与函数的运用、图表的制作、工作表中的数据库操作等。

5.1　初识 Excel 2010

Excel 2010 是 Office 中的一个重要组件，是进行数据处理的常用软件。它具有强大的数据处理、数据分析能力，提供了丰富的财务分析函数、数据库管理函数及数据分析工具。既可以存储信息，也可以进行计算、数据排序、用图表形式显示数据等。

Excel 2010 在导航、布局界面与 Excel 2003 有很大的区别，其在与 Excel 2007 界面一致的基础上，又提高了一些更强大的功能。Excel 2010 所提供的新功能和工具，可以帮助用户提高对大型数据集的分析能力。Excel 2010 提供的新功能有迷你图、切片器功能、屏幕截图、粘贴预览、图片背景删除、自定义插入公式等。

5.1.1　Excel 2010 界面介绍

运行 Excel 2010 之后，进入工作界面，各个组成部分如图 5-1 所示，Excel 2010 窗口主要分为：标题栏、功能区、编辑栏、工作表区域和状态栏几个部分。

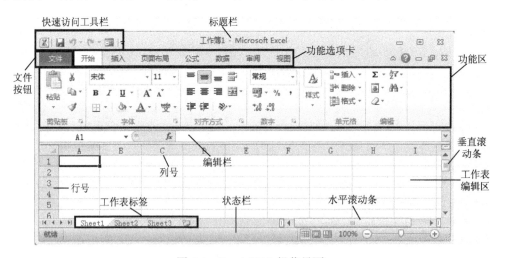

图 5-1　Excel 2010 操作界面

（1）标题栏：居中显示工作簿名称，如果是刚打开的新工作簿文件，用户所看到的是"工作簿 1"，它是 Excel 2010 默认建立的文件名。如图 5-1 所示。标题栏的左侧为"快速访问工具栏",提供用户常用的保存、撤消、重做等命令按钮。快速访问工具栏也可以在功能区下方显示。单击标题栏右端按钮 ▭ ▣ ✕ ,可以最小化、最大化或关闭程序窗口。

(2)文件按钮:"文件"按钮是 Excel 2010 中的新功能,它代替了 Excel 之前版本的Office 按钮和"文件"菜单,单击"文件"按钮,会弹出"文件"菜单,其中显示一些基本命令,包括新建、打开、保存、打印、选项及其他命令,界面如图 5-2 所示。

图 5-2　"文件"菜单选项卡

(3)功能区:主要有"文件""开始""插入""页面布局""公式""数据""审阅""视图"等选项卡组成,用户还可以通过单击"文件"→"选项"→"自定义功能区"创建新的选项卡。每个选项卡根据功能归类为若干个"组"。

①"开始"选项卡中有"剪贴板""字体""对齐方式""数字""样式""单元格""编辑"等组,在该选项卡中可以对单元格进行简单的编辑操作。如图 5-3 所示。

图 5-3　"开始"选项卡

②"插入"选项卡,包含"表格""插图""图表""文本""符号"等组,通过该选项卡可以插入数据透视表、表格、图表、文本框、符号和公式等。如图 5-4 所示。

图 5-4　"插入"选项卡

③"页面布局"选项卡，包含"主题""页面设置""调整为合适大小""工作表选项"和"排列"等组，通过该选项卡可以设置工作表的版式，还可以在打印前进行相应的页面设置。如图 5-5 所示。

图 5-5　"页面布局"选项卡

④"公式"选项卡，包含"函数库""定义的名称""公式审核"和"计算"等组，通过该选项卡可以使用 Excel 2010 自带的函数与公式。如图 5-6 所示。

图 5-6　"公式"选项卡

⑤"数据"选项卡，包含"获取外部数据""连接""排序和筛选""数据工具"和"分级显示"等组，通过该选项卡可以对工作表中的数据进行管理，实现获取外部数据、分级显示数据以及数据排序与筛选等操作。如图 5-7 所示。

图 5-7　"数据"选项卡

⑥"审阅"选项卡，包含"校对""中文简繁转换""语言""批注"和"更改"等组，通过该选项卡可以为工作表添加批注和进行校对，还可以设置密码以保护工作表和工作簿。如图 5-8 所示。

图 5-8　"审阅"选项卡

⑦"视图"选项卡，包含"工作簿视图""显示""显示比例""窗口""宏"等组，通过该选项卡，可以调整工作表的显示模式与显示比例，并且可以设置隐藏与显示工作簿元素等。如图 5-9 所示。

图 5-9　"视图"选项卡

（4）编辑栏位于功能区下方，用于显示、编辑单元格中的内容；左侧为"名称框"，用于显示或定义选定区域的名称。中间为"工具按钮"，可以直接插入函数。右侧"编辑框"中可以直接编辑单元格的内容。如图 5-10 所示。

图 5-10　编辑栏

（5）工作表区域：由行标题、列标题、单元格、导航按钮、工作表标签、水平滚动条和垂直滚动条等组成。

（6）状态栏：状态栏位于 Excel 窗口底部，显示单元格模式、录制宏、统计信息等，右侧为视图模式切换按钮和显示比例调节滑块。通常，状态栏的左端显示"就绪"，表明工作表正在准备接收新的信息；向单元格输入数据时，状态栏的左端将显示"输入"字样；当对单元格中的数据进行编辑时，状态栏显示"编辑"字样。

5.1.2　Excel 2010 的基本对象

Excel 2010 的基本对象包括工作簿、工作表与单元格，它们构成 Excel 2010 的支架。

1. 工作簿

Excel 2010 是以工作簿为单位来处理工作数据和存储数据的文件。工作簿文件是 Excel 存在硬盘上的最小独立单位，其扩展名为.xlsx。工作簿窗口是 Excel 打开的工作簿文档窗口，它由多个工作表组成。刚启动 Excel 2010 时，系统默认打开一个名为"工作簿 1"的空白工作簿，如图 5-1 所示。

根据实际需要也可以保存为以.xls 为扩展名的文件，以兼容 Excel 97-2003 版本，Excel 2010 保存的 Excel 2003 格式的文件，将无法使用 Excel 2010 的新功能。通过以下方法可进行文件转换。在功能区中依次单击"文件"→"另存为"→"保存类型"→"Excel 97-2003 工作簿（*.xls）"或"工作簿（*.xlsx）"。

2. 工作表

工作表是 Excel 中用于存储和处理数据的主要文档，也是工作簿中的重要组成部分，它又称为电子表格。默认情况下，Excel 在创建工作簿时，自动包含了名为"Sheet1""Sheet2"和"Sheet3"的 3 张工作表。单击不同的工作表标签可以在工作表中进行切换。在使用工作表时，只有一个工作表处于当前活动状态。

3. 单元格

单元格是工作表中的小方格，它是工作表的基本元素，也是 Excel 独立操作的最小单位，单元格的定位是通过它所在的行号和列标来确定的。每一列的列标由 A、B、C 等字母表示；每一行的行号由 1、2、3 等数字表示。行与列的交叉形成一个单元格。如图 5-1 所示，选择了单元格 A1，即 A 列和第 1 行交汇处的小方格。

单元格区域是一组被选中的相邻或分离的单元格。单元格区域被选中后，所选范围内的单元格都会高亮度显示，取消单元格区域的选择时只需在所选区域外单击即可。

5.2　管理工作表

5.2.1　工作表的基本操作

工作表是工作簿的必要组成部分，工作簿中包含一个或多个工作表，它们之间的关系就好比是书本与书中的书页。

1. 插入工作表

在现有工作簿中插入新的工作表有以下四种方法。

（1）在 Excel 功能区的"开始"选项卡中单击"插入"下拉按钮，在扩展菜单中单击"插入工作表"命令，如图 5-11 所示，则会在当前工作表之前插入新工作表。

（2）在当前工作表标签上单击鼠标右键，在弹出的快捷菜单上选择"插入"命令，在弹出的"插入"对话框中选择"工作表"，再单击"确定"按钮。

（3）单击工作表标签右侧的"插入工作表"按钮，则会在工作表的末尾快速插入新工作表。

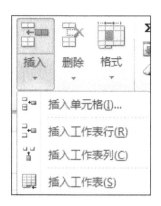

图 5-11　通过选项卡操作创建新工作表

（4）按"Shift+F11"快捷键，则会在当前工作表前插入新工作表。

2. 选定工作表

通常有以下两种方法可以同时选定多张工作表形成组。

（1）按 Ctrl 键，同时用鼠标依次单击需要的工作表标签，就可以同时选定多个工作表。

（2）选定连续排列的工作表，单击第一个工作表标签，然后按住 Shift 键，再单击连续工作表中的最后一个工作表标签，即可连续选定工作表。

（3）选定工作簿中的所有工作表：右击任意一个工作表标签，在弹出的菜单中选择"选定全部工作表"命令即可。

3. 工作表的复制和移动

工作表可以在同一工作簿或者不同工作簿进行复制和移动操作，工作表复制和移动的对话框如图 5-12 所示，当勾选"建立副本"复选框时为"复制"方式，取消勾选则为"移动"方式。可以通过以下两种方法打开"移动或复制工作表"对话框。

图 5-12　"移动或复制工作表"对话框

（1）在工作表标签上单击鼠标右键，在弹出的快捷菜单上选择"移动或复制"命令。

（2）选中需要进行移动或复制的工作表，切换到"开始"选项卡，单击"单元格"选项组中的"格式"下拉按钮，在扩展菜单中选择"移动或复制工作表"命令。

拖动工作表标签来实现移动或复制工作表的方法更为直接。将光标移至需要移动的工作表标签上，按住鼠标左键，鼠标指针显示出文档的图标，拖动鼠标可以实现工作表的移动。如果在按住鼠标左键的同时，按住 Ctrl 键，则可实现工作表的复制。

4. 删除工作表

用户可以对当前工作簿中的一个或者多个工作表进行删除，工作簿中至少包含一张可视工作表，当工作窗口中只剩下一张工作表时，无法删除此工作表。删除工作表有以下两种方法。

（1）在工作表标签上单击鼠标右键，在弹出的快捷菜单上选择"删除"命令。

（2）选中要删除的工作表，切换到"开始"选项卡，在"单元格"选项组中单击"删除"下拉按钮，在其扩展菜单中选择"删除工作表"命令，如图 5-13 所示。

图 5-13　通过选项卡操作"删除工作表"

> **注意：**
>
> 　　删除工作表是 Excel 中无法进行撤消的操作，如果误删了工作表，将无法恢复。某些情况下，可以马上关闭当前工作簿，并选择不保存刚才所做的修改，能够撤消刚才的删除操作。

5. 重命名工作表

选定需要修改名称的工作表后，可以通过以下三种方法进行工作表的重命名（图 5-14）。

（1）在工作表标签上单击鼠标右键，在弹出的快捷菜单上选择"重命名"命令。

（2）切换到"开始"选项卡，在"单元格"选项组中单击"格式"下拉按钮，在其扩展菜单中选择"重命名工作表"命令。

（3）双击工作表标签，进行重命名。

图 5-14　重命名工作表

通过以上任意一种操作，选定的工作表标签会显示黑色背景，标识当前处于工作表标签名称的编辑状态，此时可以输入新的工作表名称。工作表重命名时不能与工作簿中现有的工作表重名，工作表名不区分英文大小写，并且不能包含下列字符：*、/、:、?、[、]、\。

6. 工作表标签颜色

工作表标签上单击鼠标右键，在弹出的快捷菜单上选择"工作表标签颜色"命令，然后在弹出的"设置工作表标签颜色"列表设置颜色，最后单击"确定"按钮即可完成对工作表标签颜色的设置。

7. 显示和隐藏工作表

Excel 具有工作表的隐藏功能，将一些工作表隐藏显示，但是不可以隐藏所有的工作表，工作簿中至少含有一张可视的工作表。隐藏工作表有以下两种方法。

（1）工作表标签上单击鼠标右键，在弹出的快捷菜单上选择"隐藏"命令。

（2）切换到"开始"选项卡，在"单元格"选项组中单击"格式"下拉按钮，然后在其扩展菜单中依次选择"隐藏和取消隐藏"→"隐藏工作表"命令。

如果要取消工作表的隐藏状态，有以下两种方法。

（1）工作表标签上单击鼠标右键，在弹出的快捷菜单上选择"取消隐藏"命令，然后在弹出的"取消隐藏"对话框中选择需要取消隐藏的工作表，最后单击"确定"按钮确认操作。

（2）切换到"开始"选项卡，"单元格"选项组中单击"格式"下拉按钮，在其扩展菜单中依次单击"隐藏和取消隐藏"→"取消隐藏工作表"，然后在弹出的"取消隐藏"对话框中选择需要取消隐藏的工作表，最后单击"确定"按钮确认。

8. 冻结窗口

如果工作表中的数据量较大，一页不能完全显示时，数据会随着滚动条而翻滚，超过一页之后将不再显示表头部分，这对查看工作表数据十分不便，用户可以使用冻结工作表的功能，使表头内容固定不动，始终显示在工作表中。冻结窗口的方法如下。

（1）打开工作表，单击表头所在行的下一行中的任一单元格。

（2）切换到"视图"选项卡，在"窗口"选择组中单击"冻结窗格"按钮，在弹出的菜单中选择"冻结拆分窗格"命令。

9. 保护工作表

Excel 2010 中可以为工作表设置密码，防止其他用户私自更改工作表中的部分或全部内容、查看隐藏的数据行或列、查阅公式等。为工作表设置密码的具体操作步骤如下。

（1）启动 Excel 2010 程序，打开"工作簿 1"工作簿，选定 Sheet1 工作表，选择"审阅"选项卡，在"更改"组中单击"保护工作表"按钮，如图 5-15 所示。

（2）打开"保护工作表"对话框，选中"保护工作表及锁定的单元格内容"复选框，然后在下面的密码文本框中输

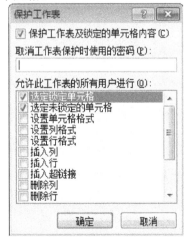

图 5-15　"保护工作表"对话框

入工作表保护密码"12345"，在"允许此工作表的所有用户进行"列表框中选中"选定锁定单元格"与"选定未锁定的单元格"复选框，然后单击"确定"按钮。

（3）打开"确认密码"对话框，在对话框中再次输入密码后，单击"确定"按钮。

（4）工作表被保护后，只能查看工作表中的数据和选定单元格，而不能进行任何修改操作。若要撤消工作表保护，选择"审阅"选项卡，在"更改"组中单击"撤消工作表保护"按钮，打开"撤消工作表保护"对话框，在"密码"文本框中输入密码，然后单击"确定"按钮即可撤消工作表保护。如图 5-16 所示。

图 5-16　"撤消工作表保护"对话框

5.2.2　单元格的基本操作

工作表是由单元格组成的，编辑工作表，也就是对工作表中的单元格进行相关的各种编辑操作。在当前工作表中，总存在一个被激活的活动单元格，活动单元格的边框显示为黑色矩形线框，在 Excel 工作窗口的名称框中会显示此活动单元格的地址，在编辑栏中则会显示此单元格中的内容，活动单元格所在的行列标签会高亮显示，如图 5-1 中的 A 列和第 1 行标签。

1．选取单元格

（1）连续区域的选取。

①选定一个单元格，按住鼠标左键直接在工作表中拖动来选取相邻的连续区域。

②选定一个单元格，按 Shift 键，然后使用方向键在工作表中选择相邻的连续区域。

③在工作窗口的名称框中直接输入区域地址，例如，"A2:F9"，按 Enter 键确认。

（2）不连续区域的选取。

①选定一个单元格，按 Ctrl 键，然后使用鼠标左键单击或者拖拉选择多个单元格或者连续区域。

②在工作窗口的名称框中输入多个单元格或者区域地址，地址之间用半角状态下的逗号隔开，例如，"A1，A2:F9"，按 Enter 键确认。

2．复制或移动单元格

（1）复制单元格。

选取要复制的单元格，有以下方法可以复制目标内容。

①切换到"开始"选项卡中，在"剪贴板"选项组中单击"复制"按钮。

②按 Ctrl+C 快捷键。

③在选中的目标单元格上单击鼠标右键，在弹出的快捷菜单中选择"复制"命令。

（2）剪切单元格。

选取要剪切的单元格，有以下方法可以剪切目标内容。

①切换到"开始"选项卡，在"剪贴板"选项组中单击"剪切"按钮。

②按 Ctrl+X 快捷键。

③在选中的目标单元格上单击鼠标右键，在弹出的快捷菜单中选择"剪切"命令。

（3）粘贴单元格。

粘贴操作是从剪贴板中取出内容放到新的目标区域中，Excel 允许粘贴操作的目标区域等于或大于源区域。选中需要粘贴内容的单元格或区域，有以下方法可以实现粘贴操作。

①切换到"开始"选项卡，在"剪贴板"选项组中单击"粘贴"按钮。

②按 Ctrl+V 快捷键。

③在选中的目标单元格上单击鼠标右键，在弹出的快捷菜单中选择"粘贴"命令。

当复制后再粘贴时，在被粘贴区域的右下角会出现"粘贴选项"按钮，单击此按钮，展开如图 5-17 所示的下拉菜单。执行复制操作后，切换到"开始"选项卡，在"剪贴板"选项组中单击"粘贴"按钮下拉箭头，也会出现相同的下拉菜单，可以根据需要在"粘贴选项"下拉菜单中选择粘贴方式。

（4）选择性粘贴单元格。

选择性粘贴是一项非常有用的粘贴辅助功能，其中包含了许多详细的粘贴选项设置，以便用户根据实际需要选择多种不同的复制粘贴方式。要打开选择性粘贴对话框，首先需要执行复制操作（使用剪切方式无法使用选择性粘贴功能），以下方法可以打开"选择性粘贴"对话框。

①切换到"开始"选项卡，在"剪贴板"选项组中单击"粘贴"按钮下拉箭头，选择下拉菜单中最后一项"选择性粘贴"命令。

②在粘贴目标单元格或区域上单击鼠标右键，在弹出的快捷菜单中单击"选择性粘贴"命令。

图 5-17　"粘贴选项"按钮的下拉菜单

依据复制的数据来源不同，会有两种样式的"选择性粘贴"对话框，使用时可详细阅读后根据需要选择不同的粘贴方式，在此不再详述。

（5）移动单元格。

Excel 支持以鼠标拖放的方式直接对单元格和区域进行移动操作，移动的方法如下。

①选中需要移动的目标单元格或区域。

②将鼠标移动至区域边缘，当鼠标指针显示为黑色十字箭头时，按住鼠标左键。

③拖动鼠标，移至需要粘贴数据的目标位置后，松开鼠标左键，即可完成移动操作。

在移至目标位置后按住 Ctrl 键，此时鼠标指针显示为带"+"的指针样式，最后依次松开鼠标左键和 Ctrl 键，也可完成复制操作。

3．删除及合并单元格

删除单元格内容时，常用到以下三种方法。

（1）单击要删除的单元格，按 Delete 键即可删掉单元格中的内容。

（2）双击单元格，将光标定位在单元格内部，按 Backspace 键逐一删掉其中的内容。

（3）选中要删除的数据区，单击鼠标右键，在弹出快捷菜单中选择"清除内容"命令。

上述操作并不影响单元格中格式、批注等内容，要彻底地删除这些内容，可以在选定目标单元格后，切换到"开始"选项卡，在"编辑"选项组中单击"清除"下拉按钮，在其扩展菜单中有 6 个选项，用户可以根据自己的需要选择任意一种清除方式。

合并单元格：按住鼠标左键拖动，选中要合并的多行和多列的连续单元格，单击"开始"选项卡中"对齐方式"选项组中"合并后居中"按钮 ，可把选中的多行和多列合并成一个单元格。例如，选择 B2 与 C2 单元格合并，操作界面如图 5-18 所示。

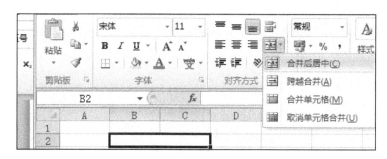

图 5-18 "合并后居中"单元格操作

若要拆分已经合并的单元格，则选定合并单元格，然后单击"合并后居中"按钮旁的倒三角按钮，在弹出的菜单中选择"取消单元格合并"命令即可。

4. 给单元格添加批注

单击需要添加批注的单元格，切换到"审阅"选项卡，在"批注"选项组中单击"新建批注"按钮，在弹出的批注框中键入批注文本，如图 5-19 所示。完成文本键入后，单击批注框外的工作表任何区域即可完成批注的添加。

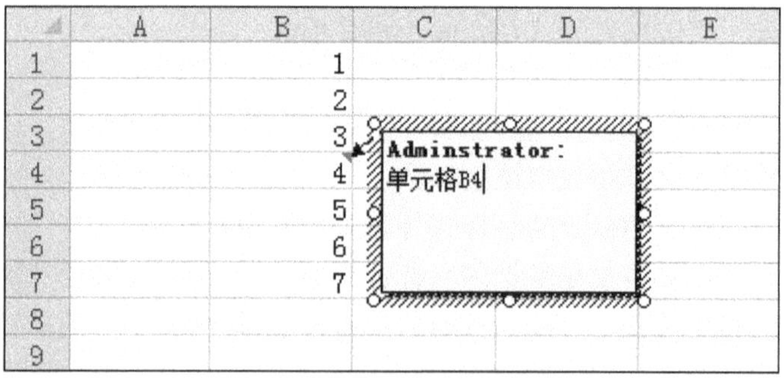

图 5-19 给单元格添加批注

添加了批注的单元格右上角会出现一个红三角，将鼠标移到该单元格中会显示出批注内容。若要编辑批注，选取相应单元格，切换到"审阅"选项卡，在"批注"选项组中单击"编辑批注"按钮，即可对批注进行编辑。

选定单元格，单击鼠标右键，在弹出的快捷菜单中选择"插入批注"命令，也可以添加批注。如需删除某个区域中的所有批注，可在功能区上依次单击"开始"→"清除"→"清除批注"命令完成。

5. 撤消与恢复操作

若由于操作错误或其他原因，需要取消刚刚完成的一个操作，可以选择"快速访问工具栏"中的"撤消"按钮 。

若要取消多步操作，则可单击"撤消"按钮右边的下拉箭头 ，在显示的列表中选择要撤消的操作，Excel 将撤消从选定的操作项往上的所有操作。

若要恢复已撤消的操作，单击"恢复"按钮 即可。

6. 查找和替换数据

查找：Excel 表格可进行大量数据的计算与统计，使用查找功能可以快速地在文档中查找相关数据，其操作方法与 Word 中的查找类似：切换到"开始"选项卡，在"编辑"选项组中单击"查找和选择"下拉按钮，选择"查找"命令，在弹出的"查找和替换"对话框中输入要查找的字符串，单击"查找全部"或"查找下一个"按钮即可。

替换：打开"查找和替换"对话框后，可以在"查找"和"替换"选项卡中切换。如果需要进行批量替换操作，可以切换到"替换"选项卡，在"查找内容"框中输入需要查找的对象，在"替换为"框中输入所替换的内容，然后单击"全部替换"按钮，即可将目标区域中所有满足"查找内容"条件的数据全部替换为"替换为"中的内容。

5.3　编辑工作表

5.3.1　输入数据

在单元格中可以输入和保存的数据类型包括 4 种基本类型：数值、日期、文本和公式。除此之外，还有逻辑值、错误值等一些特殊的数值类型。

1. 直接输入数据

通常可使用以下三种方法向单元格输入数据。

（1）单击要输入数据的单元格，此时该单元格变成"活动单元格"，然后输入数据。

（2）单击单元格，然后单击编辑栏，在编辑栏中输入数据。

（3）双击单元格，光标在此单元格中闪烁，输入数据。

当用户输入数据的时候，在 Excel 工作窗口底部状态栏的左侧显示"输入"字样，原有编辑栏的左边出现两个新的图标，按钮 表示对当前输入内容进行确认，按钮 表示取消输入。在输入的过程中，也可以按"Esc"键退出输入状态。输入效果如图 5-20 所示的数据。

▲	A	B	C	D	E	F
1	成绩单					
2	2016年4月12	7:20				
3						
4	学号	姓名	高数	计算机	体育	总成绩
5	2008001	王小蒙	78	86	63	
6	2008002	王立新	90	79	54	
7	2008003	胡晓华	81	90	62	
8	2008004	马丽丽	70	83	59	
9	2008005	田涛	75	82	75	
10	2008006	赵岩	68	79	55	
11	2008007	冯晓丽	55	85	40	

图 5-20　成绩单源数据

　　图中所示有 3 种类型的数据，即文本型、数值型和日期型。其中日期型数据需要用连字符分隔日期的年、月、日。例如，可以输入"2010-9-5"或"5-Sep-10"。如果要输入当前系统的日期，按"Ctrl+；"组合键。时间输入时，如果按 12 小时制输入时间，在时间数组后空一格，并输入字母 a（上午）或 p（下午），如 9:00 p，否则，如果只输入时间数字，Excel 将按字母 a（上午）处理，如果要输入当前系统的时间，按"Ctrl+Shift+；"组合键。

　　输入数据时，在同一行中移动活动单元用"Tab"键和"Shift+Tab"组合键，同一列中用"Enter"键和"Shift+Enter"组合键。如果要在单元格内显示多行文本，方法是：选择要设置格式的单元格或单元格区域，选择"格式"→"单元格"命令，弹出"单元格格式"对话框的"对齐"选项卡，在"文本控制"选项组中选择"自动换行"复选框。若要自行确定换行位置，可将光标定位到要断行的位置并按"Alt+Enter"组合键。

2. 自动填充数据

　　熟练掌握 Excel 的自动填充功能可以提高有规律数据序列的输入效率，对于没有定义序列的数据区域或单个数据，利用自动填充功能可以实现快速复制；对于定义了序列的数据区域，只要输入序列中的一个数据，利用自动填充功能就可以快速完成其他数据的输入。所以在使用 Excel 输入数据之前要事先观察将要输入数据的规律性，从而确定是否可以利用自动填充功能高效地完成数据的输入。

　　在选取单元格时，被选中的单元格周围有黑色边框，其右下角有一个黑色小方块，这个小方块就是填充句柄。填充句柄在 Excel 的自动填充功能中扮演了重要角色。

　　从图 5-21 中可以看出，表格中从 A 到 K 列分别描述了一种类型的自动填充，各类的填充说明如下。

	A	B	C	D	E	F	G	H	I	J	K
1	英文月份	英文星期	英文季度	中文月份	中文星期	中文季度	文本加数字	等差序列	等比序列	日期序列	时间序列
2	January	Monday	Q1	一月	星期一	第一季	作品1	2	3	2001/1/1	1:10
3	February	Tuesday	Q2	二月	星期二	第二季	作品2	4	6	2001/2/1	1:30
4	March	Wednesday	Q3	三月	星期三	第三季	作品3	6	12	2001/3/1	1:50
5	April	Thursday	Q4	四月	星期四	第四季	作品4	8	24	2001/4/1	2:10
6	May	Friday	Q1	五月	星期五	第一季	作品5	10	48	2001/5/1	2:30
7	June	Saturday	Q2	六月	星期六	第二季	作品6	12	96	2001/6/1	2:50
8	July	Sunday	Q3	七月	星期日	第三季	作品7	14	192	2001/7/1	3:10
9	August	Monday	Q4	八月	星期一		作品8	16	384	2001/8/1	3:30
10	September	Tuesday		九月	星期二		作品9	18	768	2001/9/1	3:50
11	October			十月	星期三			20	1536	2001/10/1	4:10
12	November			十一月					3072	2001/11/1	4:30
13	December			十二月							

图 5-21 Excel 的自动填充序列

（1）常用文本型数据序列：月（A 列、D 列）、星期（B 列、E 列）、季度（C 列、F 列）。

（2）文本与数字混合型序列：可以实现数字递增或递减的变化（G 列）。

（3）数值型数据序列：等差序列（H 列）、等比序列（I 列）。

（4）日期和时间型序列：日期序列是按照月份等差 1 个月的序列（J 列），时间序列是等差 20min 的序列（K 列）。

（5）自定义序列：通过利用工作表中现有的数据序列或临时输入方式，可以创建自定义的序列。例如，优、良、中、差等。

3. 快速输入相同数据

Excel 为各种不同的情况，提供了快速输入相同数据的方法，下面分别介绍。

（1）向多个单元格中同时输入相同数据。

①选择需要输入数据的单元格或单元格区域，单元格不必相邻。

②在编辑栏中输入相应数据，然后按“Ctrl+Enter”组合键。

（2）向多张工作表中同时输入或编辑相同的数据。

选定一组工作表，然后更改其中一张工作表中的数据，那么相同的更改将应用于所有选定的工作表。具体操作步骤如下：在第一个选定的单元格中输入或编辑相应的数据，然后按“Enter”键或“Tab”键。

（3）向其他工作表中输入相同数据。

如果已经在某个工作表中输入了数据，可快速将该数据复制到其他工作表的相应单元格。具体步骤如下。

①选中含有已经输入数据的源工作表和需要复制数据的目标工作表。

②选中包含需要复制数据的单元格。

③选择“编辑”→“填充”→“至同组工作表”命令。

5.3.2 简单表格的编辑

所谓“编辑”主要是指对象的移动、复制、插入、删除和修改等。在 Excel 表格中主要的编辑对象包括：单元格、区域、行、列、工作表等，本节以“成绩单”表为例，介绍针对单元格区域的复制、移动、排序、查找替换和命名单元格区域等简单编辑操作。

1. 复制和移动数据

在 Excel 中不同工作表之间的数据复制、移动可以利用剪贴板操作完成，同一工作表不同区域之间的数据移动可以有更快捷的方法。

下面把"成绩单"工作簿 Sheet1 工作表的数据复制到 Sheet2 工作表，起始单元格放在 C2 单元格，然后再把复制后的数据表移动到 A1 单元格。具体操作步骤如下。

（1）选中 A1：F11 单元格区间的数据，在选中区中右击，从弹出的快捷菜单中选择"复制"命令。

（2）单击 Sheet2 工作表标签，右击 Sheet2 的 C2 单元格，从弹出的快捷菜单中选择"粘贴"命令，这样就把 Sheet1 工作表中 A1:F11 单元格区域的数据复制到 Sheet2 工作表以 C2 单元格为起始单元格的区域中，操作结果如图 5-22 所示。

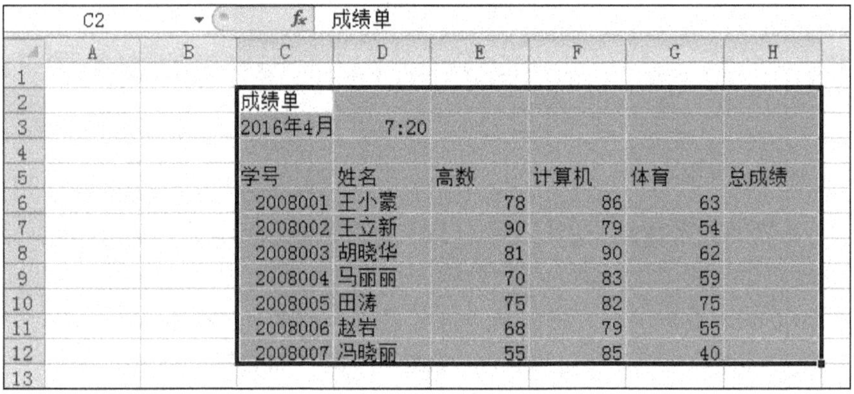

图 5-22　粘贴后的数据

（3）选中如图 5-22 所示的单元格区域，鼠标定位到被选中单元格区域的边框上，鼠标形状变成"箭头"后，按下鼠标左键并拖动，可以把数据块移动到以 A1 单元格为起始单元格的区域。

2. 排序

排序在表格中是频繁使用的操作，排序后的数据可以方便查找。下面把"成绩单"表按照姓名列的降序排序，具体操作步骤如下。

（1）如图 5-20 所示，选中在"成绩单"Sheet1 工作表中的 A4:F11 单元格区间的数据，选择"数据"→"排序"命令，弹出如图 5-23 所示的"排序"对话框，从"主要关键字"下拉列表框中选择需要排序的列"姓名"，并选择"降序"单选按钮。

（2）单击"确认"按钮，完成排序。

3. 查找和替换

Excel 的内容查找替换功能可以使用通配符，用问号（？）代替任意单个字符，星号（＊）代替任意字符串。

图 5-23　"排序"对话框

在"成绩单"数据表中查找成绩为大于等于 90 的单元格数据。因为该表中的成绩都是两位数，所以只要在选定的范围内查找以数字 9 开头的数据就是成绩大于等于 90 分的成绩，具体操作步骤如下。

（1）选中"成绩单"Sheet1 工作表中的 A4:F11 单元格区域。

（2）选择"开始"→"编辑"→"查找"命令，弹出如图 5-24 所示的"查找和替换"对话框，在"查找"选项卡的"查找内容"文本框中输入"9*"。

（3）单击"查找和替换"对话框右下角的"选项"按钮，则对话框向下扩展显示选项，在"范围"下拉列表框中选择"工作表"，单击"查找全部"按钮。

（4）如图 5-24 所示的对话框下部显示的是符合条件的数据的值和单元格地址。因为"范围"选择的是"工作表"，所以 Excel 只在当前 Sheet1 工作表中查找。

图 5-24　查找结果

4. 命名单元格区域

Excel 中单元格本身都具备"格地址"，如 A1、C3。其他对象，如列、行、工作表等也都有其默认的名称。这里要介绍的是单元格或表格区域的名称，给单元格区域命名在数据处理和分析中有两大作用：定位和计算。即通过"点名"的方式，快速确定一个独立数据对象的位置，尤其是大型表格，可以有效地避免大范围拖拉选区。

（1）命名方法。

以"成绩单"数据为例，要定义 B5:B11 区域的名称为"姓名"；C5:E11 区域的名称为"成绩"，以便快速定位到该区域。操作步骤如下。

①选中图 5-25 中的 B5:B11 单元格区域。

▲	A	B	C	D	E	F
1	成绩单					
2	2016年4月12	7:20				
3						
4	学号	姓名	高数	计算机	体育	总成绩
5	2008001	王小蒙	78	86	63	
6	2008002	王立新	90	79	54	
7	2008003	胡晓华	81	90	62	
8	2008004	马丽丽	70	83	59	
9	2008005	田涛	75	82	75	
10	2008006	赵岩	68	79	55	
11	2008007	冯晓丽	55	85	40	

图 5-25　命名单元格区域

②单击编辑栏左侧的名称框，删除其中的格地址，输入"姓名"，按"Enter"键确认。或者选择"公式"→"名称管理器"命令。

③弹出如图 5-26 所示的"名称管理器"对话框，确认对话框底部"引用位置"文本框中是 Sheet1 工作表的 B5:B11 单元格区域，单击"新建"命令，弹出"新建名称"对话框，在"名称"文本框中输入"姓名"，单击"确认"按钮。

（2）名称的使用。

如图 5-27 所示，从编辑栏左侧的名称框下拉列表中可以找到已经定义的名称"姓名"和"成绩单"，单击该名称后可立即定位到 B5:B11 单元格区域。

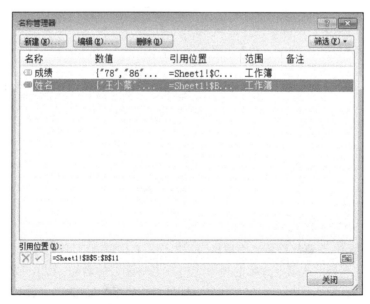

图 5-26　"名称管理器"对话框

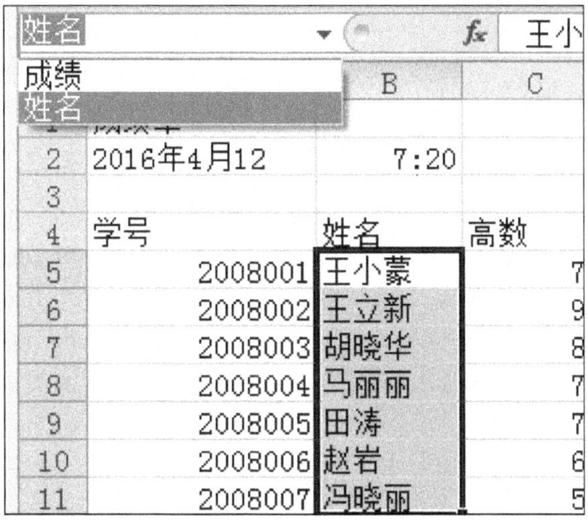

图 5-27 利用名称定位

5.3.3 单元格格式设置

Excel 提供了丰富的格式化命令和方法便于对工作表布局和数据进行格式化，格式化工作表主要包括设置行高和列宽、数据显示格式、字体样式、文本对齐方式、边框样式以及单元格颜色等操作。将"成绩单"表格中的数据进行格式化，格式化的结果如图 5-28 所示。

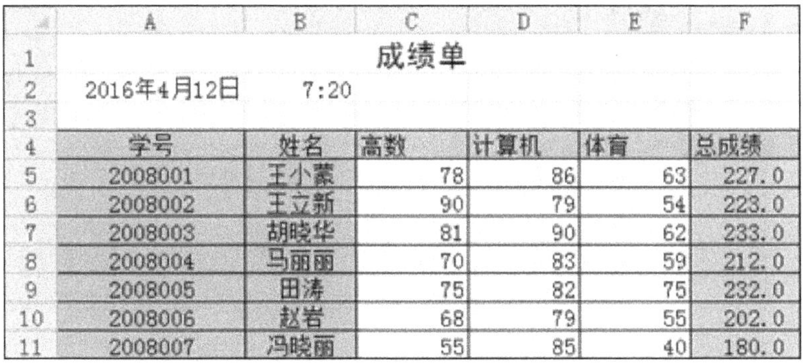

图 5-28 格式化后的表

1. 调整行和列

（1）精确设置行高和列宽。

选定目标行整行或者行中单元格，切换到"开始"选项卡，在"单元格"选项组中单击"格式"下拉按钮，选择"行高"命令，在弹出的"行高"对话框中输入所需设定的行高的具体数值，最后单击"确定"按钮，设置列宽的方法与此类似。如图 5-29 所示，设置 A 列的列宽为 15。

图 5-29　"行高"设置对话框

另一种方法是在选定目标行后，单击鼠标右键，在弹出的快捷菜单中选择"行高"命令，然后进行相应的操作。

（2）直接改变行高和列宽。

在工作表中选中单行或者多行，当鼠标光标设置在选中的行与相邻的行标签之间，此时在行标签之间的中线上鼠标箭头显示为一个黑色双向箭头。按住鼠标左键不放，向上或者向下拖动鼠标，此时在行标签上方会出现一个提示框，里边显示当前的行高，调整到所需的行高时，松开鼠标左键即可完成行高的设置。设置列宽的方法与此类似。

（3）插入行和列。

单击某行标签，选定此行或者在此行中选定某个单元格，常用到以下两种方法在所选定行之前插入新行。

①切换到"开始"选项卡，在"单元格"选项组中，单击"插入"按钮，在弹出扩展菜单中选择"插入工作行"命令。如图 5-30 所示。

②单击鼠标右键，在弹出的快捷菜单中选择"插入"命令，如果当前选定的不是整行，而是行中的某个单元格，则弹出"插入"对话框，如图 5-31 所示。在对话框中选择"整行"单选按钮，然后单击"确定"按钮确认操作。插入列的方法与此类似。

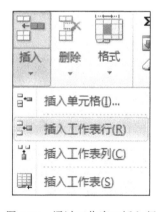

图 5-30　通过工作窗口插入行

图 5-31　通过右键快捷菜单插入行

2. 单元格格式设置

（1）数字格式设置。

选中要进行设置的单元格，单击鼠标右键，在弹出的快捷菜单中选择"设置单元格格式"命令，弹出"设置单元格格式"对话框，如图 5-32 所示，选择"数字"选项卡。

选择"分类"中的选项，例如，对数值进行设置，选择"数值"选项，右侧出现示例，可设置小数点后面的位数及是否使用千位分隔符等。此处设置总成绩小数位数为 1 位。

图 5-32 "设置单元格格式"对话框中的"数字"选项卡

（2）对齐设置。

图 5-28 中，选中单元格区域 A1:F1，其中 A1 单元格中包含表格标题"成绩单"，单击"格式化"工具栏上的"合并后居中"按钮，实现表格标题居于表格中央。

默认情况下，单元格中的数字是右对齐，文字左对齐。可以通过单元格格式设置对默认的对齐方式进行修改。选中要修改设置的单元格，单击鼠标右键，在弹出的快捷菜单中选择"单元格格式设置"命令，弹出"设置单元格格式"对话框，选择"对齐"选项卡，可以进一步的设置对齐方式。

①文本方向：通过"对齐"选项卡中"方向"文本格式设置可将文本以一定倾斜角度进行显示。

②水平对齐：水平对齐包括"常规"、"靠左"、"居中"、"靠右"、"填充"、"两端对齐"、"跨列居中"、"分散对齐"和"两端分散对齐"9 种对齐方式。

③垂直对齐：垂直对齐包括"靠上"、"居中"、"靠下"、"两端对齐"、"分散对齐"和"两端分散对齐"6 种对齐方式。

④自动换行：当文本内容长度超出单元格宽度时，在单元格中自动换行。

⑤缩小字体填充：若文本内容较多，超出了单元格所能容纳的范围，系统自动将文本的字体缩小以适应单元格大小。

⑥合并单元格：将两个或两个以上的连续单元格区域合并成占有两个或多个单元格空间的"超大"单元格。Excel 提供了 3 种合并单元格的方式，包括"合并后居中"、"跨越合并"和"合并单元格"。

用户可以选择需要合并的单元格区域后，直接单击"对齐方式"命令组中"合并后居中"按钮，在扩展菜单中选择相应的合并单元格的方式。

（3）字体设置。

在"设置单元格格式"对话框，选择"字体"选项卡，通过更改相应设置来调整单元格内容的格式。"字体"选项卡的具体设置含义如下。

①字体："字体"下拉列表中列示了 Windows 系统提供的各种字体。

②字形："字形"下拉列表提供了"常规"、"倾斜"、"加粗"和"加粗倾斜"4 种字形。

③字号：字号是指文字显示的大小，用户可以在"字号"下拉列表中选择字号，允许的范围是 1～409。

④下划线："下划线"下拉列表中可以为单元格内容设置下划线，默认设置为"无"。

⑤颜色："颜色"下拉调色板可以为字体设置颜色。

⑥删除线：在单元格内容上显示横穿内容的直线，表示内容被删除。

⑦上标：将文本内容显示为上标形式，如"m^3"。

⑧下标：将文本内容显示为下标形式，如"O_2"。

（4）边框设置。

边框用于划分表格区域，增加单元格的视觉效果，为选中的单元格加上边框有以下两种方法。

①切换到"开始"选项卡，在字体选项组中单击边框按钮 □·，在扩展菜单中提供了 13 种边框设置方案、绘制及擦除边框的工具、边框的颜色以及 13 种边框线型。若给出的边框格式没有适合的，还可以选择"绘图边框"命令，此时鼠标变成铅笔形状手动绘制边框。

②通过"边框"选项卡进行设置。选择一种边框预置方式，在"线条"中选择边框的样式和颜色，单击"确定"按钮完成边框的设置。

当制作包含斜线表头的报表时，可以通过在单元格中设置斜线来实现。而双斜线表头，则需要切换到"插入"选项卡，在"插图"选项组中单击"形状"按钮，在弹出的扩展菜单中选择"线条"中插入直线来实现。

（5）填充。

在"设置单元格格式"对话框中，选择"填充"选项卡，对单元格的底色进行填充修改。

①背景色：在"背景色"区域中可以选择填充颜色。

②填充效果：在"填充效果"对话框中设置渐变色。

③图案样式：在"图案样式"下拉列表中选择单元格图案填充。

④图案颜色：单击"图案颜色"按钮设置填充图案的颜色。

如图 5-28 所示，A4:F4 和 A5:B11 是表格列标题和行标题区域，F5:F11 是汇总数据区域，通过不同的填充颜色，使得表格的层次一目了然。

3. 条件格式

条件格式是指当指定条件为真时，Excel 自动应用于单元格的格式，例如，单元格底纹或字体颜色。条件格式功能将显示出部分数据，并且这种格式是动态的，如果改变其中的数值，格式会自动调整。例如，在处理成绩单时，如果大于或等于 90 分，单元格加上绿色填充；如果成绩不满足 60 分，单元格加上浅红色填充；不满足条件时，不做任何处理，设置结果如图 5-33 所示。

	A	B	C	D
1	姓名	高数	计算机	体育
2	王小蒙	78	86	63
3	王立新	90	79	54
4	胡晓华	81	90	62
5	马丽丽	70	83	59
6	田涛	75	82	75
7	赵岩	68	79	55
8	冯晓丽	55	85	40

图 5-33　设置条件格式示例

（1）在工作表中选定单元格区域 B2:D8。

（2）切换到"开始"选项卡，在"样式"选项组中单击"条件格式"按钮，在弹出的扩展菜单中选择"突出显示单元格规则"→"大于"选项，如图 5-34 所示。

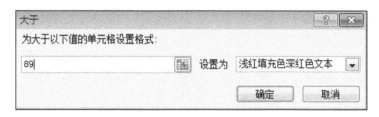

图 5-34　"大于"对话框

（3）在文本框中输入 89。

（4）在"设置为"下拉列表框中选择"自定义格式"选项，在弹出的"设置单元格格式"对话框中选择"填充"选项卡，在"背景色"中选择"绿色"，单击"确定"按钮返回。

（5）单击"确定"按钮，完成"条件格式"对话框的设置。

（6）用同样的方法将低于 60 分的设置为浅红色填充。

无论是否有数据满足条件或是否显示了指定的单元格格式，条件格式被删除前一直对单元格起作用。在已设置条件格式的单元格中，当其值发生改变而不满足设定的条件时，Excel 将恢复这些单元格原来的格式。

在"开始"选项卡的"样式"选项组中单击"条件格式"按钮，在扩展菜单中选择"清除规则"→"清除整个工作表规则"选项，清除工作表中所有的条件格式。

5.3.4　样式设置

单元格样式是指一组特定单元格格式的组合，使用单元格样式可以快速对应用相同样式的单元格或单元格区域进行格式化。Excel 预置了一些典型的样式，用户可以直接套用这些样式来快速设置单元格格式。具体操作步骤如下。

（1）选中目标单元格或单元格区域，切换到"开始"选项卡，在"样式"选项组中，单击"单元格样式"按钮，弹出如图 5-35 所示的单元格样式扩展菜单。

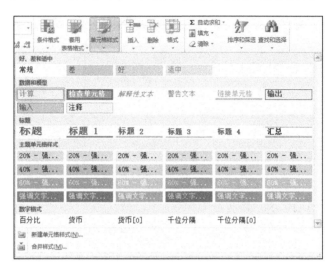

图 5-35　"单元格样式"扩展菜单

（2）将鼠标移至列表库中的某项样式，目标单元格会立即显示应用此样式的效果，单击所需的样式即可确认应用此样式。

如果用户希望修改某个内置的样式，可以在该样式名称上单击鼠标右键，在弹出的快捷菜单中单击"修改"命令。在打开的"样式"对话框中，根据需要对相应样式的"数字""对齐""字体""边框""填充""保护"等单元格格式进行修改。

当内置样式不能满足需要时，用户可以新建自定义的单元格样式。

5.4　使用公式和函数

5.4.1　常量

公式中可以使用常量进行计算。所谓常量，是指在运算过程中自身不会改变的值，但是公式及公式产生的结果都不是常量。

（1）数值常量，如：=（5+8）*4/2。

（2）日期常量，如：=DATEIF（"2014-1-1"，NOW（），"m"）。

（3）文本常量，如：="I Love" & "Excel"。

（4）逻辑值常量，如：=VLOOKUP（E2，F2:G3，2）。

（5）错误值常量，如：=COUNTIF（A:A，#DIV/0!）。

5.4.2　运算符

运算符是构成公式的基本元素之一，每个运算符分别代表一种运算。Excel 包含 4 种类型的运算符：算术运算符、比较运算符、文本运算符和引用运算符。通常情况下，Excel按照从左向右的顺序进行公式运算，当公式中使用多个运算符时，Excel 将根据各个运算符的优先级进行计算，对于同一级次的运算符，则按从左向右的顺序运算。具体优先级顺序如表 5-1 所示。

表 5-1　运算符的优先顺序

顺序	符号	说明
1	：_（空格）	引用运算符：冒号、单个空格和逗号
2	−	算术运算符：负号
3	%	算术运算符：百分比
4	^	算术运算符：乘幂
5	*和 /	算术运算符：乘和除
6	+和−	算术运算符：加和减
7	&	文本运算符：连接文本
8	=, <, >, <=, >=, <>	比较运算符：比较两个值，等于、小于、大于、小于等于、大于等于和不等于

数学计算式中使用小括号()、中括号[]和大括号{}可以改变运算的优先级别，在 Excel中均使用小括号代替，而且括号的优先级将高于上表中所有运算符。如果在公式中使用多组括号进行嵌套，其计算顺序是由最内层的括号逐级向外进行运算。

5.4.3　函数

函数是一些预定义的公式，它们使用一些称为参数的特定数值按特定的顺序或结构进行计算。Excel 提供了很多内置函数，这些函数为我们对数据进行运算和分析带来了极大的方便。Excel 函数只有唯一的名称且不区分大小写，每个函数都有特定的功能和用途。

工作表函数的结构以等号（=）开始，后面紧跟函数名称和左右括号，括号内部是以逗号分隔的参数。形如：=函数名（参数 1，参数 2，参数 3，…）。

1. 函数名称

函数名称可以描述函数的功能，如果要查看可用函数的列表，可单击一个单元格并按"Shift+F3"组合键。

2. 参数

参数必须放在括号内。有些函数没有参数，但是必须有括号。例如，=TODAY（）。有些函数具有多个参数，参数之间用逗号间隔。有些函数没有明确规定参数的个数，如SUM 和 AVERAGE 等函数。

3. 输入公式

在公式中使用函数时，通常由表示公式开始的"="号、函数名称、左括号、以半角逗号相间隔的参数和右括号构成，公式中允许使用多个函数或计算式，通过运算符进行连接。

输入函数方法：单击要使用函数计算的单元格，切换到"公式"选项卡，在"函数库"选项组中单击"插入函数"命令或者直接单击"编辑栏"中的"插入函数"按钮 f_x，在"选择函数"里找到要使用的函数并单击选中，单击"确定"按钮弹出"函数参数"对话框。如单击函数"SUM"并单击"确定"按钮则弹出如图 5-36 所示的函数参数对话框。

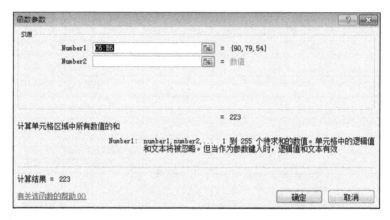

图 5-36　SUM"函数参数"对话框

"函数参数"对话框中包含函数参数的选取及对该函数的描述，Number1 和 Number2 后面的空白区域为参数输入框。图 5-36 中对单元格 C6:E6 进行求和计算。

5.4.4　引用

单元格引用的作用在于标识工作表上的单元格或单元格区域，指明公式中所使用数据的位置。通过单元格的引用，可在公式中使用工作表不同部分的数据，或在多个公式中使用同一单元格的数值。也可引用同一工作簿中不同工作表中的单元格或不同工作簿的单元格。

1. 同一工作表中单元格的引用

（1）相对引用。

相对引用是在单元格中引用一个或多个相对地址的单元格。当把一个含有单元格地址的公式复制到一个新的位置或者用一个公式填入一个范围时，公式中的单元格地址会随着改变。相对引用的引用格式是用字母标识列，用数字标识行。如图 5-37 中，单元格 F7 中的公式为"=C7+D7+E7"，此公式中的单元格引用为相对引用，把此公式复制到 F8，则 F8 中的公式即变为"=C8+D8+E8"。

（2）绝对引用。

绝对引用是在单元格中引用一个或多个特定位置的单元格。在复制公式时，绝对引用不发生变化。即若把公式复制或者填入到新位置时，公式中的绝对引用地址保持不变。绝

A	B	C	D	E	F
成绩单					
2016年4月12	7:20				
学号	姓名	高数	计算机	体育	总成绩
2008001	王小蒙	78	86	63	227
2008002	王立新	90	79	54	223
2008003	胡晓华	81	90	62	=C7+D7+E7
2008004	马丽丽	70	83	59	
2008005	田涛	75	82	75	
2008006	赵岩	68	79	55	
2008007	冯晓丽	55	85	40	

图 5-37　单元格相对引用举例

对引用的引用格式是在引用的列标或行标前加符号$。如图 5-37 中，若单元格 F7 中的公式为“=C7+$D$7+E7”，把此公式复制到 F8，则 F8 中的公式即变为“=C8+$D$7+E8”，公式复制到新的位置绝对引用的地址不会发生变化。

（3）混合引用。

所谓混合引用是指在一个单元格地址引用中，既有绝对地址引用，同时也包含有相对地址引用。混合引用有两种情况，若在列标（字母）前有“$”符号，而行号（数字）前没有“$”符号，被引用的单元格列的位置是绝对的，行的位置是相对的；反之，列的位置是相对的，行的位置是绝对的。例如，$A1 是列绝对、行相对，A$1 是列相对、行绝对。

2. 同一工作簿中引用其他工作表中的单元格

如要引用其他工作表中的单元格，只需在要引用的单元格地址前加上“工作表名”，后面跟一个“!”，接着再写上单元格地址。例如，在一个工作簿中有两个工作表“S1”和“S2”。若“S1”工作表 D6 单元格的公式中需要引用“S2”工作表的 E2 单元格进行计算，则将“S1”作为当前活动工作表，在单元格 D6 中输入公式“=0.85*S2!E2”，按 Enter 键或 Tab 键完成输入即可。

5.4.5　数组

在 Excel 中，数组是由一个或者多个元素按照行列排列方式组成的集合，这些元素可以是文本、数值、逻辑值、日期、错误值等。数组常量的所有组元素为常量数据，其中文本必须使用半角双引号将首尾标识出来。其表示方法为：用一对大括号（{}）将构成数组的常量包括起来，并以半角分号（;）间隔行元素、以半角逗号（,）间隔列元素。

数组常量根据尺寸和方向不同，可以分为一维数组和二维数组。只有 1 个元素的数组称为单元素数组，只有 1 行的一维数组又可称为水平数组，只有 1 列的一维数组又可称为垂直数组，具有多行多列（含两行两列）的数组为二维数组。

（1）单元素数组。{1}，可以使用=ROW（A1）或=COLUMN（A1）返回。

（2）一维水平数组。{1，2，3，4，5}，可以使用=COLUMN（A:E）返回。

（3）一维垂直数组。{1；2；3；4；5}，可以使用=ROW（1:5）返回。

（4）二维数组。{0,"不及格"；60,"及格"；70,"中"；80,"良"；90,"优"}。

5.5 图 表

图表可以分为内嵌图表和独立图表两种。内嵌图表与数据源放置在同一工作表中，是工作表中的一个图表对象，可以放置在工作表的任意位置，与工作表一起保存和打印；独立图表是独立的工作表，打印时与数据表分开打印。

5.5.1 Excel 图表结构

图表中包含许多元素。默认情况会显示其中一部分元素，而其他元素可以根据需要进行添加。可以通过将图表元素移到图表中的其他位置、调整图表元素的大小或更改格式来更改图表元素的显示，也可以删除不希望显示的图表元素，图表组成如图 5-38 所示。

（1）图表区。图表区是指整个图表及其全部元素。

（2）绘图区。绘图区是指在二维图表中，通过轴来界定的区域，包括所有数据系列。在三维图表中，同样是通过轴来界定的区域，包括所有数据系列、分类名、刻度线标志和坐标轴标题。

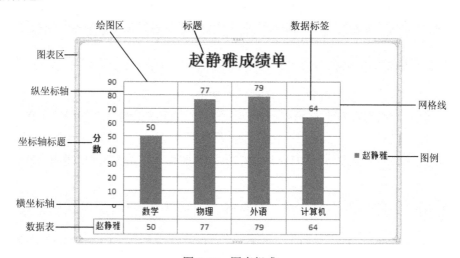

图 5-38 图表组成

（3）数据系列。数据系列是指在图表中绘制的相关数据点，这些数据源自数据表的行或列。图表中的每个数据系列具有唯一的颜色或图案并且在图表的图例中表示。可以在图表中绘制一个或多个数据系列，但饼图只有一个数据系列。

（4）坐标轴。坐标轴是指界定图表绘图区的线条，用作度量的参照框架。Y 轴通常为垂直坐标轴并包含数据，X 轴通常为水平轴并包含分类，数据沿着横坐标轴和纵坐标轴绘制在图表中。

（5）图例。图例是一个方框，用于标识图表中的数据系列或分类指定的图案或颜色。

（6）图表标题。图表标题是说明性的文本，可以自动与坐标轴对齐或在图表顶部居中。

（7）数据标签。数据标签是指为数据标记提供附加信息的标签，数据标签代表源于数据表单元格的单个数据点或值。

5.5.2 创建图表

数据是图表的基础，若要创建图表，首先需要在工作表中为图表准备数据。Excel 2010提供了两种创建图表的方法。

（1）选中目标数据区域，单击"插入"选项卡中"图表"选项组中的相应图表类型按钮，创建所选图表类型的图表。

（2）选中目标数据区域，按 F11 快捷键，在新建的图表工作表中创建图表。

创建图表的具体操作步骤如下。

（1）插入图表：选择 B1:F5 单元格区域，切换到"插入"选项卡，在"图表"选项组中单击"柱形图"按钮，在弹出的扩展菜单中选择"簇状柱形图"，在学生成绩表中插入图表，如图 5-39 所示。

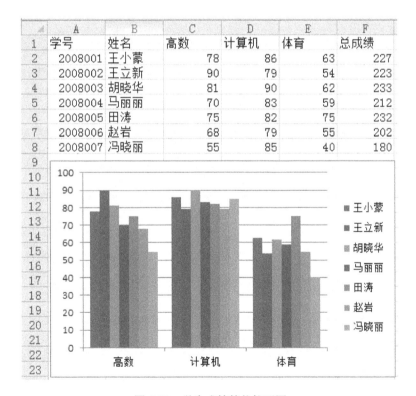

图 5-39　学生成绩簇状柱形图

（2）图表布局：选中图表，单击"设计"选项卡中"图表布局"的下拉按钮，在下拉菜单中单击"布局 3"图标按钮，将布局应用到所选的图表，输入图表标题"学生成绩单"，如图 5-40 所示。

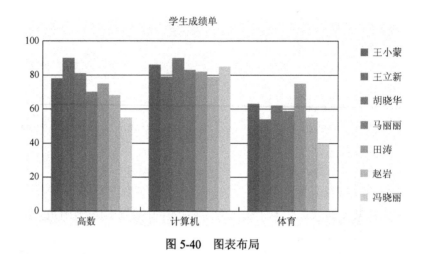

图 5-40　图表布局

（3）图表样式：选中图表，单击"设计"选项卡中的"图表样式"的下拉按钮，打开图表样式库，单击"样式 27"图标按钮，将图表样式应用到所选的图表，如图 5-41所示。

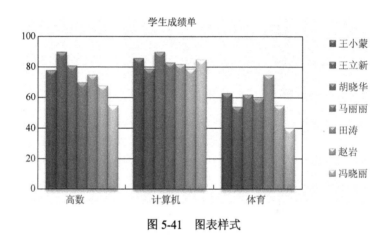

图 5-41　图表样式

图表样式是指在图表中显示的数据点形状和颜色的组合。按"样式 27"显示的图表，具有以下特点。

①数据点颜色为渐变的蓝色。

②绘图区为白色。

③数据点形状为立体棱台效果。

（4）图表大小：调整图表大小有以下三种方法。

①选中图表，在图表的边框上显示 8 个控制点，将光标定位到控制点上时，光标变为双向箭头形状，此时利用鼠标拖放即可调整图表的大小。

②选中图表，切换到"格式"选项卡，在"大小"选项组的"高度"和"宽度"文本框中显示所选图表的大小，默认尺寸为高 7.62cm、长 12.7cm，在文本框中可以输入数字调整图表大小。

③选中图表，在图表边框上单击鼠标右键，在弹出的快捷菜单中单击"设置图表区域格式"命令，打开"设置图表区格式"对话框，切换到"大小"选项卡，调整图表的大小。

（5）添加或删除标题或数据标签。

①添加图表标题。

（a）在"布局"选项卡上的"标签"选项组中，单击"图表标题"。

（b）单击"图表上方"或"居中覆盖标题"。

（c）在图表中显示的"图表标题"文本框中键入所需的文本。

（d）若要设置文本的格式，选择文本，然后在"浮动工具栏"上单击所需的格式选项。

②添加坐标轴标题。

（a）在"布局"选项卡上的"标签"选项组中，单击"坐标轴标题"。

（b）向主要横（分类）坐标轴添加标题，单击"主要横坐标轴标题"；向主要纵（值）坐标轴添加标题，单击"主要纵坐标轴标题"。

（c）图表中显示的"坐标轴标题"文本框中键入所需的文本。

③添加数据标签。

在"布局"选项卡上的"标签"选项组中，单击"数据标签"，然后单击所需的显示选项。

（6）显示或隐藏图例。

①在"布局"选项卡上的"标签"选项组中，单击"图例"。

②若要隐藏图例，单击"无"。若要显示图例，单击所需的显示选项。

（7）显示或隐藏图表坐标轴或网格线。

①显示或隐藏主要坐标轴，在"布局"选项卡上的"坐标轴"选项组中，单击"坐标轴"，进行设置。

②显示或隐藏次要坐标轴，在"格式"选项卡上的"当前所选内容"选项组中，单击"图表元素"框中的箭头，在弹出的扩展菜单中沿次要垂直轴绘制的数据系列进行设置。

③显示或隐藏主要网格线，在"布局"选项卡上的"坐标轴"选项组中，单击"网格线"进行设置。

5.6　工作表中的数据库操作

如图 5-42 所示，对"学生成绩单"表中的数据的操作进行处理。

	A	B	C	D	E	F	G	H	I
1	学生成绩单								
2	编号	学号	姓名	性别	班级	高数	计算机	体育	总成绩
3	001	2008001	王小蒙	女	计科0801	78	86	63	227
4	002	2008002	王立新	男	计科0801	90	79	54	223
5	003	2008003	胡晓华	女	计科0801	81	90	62	233
6	004	2008004	马丽丽	女	计科0801	70	83	59	212
7	005	2008005	田涛	男	计科0802	75	82	75	232
8	006	2008006	赵岩	男	计科0802	68	79	55	202
9	007	2008007	冯晓丽	女	计科0802	55	85	40	180

图 5-42　"数据库操作"源数据

5.6.1　排序

在 Excel 中可以对表格一列或多列中的数据按文本、数字、日期和时间的升序或降序进行排序；还可以按照自定义序列（如大小）或格式（如单元格颜色、字体颜色或图表集）进行排序。

1. 简单排序

简单排序可以利用"数据"选项卡"排序和筛选"选项组中的"升序"按钮和"降序"按钮对工作表中的数据进行排序。

方法是单击要排序的列中任意一个单元格，切换到"数据"选项卡，在"排序和筛选"选项组中，单击"升序"或"降序"按钮即可完成排序。

2. 多关键字复杂排序

利用简单排序只能对单列或单行进行排序。如果对排序结果有较高要求，可以使用多关键字排序条件来进行排序。多关键字排序的操作步骤如下。

（1）打开要排序的工作表，单击数据区域中任意一个单元格，单击"数据"→"排序和筛选"→"排序"按钮。

（2）弹出"排序"对话框，在"主要关键字"下拉列表中选择排序的主要关键字为"总成绩"，且按升序排列。

（3）单击"添加条件"按钮，在"排序"对话框中添加"次要关键字"项，从其下拉列表框中选择次要关键字"数学"，按升序排列。如图 5-43 所示。即在排序时，如果有两个学生"总成绩"一样，则按照"次要关键字"中的选项"数学"成绩对这两个学生进行排序。

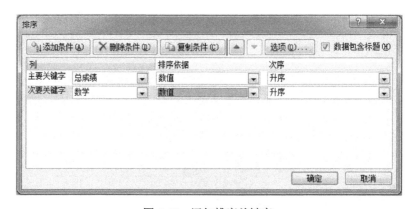

图 5-43　添加排序关键字

（4）继续单击"添加条件"按钮，可以添加更多的排序条件，也可以单击"删除条件"按钮来删除多余的条件。添加所需条件后，单击"确定"按钮，可以看到工作表中的数据按照关键字优先级进行了排序。

3. 按笔划排序

按笔划排序即按姓字的划数多少排列，同划数内的姓字按起笔顺序排列，划数和笔形都相同的字，按字形结构排列，先左右、再上下，最后整体字。如果姓字相同，则依次看姓名第二、三字，规则同姓字。按笔划排序的操作步骤如下。

（1）单击数据区域中任意单元格。

（2）在"数据"选项卡中"排序和筛选"选项组中单击"排序"按钮，出现"排序"对话框。

（3）在"排序"对话框中，选择"次要关键字"为"姓名"，排序方式为升序。

（4）单击"排序"对话框中的"选项"按钮，在出现的"排序选项"对话框中，单击方法区域中的"笔划排序"单选按钮，如图 5-44 所示。

图 5-44　设置以姓名为关键字按笔划排序

（5）先单击"确定"按钮，关闭"排序选项"对话框，再单击"确定"按钮，关闭"排序"对话框。

5.6.2　筛选

通过筛选工作表中的信息，可以快速查找数值。通过筛选一个或多个数据列，用户可以显示需要的内容，排除其他内容。在筛选数据时，如果一个或多个列中的数值不能满足筛选条件，整行数据都会被隐藏起来。用户可以按数字值或文本值进行筛选，或按单元格颜色筛选那些设置了背景色或文本颜色的单元格。

1. 使用自动筛选

（1）打开需要进行筛选的工作表，单击数据区域中任意一个单元格。单击"数据"→"排序和筛选"→"筛选"按钮 🔽 。系统自动在每列表头（字段名）上显示筛选箭头。

（2）单击表头"性别"右边的筛选箭头，打开下拉列表。列表中有"升序""降序""按颜色排序""文本筛选""男""女"等选项。本例中选择"男"。此时，性别为男的记录自动筛选出来，如图 5-45 所示。

	A	B	C	D	E	F	G	H	I
1					学生成绩单				
2	编号	学号	姓名	性别	班级	高数	计算机	体育	总成绩
4	002	2008002	王立新	男	计科0801	90	79	54	223
7	005	2008005	田涛	男	计科0802	75	82	75	232
8	006	2008006	赵岩	男	计科0802	68	79	55	202

图 5-45　自动筛选的结果

2. 使用自定义筛选

（1）打开需要进行筛选的工作表，单击数据区域中任意单元格。单击"数据"→"排序和筛选"→"筛选"按钮 。系统自动在每列表头（字段名）上显示筛选箭头。

（2）单击表头"平均分"右侧的下拉按钮，在弹出的菜单中选择"数字筛选"→"自定义筛选"命令，弹出"自定义自动筛选方式"对话框，如图 5-46 所示。

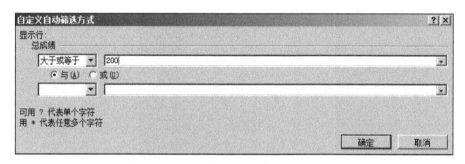

图 5-46　"自定义自动筛选方式"对话框

（3）在"总成绩"功能区内单击下拉列表框左侧的箭头，在列表中选择"大于或等于"选项，在右边的筛选条件组合框中输入 200，或单击右边的箭头并从列表中选择一个记录值。

（4）若有两个筛选条件，可以选择"与"或"或"。其中，"与"表示两个条件均成立才作筛选，"或"表示只要有一个条件成立就可作筛选，系统默认选择"与"。

3. 高级筛选

在"数据"选项卡的"排序和筛选"选项组中单击"高级"选项，可以将符合条件的数据复制到另一个工作表或当前工作表的其他空白位置上。

在进行高级筛选之前，必须要为数据清单建立一个条件区域，条件区域用于定义筛选必须满足的条件，其首行必须包含与数据清单中完全相同的列表，可以包含一个列标，也可以包含两个列标，甚至包含数据清单中的全部列标。高级筛选的难点在于条件区域的建立。以筛选出学生成绩单中总成绩大于或等于 200 的女生为例，具体操作步骤如下。

（1）在图 5-42 所示的工作表 D11:E12 单元格区域创建一个条件区域，即在该单元格区域中输入筛选条件。

（2）单击数据区域中任何一个单元格。单击"数据"→"排序和筛选"→"高级"按钮，弹出"高级筛选"对话框，进行如图 5-47 所示的设置。

（3）若选择"选择不重复的记录"复选框，则显示符合条件的筛选结果时不包括重复的行。

（4）单击"确定"按钮，筛选结果复制到指定的目标区域，如图 5-48 所示。

4. 删除筛选

当对筛选的结果进行相关操作后，需要回到筛选前工作表的数据，可以清除对特定列的筛选或清除所有筛选，清除筛选的步骤如下。

（1）清除对列的筛选。在多列单元格区域或工作表中清除对某一列的筛选，单击该列标题上的"筛选"

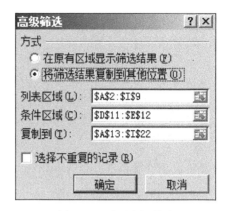

图 5-47　设置高级筛选

按钮，在弹出的列表中选择"从'列标题'中清除筛选"命令，即可清除对该列的筛选。

	A	B	C	D	E	F	G	H	I
1					学生成绩单				
2	编号	学号	姓名	性别	班级	高数	计算机	体育	总成绩
3	001	2008001	王小蒙	女	计科0801	78	86	63	227
4	002	2008002	王立新	男	计科0801	90	79	54	223
5	003	2008003	胡晓华	女	计科0801	81	90	62	233
6	004	2008004	马丽丽	女	计科0801	70	83	59	212
7	005	2008005	田涛	男	计科0802	75	82	75	232
8	006	2008006	赵岩	男	计科0802	68	79	55	202
9	007	2008007	冯晓丽	女	计科0802	55	85	40	180
10									
11				性别	总成绩				
12				女	>=200				
13	编号	学号	姓名	性别	班级	高数	计算机	体育	总成绩
14	001	2008001	王小蒙	女	计科0801	78	86	63	227
15	003	2008003	胡晓华	女	计科0801	81	90	62	233
16	004	2008004	马丽丽	女	计科0801	70	83	59	212

图 5-48　高级筛选结果

（2）如果要清除工作表中的所有筛选并重新显示所有行，单击"数据"→"排序和筛选"→"清除"按钮。

5.6.3　利用记录单输入和管理数据库列表

数据清单是 Excel 2010 工作表中单元格构成的矩形区域，即一张二维表，也称为数据列表，例如，一张成绩单，可以包含序号、姓名、班级、各科成绩等。为了方便地编辑数据清单中的数据，Excel 2010 提供了数据记录单的功能，数据记录单可以在数据清单中一次输入或显示一个完整的记录行，即一条记录的内容，还可以方便地查找、添加、修改及删除数据清单中的记录。利用记录单输入，不容易出错，而且省掉了来回切换光标的麻烦。

1. 向快速访问工具栏添加"记录单"命令

单击"文件"选项卡中的"选项"按钮，在弹出的"Excel 选项"对话框中，单击"快速访问工具栏"的"不在功能区中的命令"，在下拉列表中找到"记录单"命令，然后单击"添加"按钮，将它添加到快速访问工具栏中，如图 5-49 所示。

图 5-49　自定义快速访问工具栏

2. 编辑记录

利用数据记录单能够编辑任意指定的记录，修改记录中的某些内容，还可以增加或删除记录。

（1）增加记录。

如果要在数据列表中增加一条记录，可单击"记录单"对话框中的"新建"按钮，对话框中出现一个空的记录单，在各字段的文本框中输入数据。在输入过程中按 Tab 键将光标插入点移到下一字段，按 Shift+Tab 组合键将光标插入点移到上一字段，单击"新建"按钮，继续增加新记录。

本例中，在 E 盘建立一个 Excel 文件，工作簿名称为"成绩单.xlsx"，将该工作簿中的"Sheet1"工作表重命名为"成绩单"。然后在表格的第一行输入如图 5-50 所示的列标，然

图 5-50　增加记录

后单击"快速访问工具栏"上的"记录单"按钮，在弹出的"计算机专业期末成绩单"对话框中，对应各字段的文本框输入数据，增加记录。

（2）删除记录。

当要删除某条记录时，可先找到该记录，然后单击"删除"按钮，回答"警告"对话框，让用户进一步确认操作。

（3）修改记录。

如果要在记录单中修改记录，可先找到该记录，然后直接在文本框中修改。

3. 查找记录

（1）数据录入完成后，单击数据表中任意单元格，单击快速访问工具栏上的"记录单"命令，弹出"记录单"对话框。

（2）在记录单对话框中单击"条件"按钮，弹出"条件"对话框输入查找条件，如图 5-51 所示。在查找过程中，条件表达式可以使用＞、＜、=、＜=、＞=、＜＞等运算符号。

按 Enter 键查找到一条记录，如图 5-52 所示，单击"下一条"或"上一条"继续查找满足条件的记录，本例中，有一条记录满足条件。

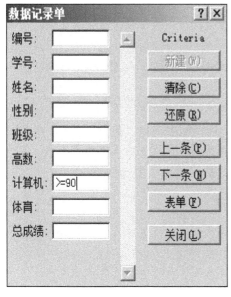

图 5-51　"条件"对话框

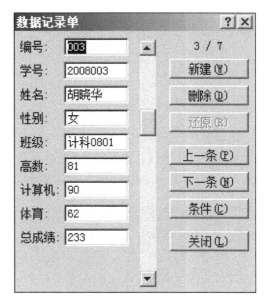

图 5-52　查找记录结果

5.6.4　数据有效性

使用数据有效性可以控制用户输入到单元格中的数据或数值类型。数据有效性是指从单元格的下拉列表中选择设置好的内容进行输入的方法。例如，用户可以使用数据有效性将需要输入的数据限制在某个日期范围、列表范围或者取值范围之内。下面以图 5-42 中的数据输入为例，演示数据的有效性。

1. 设置数据有效性

设置单元格数据的有效性,不但可以增加数据的准确性,还可以增加输入数据的速度。

（1）输入学号。

①选定单元格区域 B3:B9,在"数据"选项卡的"数据工具"选项组中单击"数据有效性"按钮,在下拉列表中选择"数据有效性"选项,弹出"数据有效性"对话框,单击"设置"选项卡,在"允许"下拉列表框中选择"自定义"选项;在"公式"文本框中输入=COUNTIF（B:B,B3）=1,如图 5-53 所示。

②单击"输入信息"选项卡,在"标题"文本框中输入"请输入学号",在"输入信息"文本框中输入"学生的学号在本学院里是唯一的",如图 5-54 所示。

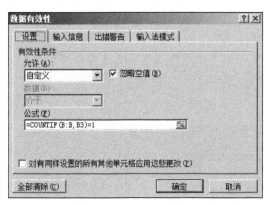
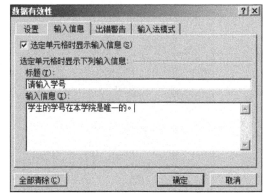

图 5-53　自定义有效性条件　　　　　　　　图 5-54　定义输入信息提示

③单击"出错警告"选项卡,在"样式"下拉列表框中选择"警告"选项。在"标题"文本框中输入"输入有误",在"错误信息"文本框中输入"您输入的学号有误,请重新输入",如图 5-55 所示。当输入有重复的学号时,提示信息如图 5-56 所示。

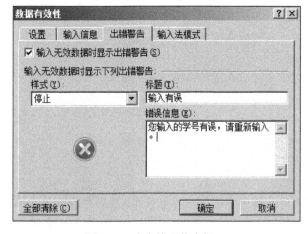

图 5-55　定义错误信息提示　　　　　　　　图 5-56　输入重复学号后的提示信息

（2）选择性别。

选择单元格区域 D3:D9，在"数据"选项卡的"数据工具"选项组中单击"数据有效性"按钮，在下拉列表中选择"数据有效性"选项，弹出"数据有效性"对话框，单击"设置"选项卡中的"允许"下拉列表中选择"序列"选项，在"公式"文本框中输入"男，女"（不包括""），如图 5-57 所示，单击"确定"按钮。此时，在选择"性别"字段中的单元格后显示一个向下的三角形，单击选择需要的"男"或"女"，如图 5-58 所示为选择"性别"。

图 5-57　设置序列　　　　　　　　　　图 5-58　通过序列选择"性别"

（3）输入分数。

①选择单元格区域 F3:H9，在"数据有效性"对话框中"设置"选项卡中"允许"下拉列表中选择"整数"选项，激活下面的文本框并输入有效性条件，如图 5-59 所示。

图 5-59　输入分数"数据有效性"对话框

②单击"输入信息"选项卡，在"标题"文本框中输入"请输入分数"。在"输入信息"文本框中输入"只能输入 100 以内的正整数"。

③单击"出错警告"选项卡，在"样式"下拉列表框中选择"警告"选项，在"标题"文本框中输入"输入有误"，在"错误信息"文本框中输入"用户输入的分数超出了允许范围"。

④设置好后单击"确定"按钮，返回工作表，单击 F3 单元格，在该单元格右下方显示一个输入信息提示框。

⑤向该单元格输入数值，如果输入的数值大于 100，将会弹出警告对话框。

2. 圈释错误数据

数据有效性条件并非尽善尽美，用户可以避开这些条件，通过从剪贴板粘贴或输入公式输入无效数据。此外，创建和复制有效性条件时，Excel 并不检查单元格或单元格区域中当前的内容。从视觉上识别无效数据可以通过使用"圈释错误数据"功能。单击"数据"选项卡的"数据工具"选项组的"数据有效性"命令，在弹出的菜单中选择"圈释无效数据"命令，在工作表中将用红色圈圈释无效数据，如图 5-60 所示。

数学	英语	计算机
85	89	70
79	75	89
68	78	76
97	90	101

图 5-60　圈释错误数据

5.6.5　分类汇总

对于数据量较大的表格，在分析数据时，通常都要统计某类数据的汇总结果，可以使用 Excel 提供的分类汇总功能来实现。对数据进行分类汇总后，不但增加了数据表格的可读性，而且为进一步分析数据提供了便利条件。

1. 创建分类汇总

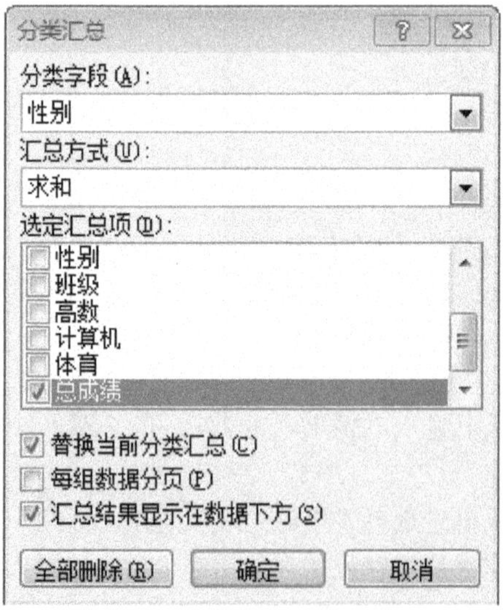

图 5-61　"分类汇总"对话框

在分类汇总前需要确保数据区域中进行分类汇总计算的每一列的第一个单元格都具有一个标题，每一列包含相同含义的数据，并且该区域不包含任何空白行或空白列。在分类汇总前，需要对分类字段进行排序。创建分类汇总的操作步骤如下。

（1）打开需要进行分类汇总的工作表，源数据如图 5-42 所示，单击 D2:D8 区域中任意一个单元格。选择"数据"→"排序和筛选"→"升序"按钮，对数据按照性别进行排序。

（2）切换到"数据"选项卡，在"分级显示"选项组中单击"分类汇总"按钮，弹出"分类汇总"对话框，如图 5-61 所示。

（3）在"分类字段"下拉列表中选择"性别"。

（4）在"汇总方式"下拉列表中选择"求和"。

（5）在"选定汇总项"列表框中指定"总成绩"（进行分类汇总的数据所在列）。

（6）选择"替换当前分类汇总"复选框，新的分类汇总替换数据表中原有的分类汇总。

（7）选择"汇总结果显示在数据下方"复选框，将分类汇总结果和总计行插入到数据之下。

（8）单击"确定"按钮，结果如图 5-62 所示。

	A	B	C	D	E	F	G	H	I
1	编号	学号	姓名	性别	班级	高数	计算机	体育	总成绩
2	002	2008002	王立新	男	计科0801	90	79	54	223
3	005	2008005	田涛	男	计科0802	75	82	75	232
4	006	2008006	赵岩	男	计科0802	68	79	55	202
5				男 汇总					657
6	001	2008001	王小薰	女	计科0801	78	86	63	227
7	003	2008003	胡晓华	女	计科0801	81	90	62	233
8	004	2008004	马丽丽	女	计科0801	70	83	59	212
9	007	2008007	冯晓丽	女	计科0802	55	85	40	180
10				女 汇总					852
11				总计					1509

图 5-62　分类汇总结果

2. 删除分类汇总

当对工作表进行了分类汇总之后如需返回工作表最初状态，则需要删除已经生成的分类汇总，删除分类汇总的操作步骤如下。

（1）单击分类汇总表中数据区域中任意单元格。切换到"数据"选项卡，在"分级显示"选项组中单击"分类汇总"按钮。

（2）弹出"分类汇总"对话框，单击"全部删除"按钮，即可删除所有分类汇总，将工作表恢复到汇总前的状态。

5.6.6　数据透视表

数据透视表是一种非常有用的数据分析工具，它是一种交互式报表，可以快速分类汇总、比较大量的数据，并可以随时选择其中页、行和列中的不同元素，以快速查看源数据的不同统计结果。与分类汇总以及分级显示通过修改用户表格的结构进而显示对数据的汇总不同，数据透视表是在工作簿里创建新的元素，当用户添加或编辑表格中的数据时，所做出的更改也将在数据透视表上显示。

用于创建数据透视表的源数据如图 5-42 所示，下面使用数据透视表向导创建数据透视表。其操作步骤如下。

（1）切换到"插入"选项卡，在"表格"选项组中单击"数据透视表"按钮，在下拉列表中选择"数据透视表"选项，弹出"创建数据透视表"对话框，如图 5-63 所示。

（2）选择分析的数据。此时，系统自动选定当前光标所在表格的数据区域。或者在"请选择要分析的数据"命令组中，选中"选择一个表或区域"单选按钮，单击"表/区域"文本框右侧的按钮，在工作表中选择作为创建数据透视表数据的单元格区域 A1:I8。

若要将数据透视表放置在新工作表中，并以单元格 A1 为起始位置，选择"新工作表"按钮。若要将数据透视表放在现有工作表中的特定位置，选择"现有工作表"单选按钮，然后在"位置"框中指定放置数据透视表的单元格区域的第一个单元格。本例在"选择放置数据透视表的位置"命令组中选择"新工作表"命令，单击"确定"按钮。

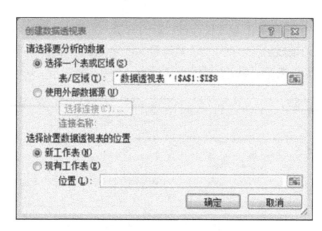

图 5-63　"创建数据透视表"对话框

（3）系统将新建一个工作表，在空白的工作表中创建一个没有任何数据的工作表。

（4）向数据透视表添加字段。

若要将字段放置到布局部分的特定区域中，请在字段部分右键单击相应的字段名称，然后选择"添加到报表筛选""添加到列标签""添加到行标签"或"添加到值"。若要将字段拖放到所需的区域，请在字段部分单击并拖住相应的字段名称，然后将它拖到布局部分中的所需区域中。

本例中将"性别"字段拖到"列标签"区域，将"姓名"字段拖到"行标签"区域，将"编号"字段拖到"报表筛选"区域，将"总成绩"字段拖到"数值"区域，成绩单的数据透视表如图 5-64 所示。

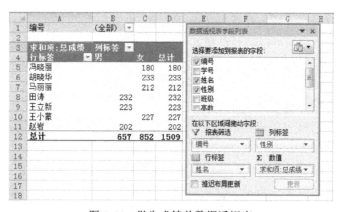

图 5-64　学生成绩单数据透视表

5.7　打　　印

5.7.1　设置打印区域

1. 工作表的打印与选取

单击"文件"选项卡中的"打印"项，打开打印选项菜单，如图 5-65 所示，单击"打印活动工作表"按钮，Excel 提供了"打印活动工作表""打印整个工作簿"和"打印选定区域"3 种选择。默认打印设置下，Excel 仅打印活动工作表上的内容，选择"打印整个工作簿"命令之后单击"打印"按钮，即可打印当前工作簿中的所有工作表内容。

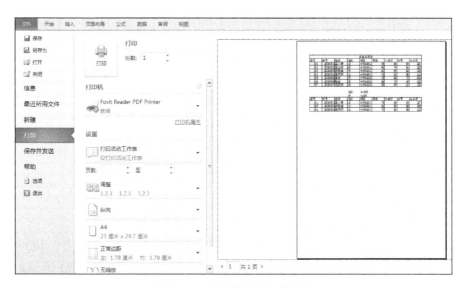

图 5-65　打印设置和自动预览

2. 打印区域

Excel 设置打印区域常用的有以下两种方式。

（1）选定需要打印的区域后，Ctrl+P 组合键打开如图 5-65 所示的打印窗口，单击"打印活动工作表"按钮，选择"打印选定区域"命令，单击"打印"按钮打印输出。

（2）选定需要打印的区域后，单击"页面布局"选项卡中的"打印区域"按钮，在出现的下拉列表中选择"设置打印区域"命令，即可将当前选定区域设置为打印区域。

打印区域可以是连续的单元格区域，也可以是非连续的单元格区域。如果选取非连续区域进行打印，Excel 会将不同的区域各自打印在单独的纸张页面之上。

3. 打印标题

对于有很多页的工作表来说，Excel 允许将标题行或标题列重复打印在每个页面上，具体设置方法如下。

（1）在"页面布局"选项卡中单击"打印标题"按钮，在弹出的"页面设置"对话框中单击"工作表"选项卡。

（2）单击"左端标题列"设置列标题，单击"顶端标题行"在每页上设置行标题。在需要添加标题的序列或行中单击任意单元格，不必选择整个行或列。

（3）单击"打印预览"按钮，确认输入标题的正误，然后单击"打印"按钮，将打印出多页相同标题的工作表。打印的表格及打印标题设置如图 5-66 所示。

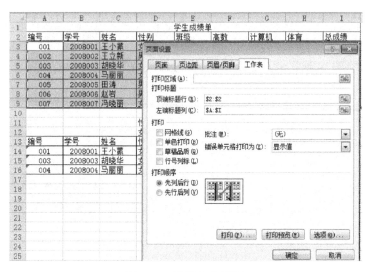

图 5-66　设置打印标题

5.7.2　页面设置

页面设置可以设置文档的页面、页边距、页眉/页脚、工作表等，在"页面布局"选项卡中单击"打印标题"按钮，可以显示"页面设置"对话框，如图 5-67 所示。

图 5-67　"页面设置"对话框

1. 设置页面

在"页面设置"对话框中，选择"页面"选项卡，在此对话框中可以进行以下设置。

（1）在"方向"功能区域中选中"纵向"单选按钮，若工作表较宽，可以选择"横向"单选按钮。

（2）在"缩放"功能区上指定工作表的缩放比例，默认为 100%，若工作表比较大，可以选择"调整为 1 页宽，1 页高"。

（3）在"纸张大小"下拉列表框中选择所需要的纸张大小，默认为 A4。

（4）在"打印质量"下拉列表框中指定工作表的打印质量，默认为 600 点/英寸。

（5）在"起始页码"文本框中键入所需的工作表起始页码，默认为自动。

2. 设置页边距

在"页面设置"对话框中，选择"页边距"选项卡，进行页边距设置，即打印数据在所选纸张上、下、左、右留出的空白尺寸。"页眉"微调框可以设置页眉至纸张顶端之间的间距，"页脚"微调框可以设置页脚至纸张底端之间的间距。

3. 设置页眉页脚

在"页面设置"对话框中，选择"页眉/页脚"选项卡，Excel 在页眉/页脚选项中提供了许多自定义的页眉、页脚格式。如果用户不满意，单击"自定义页眉/页脚"按钮自行定义。

5.7.3　预览和打印

1. 预览工作表

（1）单击工作表或选择要预览的工作表。

（2）单击"文件"→"打印"命令，打开打印设置窗口，如图 5-65 所示。

（3）若要预览下一页和上一页，可以在"打印预览"窗口的底部单击"下一页"和"上一页"命令。

在"视图"选项卡中单击"页面布局"按钮也可对文档进行预览，此时，拖动"标尺"的灰色区域可以调整页边距。

2. 设置打印命令

（1）单击"打印机"下拉列表框，选择所需的打印机。

（2）更改页面设置（包括页面方向、纸张大小和页边距），在"设置"下选择所需的命令。

（3）缩放整个工作表以适合单页打印的大小，在"设置"下单击缩放命令下拉框中所需的命令。

3. 打印设置

（1）在打印份数文本框中输入所需的打印份数。

（2）单击"打印"按钮，开始打印。

5.8　本　章　小　结

本章主要介绍了 Excel 2010 的基本使用方法，包括 Excel 软件的工作环境、工作簿和工作表的基本操作、数据输入、单元格编辑与格式设置、公式和图表的使用、数据管理与分析等内容。通过本章的学习，学生应该掌握电子表格的基本操作和格式化处理，学会用图表统计分析表格信息，熟悉电子表格数据管理，了解电子表格的高级应用。

课　后　练　习

一、单选题

1. Excel 2010 文件的后缀是（　　　）。

A. *.xlsx　　　　　　　　　　　　B. *.xslx

  C. *.xlwx   D. *.docx

2. 在 Excel 2010 中，"工作表"是用行和列组成的表格，分别用（　　）区别。

  A. 数字和数字   B. 数字和字母

  C. 字母和字母   D. 字母和数字

3. 在 Excel 的工作表中，每个单元格都有固定的地址，如"A5"表示（　　）。

  A. "A"代表"A"列，"5"代表第"5"行

  B. "A"代表"A"行，"5"代表第"5"列

  C. "A5"代表单元格的数据

  D. 以上都不是

4. 以下（　　）选项卡不包含在 Excel 的选项中。

  A. 开始   B. 编辑

  C. 视图   D. 插入

5. 在 Excel 中，公式的定义必须以（　　）符号开头。

  A. =   B. ^

  C. /   D. S

6. 若要重新对工作表命名，可以使用的方法是（　　）。

  A. 单击工作表标签   B. 双击工作表标签

  C. F5   D. 使用窗口左下角的滚动按钮

7. 在 Excel 2010 工作表的单元格中可输入（　　）。

  A. 字符   B. 中文

  C. 数字   D. 以上都可以

8. 下面哪一项不属于"单元格格式"对话框中"数学"选项卡的内容（　　）？

  A. 字体   B. 货币

  C. 日期   D. 分数

9. 在对数字格式进行修改时，如出现"#######"，其原因为（　　）。

  A. 格式语法错误   B. 单元格长度不够

  C. 系统出现错误   D. 以上答案都不正确

10. 某公式中引用了一组单元格：（C3:D7，A2，F1），该公式引用的单元格总数为（　　）。

  A. 4   B. 8

  C. 12   D. 16

11. 以下说法正确的是（　　）。

  A. 在公式中输入"=$A5+$A6"表示对 A5 和 A6 的列地址绝对引用

  B. 在公式中输入"=$A5+$A6"表示对 A5 和 A6 的行、列地址相对引用

  C. 在公式中输入"=$A5+$A6"表示对 A5 和 A6 的行、列地址绝对引用

  D. 在公式中输入"=$A5+$A6"表示对 A5 和 A6 的行地址绝对引用

12. Excel 公式复制时，为使公式中的（　　）必须使用绝对地址（引用）。

  A. 单元格地址随新位置而变化   B. 范围随新位置而变化

  C. 范围不随新位置而变化   D. 范围大小随新位置而变化

13. Excel 中，活动单元格是指（　　）。

　　A. 可以随意移动的单元格

　　B. 随其他单元格的变化而变化的单元格

　　C. 已经改动了的单元格

　　D. 正在操作的单元格

14. Excel 工作簿中既有一般工作表又有图表，当执行"文件"选项卡的"保存"命令时，则（　　）。

　　A. 只保存工作表文件　　　　　　　　B. 保存图表文件

　　C. 分别保存　　　　　　　　　　　　D. 二者作为一个文件保存

15. 在 Excel 的单元格输入日期时，年、月、日分隔符可以是（　　）。

　　A. "\"或"-"　　　　　　　　　　　B. "/"或"-"

　　C. "/"或"\"　　　　　　　　　　　D. "."或"\"

16. 在 Excel 工作表中，如果输入分数，应当首先输入（　　）。

　　A. 字母、0　　　　　　　　　　　　B. 数字、空格

　　C. 0、空格　　　　　　　　　　　　D. 空格、0

17. Excel 2010 中，有关改变数据区中行高、列宽的操作正确的是（　　）。

　　A. 改变数据区中行高、列宽不能都从菜单栏中的"格式"菜单进入

　　B. 改变行高或列宽之前，要先选择要调节的行或列

　　C. 如果行高或列宽设置有误，按"撤消"按钮消除

　　D. 以上说法全不正确

18. 在 Excel 中，函数 SUM（A1:A4）等价于（　　）。

　　A. SUM（A1*A4）　　　　　　　　　B. SUM（A1+A4）

　　C. SUM（A1，A4）　　　　　　　　　D. SUM（A1+A2+A3+A4）

19. 在 Excel 中，公式 AVERAGE（B1:B4）等价于（　　）。

　　A. AVERAGE（A1:A4，B1:B4）

　　B. AVERAGE（B1，B4）

　　C. AVERAGE（B1，B2，B3，B4）

　　D. AVERAGE（B1，B4，4）

20. 在 Excel 中，需要参数值中的整数部分，则应该使用函数（　　）。

　　A. MAX　　　　　　　　　　　　　　B. INT

　　C. ROUND　　　　　　　　　　　　　D. SUM

21. 在 Excel 中，需要返回一组参数的最大值，则应该使用函数（　　）。

　　A. MAX　　　　　　　　　　　　　　B. LOOKUP

　　C. HLOOKUP　　　　　　　　　　　　D. SUM

22. 现在有 5 个数据需要求和，我们用鼠标仅选中 5 个数据而没有空白格，那么单击求和按钮后出现什么情况（　　）。

　　A. 求和结果保存在第 5 个数据的单元格中

　　B. 求和结果保存在数据格后面的第一个空白单元格中

C. 求和结果保存在第一个数据的单元格中

D. 没有什么变化

23. 在创建图表之前，选择数据时必须注意（　　　）。

A. 可以随意选择数据

B. 选择的数据区域必须是连续的矩形区域

C. 选择的数据区域必须是矩形区域

D. 选择的数据区域可以是任意形状

24. 要反映数据发展变化的趋势，应使用图表中的（　　　）。

A. 柱形图　　　　　　　　　　　B. 饼图

C. 折线图　　　　　　　　　　　D. 环形图

25. 以下各项，对 Excel 2010 中的筛选功能描述正确的是（　　　）。

A. 按要求对工作表数据进行排序

B. 隐藏符合条件的数据

C. 只显示符合设定条件的数据，而隐藏其他

D. 按要求对工作表数据进行分类

26. 在 Excel 中，使用筛选条件"数学＞80"且"总分＞400"对成绩进行筛选后，在筛选结果中显示的记录是（　　　）。

A. 数学＞80 的记录

B. 总分＞400 的记录

C. 数学＞80 且总分＞400 的记录

D. 数学＞80 或总分＞400 的记录

27. 在 Excel 数据清单中，若根据某列数据对数据清单进行排序，可以利用数据功能区域的"降序"按钮，此时用户应先（　　　）。

A. 选取该列数据　　　　　　　　B. 选取整个数据清单

C. 单击该列数据中任一单元格　　D. 单击数据清单中任一单元格

28. 在 Excel 数据清单中，按某一字段内容进行归类，并对每一类作出统计的操作是（　　　）。

A. 排序　　　　　　　　　　　　B. 分类汇总

C. 筛选　　　　　　　　　　　　D. 记录单处理

29. 在 Excel 中，有关图表的叙述，（　　　）是正确的。

A. 图表的图例可以移动到图表之外

B. 选中图表后再键入文字，则文字会取代图表

C. 图表绘图区可以显示数值

D. 一旦设定了图表标题位置，则不能修改

30. 在创建一个新的数据透视表时，应操作的选项卡为（　　　）。

A. 插入　　　　　　　　　　　　B. 公式

C. 视图　　　　　　　　　　　　D. 数据

二、操作题

1. 在左起第一张工作表中完成如下数据录入

	姓名	数学	物理	外语	计算机	总成绩
1	王天龙	67	78	73	69	
2	李　晨	78	80	81	90	
3	程天天	86	98	88	94	
4	赵静雅	50	77	79	64	

要求：

（1）将该工作表所在的工作簿以文件名 CJD.XLSX 保存。

（2）第一行填充颜色为白色，背景 1，深色 25%。

（3）增加表格线，上表内所有文字居中（水平和垂直，不能只点工具栏中的居中），所有数据（包括第一列）右对齐（水平）。

（4）利用公式计算每个学生的总成绩。

（5）将全表按总成绩的降序排列。

（6）选定姓名、数学、物理、外语、计算机五列数据，以姓名为横坐标（系列产生在"列"，勾选上"分类 X 轴"），绘制一柱形图，图表标题为"本学期期末成绩单"。

注：不要更改"数学""物理""外语""计算机""总成绩"这些单元格的文字内容。

2. 在左起第一张工作表中完成如下数据录入

第二季度产量报表

单位	四月	五月	六月	合计
甲	36	40	50	
乙	27.3	30.5	28.6	
丙	24.3	20.6	22.4	
丁	33.4	29.4	24.7	
戊	25.6	32.1	26.8	
最大值				
平均值				

要求：

（1）设置纸张大小为 B5，方向为纵向，页边距各为 2cm。

（2）第一行插入标题：第二季度产量报表，标题字体为隶书，加粗 16 号，合并单元格（不能超出原表两端，在一行内合并多列，不能合并多行）并居中（水平和垂直，不能只点工具栏中的居中）。

（3）增加表格线（包括标题），上表所有文字和数据均居中（水平和垂直，不能只点工具栏中的居中）。

（4）第一列单元格底纹为黄色，"四月""五月""六月"三个单元格底纹为绿色。

（5）设置各列的宽度，要求：A、B列为5，C、D、E列为6。

（6）统计每个产量（不包括"最大值""平均值"）的"合计"值，要求必须使用公式或函数计算，结果保留1位小数。

（7）计算出各列（包括合计）的"最大值"和"平均值"，要求必须使用公式或函数计算，结果保留2位小数。

注：不要更改"单位""四月""五月""六月""合计"这些单元格的文字内容。

3. 在左起第一张工作表中完成如下数据录入

各类学生构成比例图

学生类别	人数	占总学生数的比例
专科生	2050	
本科生	6800	
硕士生	1200	
博士生	500	
学生总数		

要求：

（1）表的第一行键入"各类学生构成比例图"，字体设为隶书加粗蓝色，合并单元格（在一行内合并多列，两端和数据表两端对齐）并居于表的中央（水平和垂直，不能只点工具栏中的居中）。

（2）增加表格线（包括标题），上文所有文字及数据均居中（水平和垂直，不能只点工具栏中的居中）。

（3）计算"学生总数"一行（只包括人数），必须用公式或函数计算。

（4）计算各类学生比例（不包括学生总数），以百分数形式表示，保留2位小数，必须用公式或函数计算。

（5）选择第一列和第三列两列数据（不包括最后一行），绘制分离型三维饼图。

（6）编辑三维饼图：勾选上数据标志"显示百分比"，添加标题为"学生结构图"。

4. 在左起第一张工作表中完成如下数据录入

学生成绩单

学号	姓名	性别	数学	英语	计算机	平均分	总分
20100204001	赵静雅	女	85	89	70		
20100204002	王天龙	男	79	75	89		
20100204003	李晨	男	68	78	76		
20100204004	程天天	男	97	90	101		
20100204005	马三	男	91	74	78		
20100204006	鞠萍	女	92	82	89		

续表

学号	姓名	性别	数学	英语	计算机	平均分	总分
20100204007	杨未	女	87	84	79		
20100204008	王佳	女	80	87	67		
20100204009	王霞	女	93	90	75		
201002040010	张宏	男	90	91	78		
201002040011	马伊琍	女	95	95	95		

（1）分别计算总分和平均分，必须用公式或函数计算。

（2）根据平均分用 IF 函数求出每个学生的等级。等级的标准：平均分 60 分以下为 D；平均分 60 分以上（含 60 分）、75 分以下为 C；平均分 75 分以上（含 75 分）、90 分以下为 B；90 分以上为 A。

（3）筛选出姓王且性别为女的学生。

（4）筛选出平均分在 75 分以上，且性别为女的学生。

（5）按性别对平均分进行分类汇总。

第6章　演示文稿制作 PowerPoint 2010

PowerPoint 是一种演示文稿制作软件,利用它我们可以制作出精美的幻灯片和演示文稿,从而帮助我们表达自己的观点、演示新产品、展示研究成果等。用 PowerPoint 制作电子文稿已成为当前最为普遍的交流形式之一。

本章内容主要包括:

(1) PowerPoint 2010 的用户界面和视图模式。

(2) 幻灯片的创建及文字、图像、表格、视频、声音的编辑。

(3) 幻灯片的美化。

(4) 幻灯片的放映。

(5) 幻灯片打包和打印。

6.1　初识 PowerPoint 2010

PowerPoint 和 Word、Excel 等应用软件一样,是 Microsoft 公司推出的 Office 系列产品之一,主要用于设计制作产品演示、教育教学、技术交流、音乐图片鉴赏的电子版幻灯片,制作的演示文稿可以通过计算机屏幕或者投影机播放。随着办公自动化的普及,PowerPoint 的应用越来越广泛。

作为 Microsoft Office 桌面办公套件中的一种,PowerPoint 可以轻松实现与其他办公组件(如 Word、Excel)之间的数据共享。用户可轻松自如地将数据在这几种办公组件之间,甚至是与其他应用程序进行交换。

6.1.1　PowerPoint 2010 启动与退出

1. 启动 PowerPoint 2010

PowerPoint 2010 的启动跟 Windows 下其他应用程序的启动一样,有多种启动方式,下面我们介绍三种主要的方式。

(1) 单击"开始"按钮 ,然后选择"所有程序" → "Microsoft Office" → "Microsoft PowerPoint 2010"菜单项,启动 PowerPoint 2010。

(2) 当在桌面已创建好 PowerPoint 2010 快捷方式按钮 时,双击 PowerPoint 2010 快捷方式按钮,启动 PowerPoint 2010。

(3) 双击已有的演示文稿文档,也可以启动 PowerPoint 2010。

2. 退出 PowerPoint 2010

PowerPoint 2010 的退出也有多种方式,常用的有以下 4 种。

(1) 单击窗口"关闭"按钮。

（2）选择"文件"选项卡的"关闭"命令。

（3）选择"文件"选项卡的"退出"命令。

（4）可以直接按"Alt+F4"快捷键。

6.1.2 PowerPoint 2010 界面

PowerPoint 2010 启动后，进入 PowerPoint 2010 的工作界面，如图 6-1 所示。

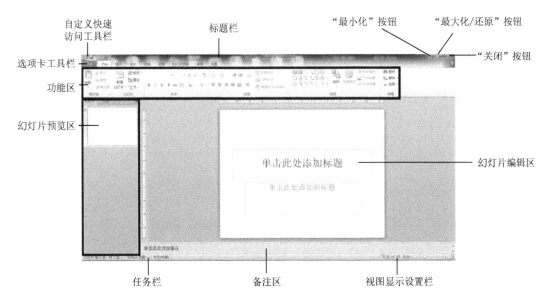

图 6-1 PowerPoint 2010 的工作界面

1. 快速访问工具栏

快速访问工具栏位于 PowerPoint 2010 工作界面的左上方，用于快速执行一些操作，如图 6-2 所示。默认情况下，快速访问工具栏中包括 3 个按钮，分别是"保存"按钮 、"撤消键入"按钮 和"重复键入"按钮 。在 PowerPoint 2010 的使用过程中，用户可以根据实际工作需要，添加或删除快速访问工具栏中的命令选项。

图 6-2 快速访问工具栏

2. 标题栏

标题栏位于 PowerPoint 2010 工作界面的最上方，用于显示当前正在编辑的演示文稿和程序名称。在标题栏的最右侧，是"最小化"按钮 、"最大化"按钮 /"还原"按

钮 □ 和 "关闭" 按钮 ▊ X ▊，用于执行窗口的最小化、最大化、还原和关闭操作。标题栏如图 6-3 所示。

图 6-3　标题栏

3. 功能区

功能区位于标题栏的下方，默认情况下由 9 个选项卡组成，分别为 "文件"、"开始"、"插入"、"设计"、"切换"、"动画"、"幻灯片放映"、"审阅" 和 "视图"。每个选项卡中包含不同的功能区，功能区由若干选项组组成，每个组中由若干功能相似的按钮和下拉列表组成，功能区如图 6-4 所示。

图 6-4　功能区

4. Backstage 视图

PowerPoint2010 为方便用户使用，新增了一个新的 Backstage 视图，在该视图中可以对演示文稿中的相关数据进行方便有效的管理。Backstage 视图取代了早期版本中的 Office 按钮和文件菜单，使用起来更加方便，如图 6-5 所示。

图 6-5　Backstage 视图

5. 工作区

工作区即 PowerPoint2010 的演示文稿编辑区，位于窗口中间，在此区域内可以向幻灯片中输入内容并对内容进行编辑，插入图片、设置动画效果等，工作区是 Power Point 2010 的主要操作区域，如图 6-6 所示。

图 6-6　工作区

6. 大纲区

PowerPoint 2010 的大纲区位于工作界面的左侧，可以在"幻灯片"选项卡和"大纲"选项卡之间切换。在"幻灯片"选项卡中，可以显示演示文稿中所有的幻灯片；在"大纲"选项卡中，可以显示每张幻灯片中的标题和文字内容。

7. 备注区

备注区位于 PowerPoint 2010 工作区的下方，用于添加与每个幻灯片的内容相关的备注，从而完善幻灯片的内容，可在放映演示文稿时将它们用作打印形式的参考资料，如图 6-7 所示。

图 6-7　备注区

8. 状态栏

状态栏位于窗口的最下方，PowerPoint 2010 的状态栏显示的信息更丰富，具有更多的功能，如查看幻灯片张数、显示主题名称、进行语法检查、切换视图模式、幻灯片放映和调节显示比例等，如图 6-8 所示。

图 6-8　状态栏

6.1.3　PowerPoint 2010 的视图方式

　　视图是指 PowerPoint 2010 的工作环境，不同的视图具有各自的独特功能。掌握多种视图模式下的编辑技术，有利于制作出更加出色的演示文稿。Microsoft PowerPoint 2010 提供普通视图、幻灯片浏览视图、备注页视图、幻灯片放映视图、阅读视图和母版视图。本节我们主要介绍普通视图、幻灯片浏览视图、备注页视图、阅读视图、母版视图和幻灯片放映视图。

　　可在两个位置进行视图切换，一是"视图"选项卡上的"演示文稿视图"选项组和"母版视图"选项组，如图 6-9 所示，单击相应按钮可实现视图的切换；另一个是在 PowerPoint 窗口底部的"视图显示设置栏"，提供了各个主要视图（普通视图、幻灯片浏览视图、阅读视图和幻灯片放映视图）切换按钮，如图 6-10 所示。

图 6-9　"视图"选项卡

图 6-10　PowerPoint 窗口底部的"视图显示设置栏"

1. 普通视图

　　当我们正常打开 PowerPoint 时，看到的视图就是普通视图回。普通视图是主要的编辑视图，可用于撰写或设计演示文稿。该视图有三个工作区域：左侧是"幻灯片"/"大纲"窗格，可以在"大纲"选项卡和"幻灯片"选项卡之间进行切换；右侧是幻灯片编辑窗口，下方是幻灯片备注窗格。

　　图 6-11 的左侧是"幻灯片"选项卡为当前选项卡，使用"幻灯片"选项卡可以以缩略图大小的图形在演示文稿中观看幻灯片。使用缩略图能更方便地通过演示文稿导航观看、设计和更改效果。我们还可以重新排列、添加或删除幻灯片。

　　图 6-12 的左侧是"大纲"选项卡为当前选项卡，在"大纲"选项卡中显示幻灯片文本，此区域是开始撰写内容时用于捕获灵感，编写大纲，计划如何展示这些文本的主要地方。

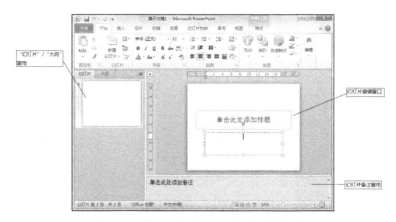

图 6-11　带"幻灯片"选项卡的普通视图

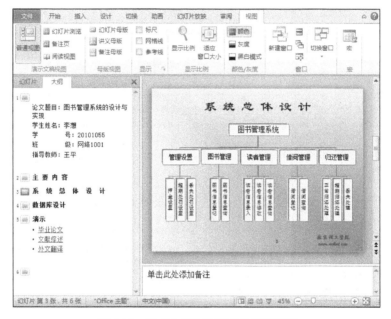

图 6-12　带"大纲"选项卡的普通视图

2. 幻灯片浏览视图

幻灯片浏览视图 ▦ 是以缩略图形式显示幻灯片的视图，如图 6-13 所示。该视图模式主要用于演示文稿中幻灯片之间的综合编辑。当一篇演示文稿的所有幻灯片都排列在屏幕上，能方便我们同时观察所有的幻灯片，也方便对各个幻灯片的位置进行调整，还可以将选中的幻灯片删除，以及为选中的幻灯片设计背景。

3. 备注页视图

备注页视图 ▣ 是为作者提供编辑备注用的。在此视图模式下，幻灯片窗格下方有一个备注窗格，用户可以在此为幻灯片添加需要的备注内容，如图 6-14 所示。在普通视图下备注窗格中只能添加文本内容，而在备注页视图中，用户可在备注中插入图片。

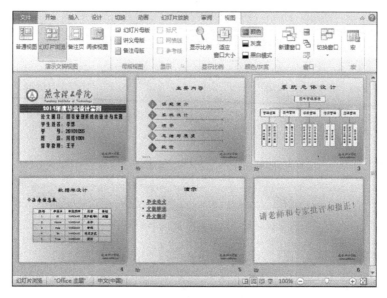

图 6-13　幻灯片浏览视图

图 6-14　备注页视图

> **注意：**
>
> 　　备注页视图中的备注内容在放映时是不会显示的，它只是为报告者备注的演讲提示。备注页视图中的备注内容可以进行打印输出，这一功能为演讲者提供了方便。

4. 阅读视图

　　阅读视图 是用于个人放映演示文稿。此视图模式用于作者查看演示文稿而非受众（例如，通过大屏幕）放映演示文稿，如图 6-15 所示。如果希望在一个设有简单控件以方

便审阅的窗口中查看演示文稿，而不想
使用全屏的幻灯片放映视图，则可以在
自己的计算机上使用阅读视图。如果要
更改演示文稿，可以从阅读视图切换至
某个其他视图。

5. 母版视图

演示文稿中的各个页面经常会有重
复的内容，使用母导版可以统一控制整
个演示文稿的某些文字安排、图形外观
及风格等，一次就制作出整个演示文稿
中所有页面都通用的部分，可极大地提高

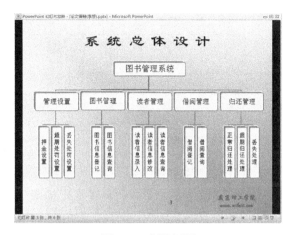

图 6-15　阅读视图

工作效率。母版视图包括幻灯片母版视图、讲义母版视图和备注母版视图。它们是存储有
关演示文稿信息的主要幻灯片，其中包括背景、颜色、字体、效果、占位符大小和位置。
使用母版视图的一个主要优点是，在幻灯片母版、备注母版或讲义母版上，可以对与演示
文稿关联的每个幻灯片、备注页或讲义的样式进行全局更改。

6. 幻灯片放映视图

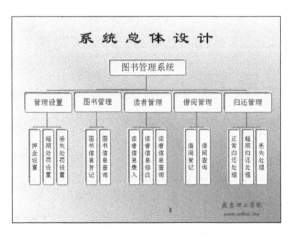

图 6-16　幻灯片放映视图

幻灯片放映视图 占据整个计算机
屏幕，如图 6-16 所示。主要用于幻灯片
的放映。在这种全屏幕视图中，所看到
的演示文稿就是将来观众所看到的。我
们可以看到图形、计时、影片、动画元
素以及将在实际放映中看到的切换效果。

6.1.4　PowerPoint 2010 演示文稿的创建

1. PowerPoint 2010 文稿格式简介

由于 PowerPoint 2010 引入了一种基
于 XML 的文件格式，这种格式称为
Microsoft Office Open XML Fomats，因此
PowerPoint 2010 文件将以 XML 格式保存，其扩展名为 ".pptx" 或 ".pptm"，".pptx" 表
示不含宏的 XML 文件，".pptm" 表示含有宏的 XML 文件，如表 6-1 所示。

表 6-1　PowerPoint 2010 中的文件类型与其对应的扩展名

文件类型	扩展名
PowerPoint 2010 演示文稿	.pptx
PowerPoint 2010 启用宏的演示文稿	.pptm

续表

文件类型	扩展名
PowerPoint 2010 模板	.potx
PowerPoint 2010 启用宏的模板	.potm

2. 创建空演示文稿

使用 PowerPoint 2010 制作演示文稿，首先应了解创建文稿的操作方法，启动 PowerPoint2010 后，系统默认会为用户创建一个名为"演示文稿 1"的空白演示文稿，如果用户准备在新的演示文稿中进行编辑操作，可以新建一个演示文稿，具体操作方法如下。

启动 PowerPoint 2010，在 PowerPoint 2010 程序界面中切换到"文件"选项卡，在 Backstage 视图中选择"新建"命令，在"可用的模板和主题"列表框中选择"空白演示文稿"选项，单击"创建"按钮，如图 6-17 所示，这样即可完成创建空白演示文稿的操作。

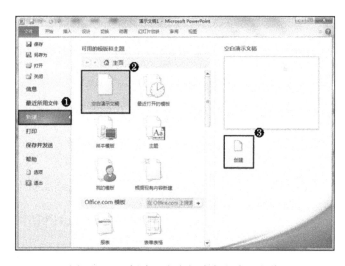

图 6-17　"新建"命令创建空白演示文稿

3. 根据模板创建演示文稿

在 PowerPoint 2010 中提供了许多类型的演示文稿模板，用户可以根据模板创建演示文稿，具体操作方法如下。

（1）启动 PowerPoint 2010，在 PowerPoint 2010 程序界面中切换到"文件"选项卡，在 Backstage 视图中选择"新建"命令，在"可用的模板和主题"列表框中选择"样本模板"选项。

（2）如图 6-18 所示，进入"样本模板"界面，在"可用的模板和主题"列表中选择准备使用的样本模板，如选择"培训"，单击"创建"按钮，模板类型已经被应用到新创建的演示文稿中，这样即可完成根据模板创建演示文稿的操作。

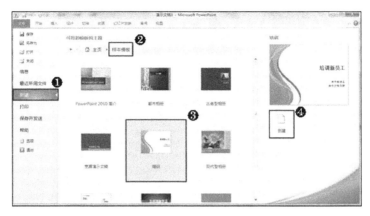

图 6-18 使用"模板"创建员工培训演示文稿的过程

"培训新员工"模板演示文稿将自动创建包含 7 节共 19 张幻灯片，如图 6-19 所示，然后修改演示文稿的内容，包括演示文稿标题、作者、企业 LOGO、正文文字等内容。

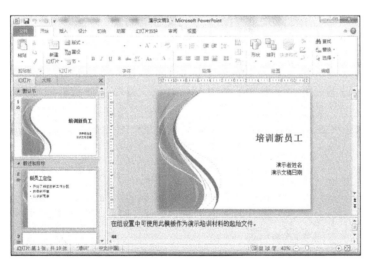

图 6-19 使用"模板"创建的员工培训演示文稿

6.1.5 保存演示文稿

为了将已经创建或编辑的演示文稿保存下来，PowerPoint 2010 提供了演示文稿保存功能。PowerPoint 2010 的文件保存分为新文件保存和旧文件保存两种情况。

1. 新文件的保存

（1）单击快速访问工具栏中的"保存"按钮■或切换到"文件"选项卡单击"保存"命令，会弹出如图 6-20 所示的"另存为"对话框。

（2）在"另存为"对话框中给定演示文稿保存的位置、名称和类型后，单击"保存"按钮即可完成对新演示文稿的保存。

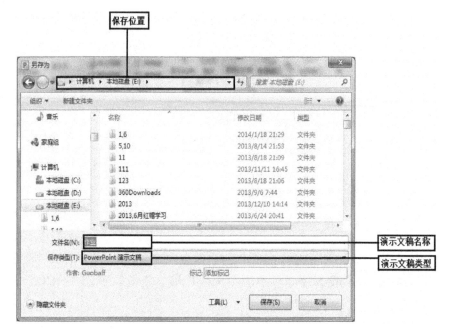

图 6-20 "另存为"对话框

2. 旧文件的保存

对于已保存过的文件，在进行了各种编辑之后，若对文件的存放地点、文件名和文件类型不需要做更改，则直接单击快速访问工具栏中的"保存" 按钮或切换到"文件"选项卡单击"保存"命令，即可完成对旧文件的保存，这样操作会让已修改的文件替换掉原来的文件。

有时为了不让已修改的文件替换掉原始文件，则在保存时至少需要更改文件的存储地址、文件名或文件类型这三个要素中的一个。切换到"文件"选项卡，单击"另存为"命令，在弹出的"另存为"对话框中修改原文件的保存地址、名称或类型，然后再单击"保存"按钮即可完成对旧文档的另存。

> **注意:**
> 　　默认情况下，PowerPoint 2010 将文件保存为 PowerPoint 演示文稿（.pptx）文件格式。若要以非.pptx 格式保存演示文稿，请在"另存为"对话框中单击"保存类型"列表，然后选择所需的文件格式。

6.1.6　打开演示文稿

打开演示文稿最直接的方法是双击该演示文稿的图标。如果已经启动了 PowerPoint 2010，要打开其他的演示文稿。操作方法是：切换到"文件"选项卡，单击"打开"命令，弹出"打开"对话框，如图 6-21 所示，在其中选择好需要打开文件的存储位置和文件名，然后单击"打开"按钮。

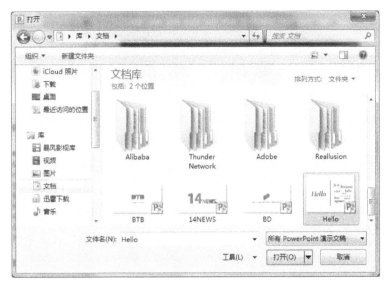

图 6-21　"打开"对话框

6.2　制作幻灯片

演示文稿是由一张张的幻灯片组成的，所有对演示文稿的操作如输入文本、插入图片等，都是在幻灯片中进行处理的。本节将介绍对演示文稿中幻灯片的基本操作，包括新建幻灯片、选择幻灯片、移动幻灯片、复制幻灯光和删除幻灯片等。

6.2.1　新建幻灯片

启动 PowerPoint 2010 后，会自动创建一个只有一张幻灯片的演示文稿，但在实际工作中，一个演示文稿要包含多张幻灯片，这就需要新建幻灯片。新建幻灯片的常用方法有以下几种。

（1）打开 PowerPoint 演示文稿，在大纲区中选择新建幻灯片插入的位置，切换到"开始"选项卡，单击"幻灯片"选项组中的"新建幻灯片"按钮，如图 6-22 所示，这样新建的幻灯片已经被插入到演示文稿中。

（2）切换视图为普通视图，在大纲区中选择新建幻灯片插入的位置右击鼠标，在弹出的快捷菜单中选择"新建幻灯片"命令。

图 6-22　"幻灯片"选项组中的"新建幻灯片"按钮

（3）在大纲区中选中某张幻灯片后按回车键，即可插入一张新的幻灯片。

6.2.2　选择幻灯片

在 PowerPoint 中所做的任何操作都需要选定对象，这包括对幻灯片的选定。可以一次选中一张或多张幻灯片，再对选中的幻灯片进行操作。

1. 选择单张幻灯片

在普通视图或幻灯片浏览视图模式下，单击需要选中的幻灯片即可选中它，此时，该幻灯片上有一个黄色外边框显示。

2. 选择多张连续的幻灯片

选择起始编号的幻灯片，然后按住 Shift 键，再单击结束编号的幻灯片，即可选中多张连续编号的幻灯片。

3. 选择多张不连续的幻灯片

按住 Ctrl 键，依次单击需要选择的幻灯片，被单击的多张幻灯片将被同时选中。

6.2.3　移动幻灯片

当对幻灯片编排顺序不满意时，可随时对其顺序进行调整。方法是：在幻灯片浏览视图中或普通视图的大纲区中选中要移动的幻灯片，按住鼠标左键，并拖动幻灯片到目标位置，拖动时有一个长条的直线就是插入点，释放鼠标左键，即可将幻灯片移动到新的位置。幻灯片被移动后，软件会自动对所有的幻灯片进行重新编号。

当然也可以利用剪切和粘贴功能来移动幻灯片。

6.2.4　复制幻灯片

复制幻灯片有多种方法，用户可以使用以下任何一种方法来复制幻灯片。

（1）使用"复制"与"粘贴"按钮复制幻灯片。

选中要复制的幻灯片，切换到"开始"选项卡，单击"剪贴板"选项组中的"复制"按钮　，将插入点置于想要插入幻灯片的位置，然后单击"剪贴板"选项组中的"粘贴"按钮　进行粘贴。

（2）使用鼠标拖动复制幻灯片。

单击窗口右下方的"幻灯片浏览"视图按钮　，切换到幻灯片浏览视图。选中想要复制的幻灯片，按住 Ctrl 键不放，然后按住鼠标左键，将幻灯片拖到目标位置，再释放鼠标左键和 Ctrl 键，即可完成幻灯片的复制。

6.2.5　删除幻灯片

在演示文稿中，如果有不需要的或对内容不满意的幻灯片，可以将其删除，以减少演示文稿的文件容量，使演示文稿更加美观。基本的操作方法有以下两种。

（1）选中需要删除的幻灯片，按键盘的 Del 键。

（2）选中需要删除的幻灯片，在选中的幻灯片上右击鼠标，在弹出的快捷菜单中选择"删除幻灯片"命令。

6.3　修饰演示文稿

PowerPoint 的一大特色就是可以使演示文稿的所有幻灯片具有一致的外观。设置幻灯片外观的常用方法有：幻灯片版式、幻灯片背景、配色方案、设置母版和应用设计模板等。

6.3.1　设置幻灯片版式

幻灯片版式包含要在幻灯片上显示的全部内容的格式设置、位置和占位符。其中占位符，顾名思义，就是先占住版面中一个固定的位置，供用户向其中添加内容。在PowerPoint 2010 中，占位符显示为一个带有虚线边框的方框，在这些方框内可以放置标题、正文、SmartArt 图形、表格和图片之类的对象。占位符内部往往有"单击此处添加文本"之类的提示语，一旦鼠标单击之后，提示语会自动消失。当用户需要创建模板时，占位符能起到规划幻灯片结构的作用，调节幻灯片版面中各部分的位置和所占面积的大小。

设置幻灯片版式的方法有以下几种。

（1）在大纲区中选择设置版式的幻灯片，切换到"开始"选项卡，单击"幻灯片"选项组中的"版式"按钮，在展开的版式库中显示了多种版式，选择相应版式即可，图 6-23显示了 PowerPoint 中内置的幻灯片版式。

图 6-23　幻灯片版式窗格

（2）可以使用快捷菜单设置版式，即分别选择相应的幻灯片，单击鼠标右键，在弹出的快捷菜单中选择"版式"命令，在展开的版式库中单击相应的版式即可。

（3）可以在插入新幻灯片的同时设置新幻灯片的版式，即切换到"开始"选项卡，单击"幻灯片"选项组中的"新建幻灯片"按钮旁边的下拉按钮，在展开的版式库中选择需要的版式，即可完成添加一页新幻灯片的同时设置新幻灯片的版式。

6.3.2　设置幻灯片背景

幻灯片的背景颜色通常是在创建幻灯片时由所选模板确定的。默认状态下，一个演示文稿的所有幻灯片的背景颜色都是由所选的设计模板决定的。若没有选择设计模板，则默认状态下所有幻灯片背景均为空白。有时用户需要改变演示文稿中某个幻灯片的背景颜色来达到与众不同的效果。

在 PowerPoint 中，单一颜色、颜色过渡、纹理、图案或者图片都可以作为演示文稿幻灯片的背景，不过每张幻灯片或者母版上只能使用其中一种背景类型。当选择或更改幻灯片背景时，可以使之仅应用于当前幻灯片，或者应用于所有的幻灯片以及幻灯片母版。

单一颜色的背景是指用单一的颜色块作为幻灯片的背景。单一颜色的背景显得比较凝重，但如果搭配不当很容易显得死板。

颜色过渡是指一种或两种颜色的灰度按照一定的形式连续变化所形成的灰度不同的颜色图作为幻灯片的背景。颜色过渡克服了单一颜色略显死板的缺点，同时过渡的形式能够产生某种动感。

纹理背景模仿现实世界中可以作为背景的事物，如花岗石、沙滩、羊皮纸、新闻纸等。使用纹理作为幻灯片的背景可以营造一种现实世界的亲切气氛，仿佛演示文稿就是放在花岗石、沙滩、羊皮纸、新闻纸等上似的。

图案是指由色线或色块组成的几何图案。图案背景的种类从毫无意义的色块到机械制图中用到的各种方向的剖面线，再到比较实际的几何图案，如球体、棋盘、编织物等。图案背景往往能以它的几何性给人一种整洁、清闲的感觉。

如果希望得到更逼真的效果，可以使用图片作为幻灯片的背景。图片的来源可以是剪贴画或照片。如果要制作一个某牧场的年度总结幻灯片，使用一幅青青大草原的照片作为背景再合适不过了。

具体操作步骤如下。

（1）单击要为其添加背景的幻灯片。如果要选择多个幻灯片，请先单击某个幻灯片，然后按住 Ctrl 键单击其他幻灯片。

（2）切换到"设计"选项卡，单击"背景"选项栏中"背景样式"按钮，在展开的库中选择"设置背景格式"，弹出"设置背景格式"对话框，如图 6-24 所示。

（3）在弹出的"设置背景格式"对话框中，选择"纯色填充""渐变填充""图片或纹理填充""图案填充"中的一种，进行设置，若单击"全部应用"按钮则可把设置应用到整个演示文稿，否则单击"关闭"按钮把设置应用到当前选定的幻灯片。

6.3.3　应用主题

主题是控制演示文稿具有统一外观最快捷的一种方法。在 PowerPoint 中，系统提供

了

多种内置的主题,用户可以直接选择内置的
主题为演示文稿设置统一的外观,轻松地制
作出具有专业效果的演示文稿。如果对内置
的主题不满意,用户还可以在线使用其他
Office 主题,或者配合使用内置主题颜色、
主题字体、主题效果等。使用内置主题的操
作步骤如下。

1. 选择主题

打开要应用或重新应用主题的演示文
稿,切换到"设计"选项卡,单击"主题"
选项组现有主题右边滚动条上的向下箭头
"其他"按钮,在展开的主题库中选择需要的
主题,如图 6-25 所示。这时可以看到演示文

图 6-24　"设置背景格式"对话框

稿中的幻灯片已经应用了所选择的主题效果,该主题已设定了字体、字号、背景等格式。

图 6-25　主题库

2. 应用主题颜色

切换到"设计"选项卡,单击"主题"选项组中的"颜色"按钮,如图 6-26 所示,
在展开的下拉列表中选择需要的主题颜色。

如果对现有的配色方案不满意,则在"颜色"面板中单击"新建主题颜色"命令,弹
出如图 6-27 所示的对话框,在其中进行设置,直到满意为止。

3. 应用主题字体

切换到"设计"选项卡,单击"主题"选项组中的"字体"按钮,在展开的下拉列表
中选择需要的字体,如图 6-28 所示。同理,如果对现有的字体方案不满意,则在"字体"

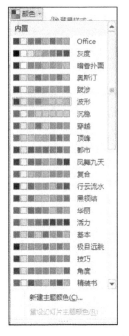

图 6-26 "主题颜色"面板　　　　　　　　图 6-27 "新建主题颜色"对话框

面板中单击"新建主题字体"命令，弹出"新建主题字体"对话框，在其中进行设置，直到满意为止。

4. 设置主题效果

切换到"设计"选项卡，单击"主题"选项组中的"效果"按钮，在展开的下拉列表中选择需要的效果，如图 6-29 所示。

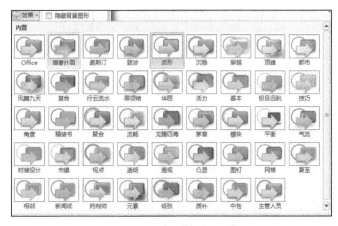

图 6-28 "主题字体"面板　　　　　　　　图 6-29 "主题效果"面板

6.3.4 设置母版

演示文稿中的各个页面经常会有重复的内容，使用母版可以统一控制整个演示文稿的某些文字安排、图形外观及风格等，一次就制作出整个演示文稿中所有页面都有的通用部分，可极大地提高工作效率。

在幻灯片母版视图中可以确定所有标题及文本的样式，同时可以添加在每张幻灯片上都出现的图形和标志。单击"视图"选项卡，在"母版视图"选项组中可以看到 3 种母版视图按钮：幻灯片母版、讲义母版和备注母版，如图 6-30 所示。

单击 3 种母版视图按钮即可切换到相应的母版视图中。幻灯片母版控制在幻灯片上键入的标题和文本的格式与类型；讲义母版用于添加或修改幻灯片在讲义视图中每页讲义上出现的页眉或页脚信息；备注母版用来控制备注页版式和备注页文字格式。这里主要介绍常用的幻灯片母版。

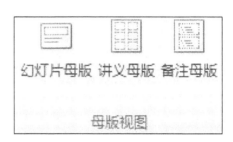

图 6-30　"母版视图"选项组

在幻灯片母版中，我们经常进行更改文本格式、更改幻灯片背景颜色，插入统一的图标或文字等操作。

1. 更改文本格式

如果要对所有文本格式进行统一的修改，先选定对应的占位符，再设置文本的字体、字号、颜色、加粗、倾斜、下划线和段落对齐方式等。

如果只改变某一级的文本格式，先在母版的正文区中选定该层次的文本，再右击鼠标，在快捷菜单中选择"字体"命令或"段落"命令，即可对其进行格式化。

2. 更改幻灯片背景颜色

在 6.3.2 节中介绍了在普通视图中设置幻灯片背景，在幻灯片母版视图中设置背景，可以实现某种版式的幻灯片背景相同或者所有幻灯片背景相同。设置的方法基本相同，设置步骤如下。

（1）如果要同时设置某种版式的幻灯片背景，在幻灯片母版视图的大纲区中选择该版式；如果要同时设置所有幻灯片的背景，则在幻灯片母版视图的大纲区选择第一张。

（2）切换到"幻灯片母版"选项卡，单击"背景"选项组中的"背景样式"按钮，在弹出的下拉列表中选择"设置背景格式"选项。

（3）在弹出的"设置背景格式"对话框中，选择"纯色填充"、"渐变填充"、"图片或纹理填充"、"图案填充"中的一种，进行设置，若单击"全部应用"按钮则可把设置应用到整个演示文稿，否则单击"关闭"按钮把设置应用到当前选定版式的幻灯片。

3. 插入统一的图标或文字

（1）如果要同时在所有幻灯片中插入图标或文字，则在幻灯片母版视图的大纲区选择第一张；如果要同时在某种版式的幻灯片中插入图标或文字，在幻灯片母版视图的大纲区中选择该版式。

（2）切换到"插入"选项卡，可以单击"图像"选项组中的"图片"按钮或"剪贴画"按钮，完成图片或剪贴画的插入；也可以单击"文本"选项组中的"文本框"按钮或"艺术字"按钮，完成文本框或艺术字的插入；还可以单击"插图"选项组中的"形状"按钮，完成各种绘制图形的插入。

4. 关闭幻灯片母版视图

切换到"幻灯片母版"选项卡，单击"关闭"选项组中的"关闭母版视图"按钮即可关闭幻灯片母版视图，返回到普通视图。

6.4　在幻灯片中插入各种对象

6.4.1　在幻灯片中输入文本

在每张幻灯片中，最重要的内容就是文本。本节主要介绍如何输入文本、调整文本框的大小和位置。

1. 输入文本

在幻灯片中输入文本的方法有两种：直接将文本输入到占位符中或插入"文本框"，在"文本框"中输入文本以及文本框的格式设置。

（1）在占位符中输入文本。

当选定一个幻灯片之后，占位符中的文本是一些提示性的内容，用户可以用实际所需要的内容去替换占位符中的文本。只需单击占位符，将插入点置于该占位符内。直接输入文本，当输入完毕后，单击幻灯片的空白区域，即可结束文本输入并取消对该占位符的选择，此时占位符的虚线边框将消失。

（2）插入"文本框"输入文本。

当需要在幻灯片的占位符外的位置添加文本时，可插入"文本框"后再输入文本。具体方法如下。

①切换到"插入"选项卡，单击"文本"选项组中的"文本框"按钮，在弹出的下拉列表中选择"横排文本框"或"垂直文本框"选项。

②在要添加文本的位置处按住鼠标左键不放并拖动鼠标，则在幻灯片上出现一个具有实线边框的方框，选择合适的大小，释放鼠标左键，则幻灯片上出现一个可编辑的文本框。

③在该文本框中会出现一个闪烁的插入点，此时可以输入文本内容。输入完毕后，单击文本框以外的任何位置即可。

注意：

　　文本框的高度是无法调整的，它可以随着文本字号的大小而变化，可以根据文字的多少自动换行；另外，文本框的宽度一定要比文本至少宽出 1 个字，否则，放映幻灯片时最后一个字可能显示不出来。

---

2. 调整文本框的大小和位置

新建幻灯片后，除"空白"版式外在幻灯片上可以看到文本框，文本框的大小和位置是可以改变的。其具体操作方法如下。

（1）单击文本框，这时文本框上出现了八个控制点，如图 6-31 所示。

图 6-31　文本框控制点

（2）将鼠标指针移到除控制点外的边框上，此时鼠标指针变为带双箭头的十字形，按住鼠标左键不放并拖动鼠标，可改变文本框的位置。

（3）将鼠标指针移到任意一控制点上，此时鼠标指针变为带双箭头的指针，按住鼠标左键不放并拖动鼠标，即可调整文本框大小。

3. 文本框的格式设置

选择需要设置格式的文本框，PowerPoint 2010 将在功能区中自动显示"格式"选项卡，在"形状样式"选项组中可使用系统预定义好的文本框样式对文本框进行设置，也可以根据需要自行设计文本框的形状填充、形状轮廓、形状效果，如图 6-32 所示。

图 6-32　文本框的格式设置

6.4.2　设置文本格式

在 PowerPoint 中，也可像 Word、Excel 那样修改文本的字体、字号及颜色，设置段落的格式以及使用项目符号和编号等来美化幻灯片。

1. 更改文本字体、字形及字号

（1）选中要设置的文本或段落。

（2）切换到"开始"选项卡，单击"字体"选项组右下角的下拉按钮，或右击文本，在弹出的快捷菜单选择"字体"命令，打开如图 6-33 所示的"字体"对话框。

（3）在"字体"对话框中选择所需的中文字体、西文字体、字形、字号以及颜色，还可在"效果"选项组中选择所需的效果（如下划线、阴影等），然后单击"确定"按钮。

图 6-33　"字体"对话框

注意:

　　当鼠标对准文本框的边缘单击时,选中的是整个文本框,对文本框的操作是对其中所有文字的操作;而仅用光标覆盖文本框中的某些文字,选中的是这些文字,仅能对这些文字进行操作。两者是不同的。

2. 设置段落格式

（1）选取要对齐的文本。

（2）切换到"开始"选项卡,单击"段落"选项组右下角的 按钮,或右击文本,在弹出的快捷菜单选择"段落"命令,打开如图 6-34 所示的"段落"对话框。

图 6-34　"段落"对话框

（3）在该对话框中选择需要对齐的方式、缩进方式、行间距以及段前和段后间距，单击"确定"按钮，完成设置。

3. 添加项目符号或编号

项目符号和编号一般用在层次小标题的开始位置，其作用是突出这些层次小标题，使得幻灯片更加具有条理性，易于阅读。项目符号和项目编号的添加方法基本相同，这里我们以添加项目符号为例，添加项目符号的具体操作方法如下。

（1）选中要添加项目符号的段落。

（2）右击文本，在弹出的快捷菜单中选择"项目符号"命令，在弹出的级联菜单中选择"项目符号和编号"命令，打开如图 6-35 所示的"项目符号和编号"对话框。

（3）在"项目符号"选项卡中选择所需的项目符号；也可以单击"自定义"按钮或"图片"按钮，选择符号或图片作为项目符号，单击"确定"按钮，即可为段落添加项目符号。

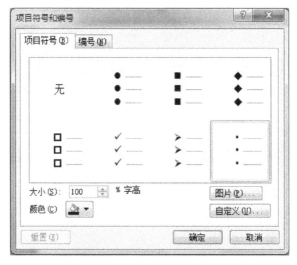

图 6-35　"项目符号和编号"对话框

6.4.3　插入图片与图形

美观漂亮的演示文稿易于观众更快更好地了解宣传者的观点，使用 PowerPoint 2010 制作幻灯片，可以在文稿中插入图形和图片，从而增强幻灯片的艺术效果。下面将介绍在 PowerPoint 2010 中插入图形与图片的操作方法。

1. 绘制图形

在 PowerPoint 2010 演示文稿中可以非常方便地绘制各种形状的图形。下面介绍在演示文稿中绘制图形的操作方法：

（1）切换到"插入"选项卡，单击"插图"选项组中的"形状"按钮，在弹出的"形状"面板中选择准备绘制的图形，如图 6-36 所示。

（2）鼠标指针变为十字形状"＋"时，在准备绘制图形的区域拖动鼠标，调整准备绘制的图形大小和样式，确认无误后释放鼠标左键完成操作。

注意：

　　单击图形按钮后，在弹出的"形状"面板中并没有正方形和圆形，如果用户想要绘制这两种图形，需要选择矩形或椭圆形，按住键盘上的 Shift 键同时拖动鼠标进行操作，此时绘制出的图形即可呈现正方形或圆形。

2. 插入剪贴画

剪贴画是 PowerPoint 2010 中一些默认设计好的图片，用户将这些剪贴画插入到演示文稿中可以美化幻灯片。下面介绍插入剪贴画的操作方法。

（1）选中要插入剪贴画的幻灯片，切换到"插入"选项卡，单击"图像"选项组中"剪贴画"按钮，打开"剪贴画"窗格。

（2）在"剪贴画"窗格中，如图 6-37 所示，在"搜索文字"文本框中输入准备搜索的内容，如输入"船"，单击"搜索"按钮。

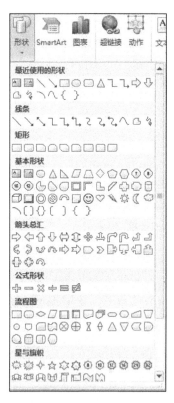

图 6-36　"形状"面板

图 6-37　"剪贴画"窗格

（3）在"剪贴画"列表框中单击准备插入的剪贴画，然后在幻灯片中根据需要调整剪贴画的大小和位置。

3. 插入图片

用户可以将自己喜欢的图片保存在电脑中，然后在编辑排版时将这些图片插入到 PowerPoint 2010 演示文稿中，下面介绍相关操作方法。

（1）选中要插入图片的幻灯片，切换到"插入"选项卡，单击"图像"选项组中"图片"按钮，打开"插入图片"对话框，如图 6-38 所示。

（2）在"插入图片"对话框中，选择准备插入图片的所在位置，再选择准备插入的图片，确认无误后，单击"插入"按钮，最后在幻灯片中根据需要调整图片的大小和位置即可。

图 6-38　　"插入图片"对话框

6.4.4　插入艺术字

在 PowerPoint 2010 中插入艺术字可以美化幻灯片的页面，令幻灯片看起来更加吸引人。下面介绍在演示文稿中插入艺术字的操作方法。

（1）选中要插入艺术字的幻灯片，切换到"插入"选项卡，单击"文本"选项组中"艺术字"按钮，打开"艺术字"面板，如图 6-39 所示。

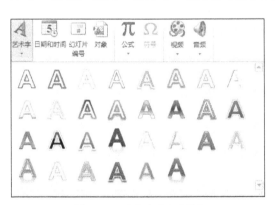

图 6-39　　"艺术字"面板

（2）在弹出的"艺术字"面板中选择准备使用的艺术字样式。

（3）插入默认文字内容为"请在此放置您的文字"的艺术字，用户选择使用的输入法，向其中输入内容。文字输入完成后，将艺术字拖动到准备放置的位置，此时在演示文稿中插入艺术字的操作完成。

6.4.5　插入表格

在 PowerPoint 中插入表格的方法与在 Word 中插入表格的方法基本相同。

（1）选中需要插入表格的幻灯片，切换到"插入"选项卡，单击"表格"选项组中的"表格"按钮，在展开的下拉列表有多种方式生成表格，如"插入表格""绘制表格"和"Excel 电子表格"等。

（2）选择常用的"插入表格"命令，打开"插入表格"对话框，如图 6-40 所示，输入相应的行、列数，单击"确定"按钮即可。

图 6-40　　"插入表格"对话框

新创建的表格样式是统一的,有时不能满足用户的需求,因此,需要对表格样式进行更改。因类似于 Word 中的表格设置,这里不再重复。

6.4.6 插入 SmartArt 图形

SmartArt 图形是信息和观点的视觉表示形式,可以快速、轻松、有效地传达信息。下面将介绍创建 SmartArt 图形和更改图形布局和类型的操作方法。

1. 创建 SmartArt 图形

(1)选中需要插入 SmartArt 图形的幻灯片,切换到"插入"选项卡,单击"插图"选项组中的"SmartArt"按钮,弹出"选择 SmartArt 图形"对话框,如图 6-41 所示。

(2)在弹出"选择 SmartArt 图形"对话框,单击所需的类型和布局,单击"确定"按钮,完成 SmartArt 图形的插入。

2. 更改 SmartArt 图形的布局

创建 SmartArt 图形后,可以更改 SmartArt 图形的布局,重新选择其他的 SmartArt 图形。下面介绍更改布局的操作方法。

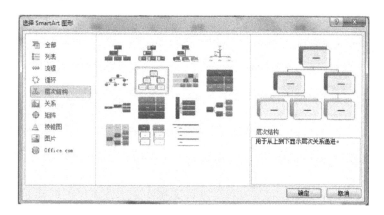

图 6-41 "选择 SmartArt 图形"对话框

选中要更改布局的 SmartArt 图形,切换到"设计"选项卡,单击"布局"选项组中下拉按钮 ,在弹出的下拉列表中选择更改的 SmartArt 图形布局,这样完成 SmartArt 图形布局的更改。

3. 更改图形的类型

SmartArt 图形创建完成后,用户可以根据个人需要,对 SmartArt 图形的类型进行更改,使 SmartArt 图形更加美观。下面介绍更改 SmartArt 图形类型的操作方法。

选中要更改样式的 SmartArt 图形,切换到"设计"选项卡,单击"SmartArt 样式"选项组中下拉按钮 ,在弹出的下拉列表中选择更改的 SmartArt 样式,这样完成 SmartArt 图形样式的更改。

4. 编辑 SmartArt 图形

使用默认的图形结构如果不能满足需要，可以在 SmartArt 图形中添加和删除形状以调整布局结构，也可以设置 SmartArt 图形的颜色使其更美观。

（1）在 SmartArt 图形中删除形状。

选中 SmartArt 图形中的任意一个图形，可以用 Delete 键直接删除该图形。

（2）在 SmartArt 图形中添加形状。

单击 SmartArt 图形中最接近添加位置的现有图形，切换到"设计"选项卡，单击"创建图形"选项组中"添加形状"下拉三角图标，根据实际情况执行下列操作之一即可添加形状。

①若要在所选形状之后插入一个形状，单击"在后面添加形状"。

②若要在所选形状之前插入一个形状，单击"在前面添加形状"。

③若要在所选形状上面插入一个形状，单击"在上方添加形状"。

④若要在所选形状下面插入一个形状，单击"在下方添加形状"。

添加或删除形状以及编辑文字时，形状的排列和这些形状内的文字量会自动更新，从而保持 SmartArt 图形布局的原始设计和边框。

6.4.7　添加多媒体对象

在幻灯片的制作过程中，除添加文本、图片、形状、表格、SmartArt 图形等对象以外，还可以添加声音与视频等多媒体对象，下面分别介绍这些对象的添加与使用方法。

在"插入"选项卡的右侧的"媒体"选项组中，有视频与音频对象的添加按钮，如图 6-42 所示。

图 6-42　多媒体对象的添加按钮

在幻灯片中可以将音频和视频文件，以嵌入或链接的方式添加到 PowerPoint 2010 演示文稿中。

PowerPoint 2010 支持.swf，.asf，.avi，.mpg 或.mpeg，.wmv 格式的视频文件。视频文件的添加可以有三种来源：文件中的视频、网站上的视频、剪贴画视频，如图 6-43 所示。

PowerPoint 2010 支持.aiff，.au，.mid 或.midi，.mp3，.wav，.wma 格式的音频文件。.wav 文件播放的是实际的声音，.mid 文件表现的是 MIDI 电子音乐，.wma 文件是微软公司推出的新的音频格式。音频文件的添加可以有三种来源：文件中的音频、剪贴画音频、录制的音频，如图 6-44 所示。

图 6-43　视频添加按钮

图 6-44　音频添加按钮

1. 视频文件的添加

（1）从文件中插入视频文件。

选择需要插入影片的幻灯片，切换到"插入"选项卡，单击"媒体"选项组中的"视频"下拉按钮 ，在弹出的下拉列表中选择"文件中的视频"命令，从弹出的"插入视频文件"对话框中选择已经保存好的影片。

影片插入后，选中插入的影片，通过"播放"选项卡可以设置影片的播放选项，如影片的声音大小、开始方式、结束方式、全屏播放、淡入淡出时间等，如图 6-45 所示。

图 6-45　视频文件的"播放"选项卡

> **注意：**
>
> 由于视频文件容量较大，通常以压缩的方式存储，不同的压缩/解压缩算法生成了不同的视频文件格式。例如，.avi 是采用 Intel 公司的有损压缩技术生成的视频文件，.mpg 是一种全屏幕运动视频标准文件，.dat 是 VCD 专用的视频文件格式，如果想让带有视频文件的演示文稿在其他人的计算机上也可以播放，首选是 .avi 格式。

（2）插入剪贴画视频。

①选择需要插入视频的幻灯片，切换到"插入"选项卡，在"媒体"选项组中单击"视频"下拉按钮 ，在弹出的下拉列表中选择"剪贴画视频"命令，此时打开"剪砧画"窗格。

②在打开的"剪贴画"窗格，在"搜索文字"文本框中输入准备插入的剪贴画视频名称，如输入"月亮"，单击"搜索"按钮，如图 6-46 所示。

③在剪贴画影片列表框中选择准备添加的剪贴画视频，最后在幻灯片中根据需要

调整剪贴画视频的大小和位置。通过上述方法即可完成在演示文稿中插入剪贴画视频的操作。

2. 音频文件的添加

演示文稿中不仅可以插入视频，也可以插入音频，可插入的音频文件来源有三种类型：文件中的音频、剪贴画音频、录制音频。其中文件中的音频与剪贴画音频的插入方法类似于视频文件的插入，读者可参考视频插入部分内容。下面重点讲解音频录制，即为幻灯片配音。

PowerPoint 2010 可以像录音机一样，将事先为幻灯片录制好的演讲稿、解说词等添加到幻灯片中，但在音频录制过程中，需要连接专门的音频输入设备，如话筒。操作方法如下。

切换到"插入"选项卡，单击"媒体"选项组中的"音频"下拉按钮 ·，在弹出的下拉列表中选择"录制音频"命令，在弹出的"录音"对话框中进行现场录制，并可以指定录制名称，如图 6-47 所示，单击"确定"按钮后，在幻灯片

图 6-46　"剪贴画"窗格

上出现小喇叭图标，表示已经完成了幻灯片的配音，然后将小喇叭移动到合适的位置，如图 6-48 所示。

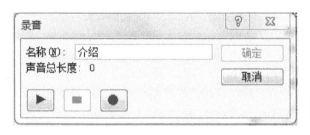

图 6-47　"录音"对话框

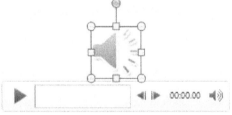

图 6-48　录音插入最终效果

6.4.8　插入页脚

和编辑 Word 文档一样，在 PowerPoint 中用户也可以为幻灯片设置相应的页脚，用来显示一些特殊的内容。切换到"插入"选项卡，单击"文本"选项组中的"页眉和页脚"按钮，可以打开"页眉和页脚"对话框，如图 6-49 所示。

在"幻灯片"选项卡中，可以选择在幻灯片底部添加"日期和时间"、"幻灯片编号"和"页脚" 3 项内容，右侧的预览框内显示了这 3 项内容在幻灯片中的位置。接着我们可以继续设置插入的日期和时间是否需要自动更新，并在"页脚"文本框中输入相应的页脚内容。设置完成后单击"应用"按钮可以将设置的页脚等内容应用在当前幻灯片中，单击"全部应用"按钮可以在演示文稿的所有幻灯片中应用这些设置。

图 6-49　为幻灯片添加页脚

6.5　幻灯片动画设计

6.5.1　幻灯片切换效果

幻灯片的切换效果是指在放映幻灯片时，连续两张幻灯片之间的过渡效果，即从一张幻灯片切换到下一张幻灯片时出现的类似动画的样貌，在 PowerPoint 2010 中可以为演示文稿设置不同的切换方式，以增加幻灯片的效果。下面将详细介绍幻灯片切换效果的知识。

1. 添加幻灯片切换效果

在 PowerPoint 2010 中预设了细微型、华丽型、动态内容 3 种类型，包括切入、淡出、推进、擦除等 34 种切换方式。下面详细介绍添加幻灯片切换效果的操作方法。

选中准备设置幻灯片切换效果的幻灯片，切换到"切换"选项卡，单击"切换到此幻灯片"选项组中的"切换方案"按钮，在弹出的切换效果库中选择准备添加的切换方案，如选择"百叶窗"选项，如图 6-50 所示。

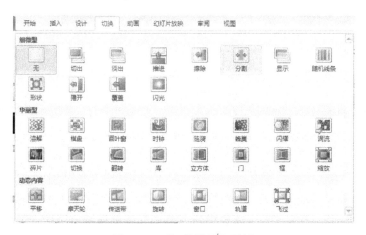

图 6-50　"切换效果"面板

2. 设置幻灯片切换声音效果

在切换幻灯片的过程中，还可以通过添加声音效果使幻灯片的内容更加丰富，同时可让切换的动画效果更加生动。下面介绍设置幻灯片切换声音效果的操作方法。

选中准备设置幻灯片切换声音的幻灯片，切换到"切换"选项卡，单击"计时"选项组中的"声音"下拉按钮，在弹出的声音效果列表中选择准备添加的声音效果，如选择"风铃"效果，如图6-51所示。播放演示文稿，在切换到所设置的页面时，即可听到刚刚设置的幻灯片切换声音效果。

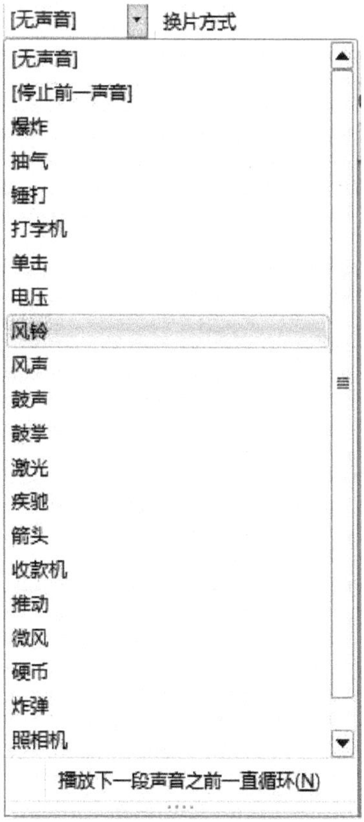

3. 设置幻灯片切换速度

PowerPoint 2010默认设置了幻灯片切换效果的速度，在实际编排演示文稿时，可以根据不同的要求设置幻灯片的切换速度。下面详细介绍设置幻灯片切换速度的操作方法。

选中准备设置幻灯片切换速度的幻灯片，切换到"切换"选项卡，在"计时"选项组中，调整"持续时间"微调框中的数值，如图6-52所示，在播放演示文稿切换到所设置的页面时，可以看到刚刚设置的幻灯片的切换速度已改变。

图6-52　"计时"选项组

4. 设置幻灯片之间的换片方式

在制作幻灯片时，可以根据实际工作的需要，为演示文稿设置幻灯片的切换方式。下面详细介绍设置幻灯片之间换片方式的操作方法。

图6-51　"声音效果"面板

选中准备设置幻灯片换片方式的幻灯片，切换到"切换"选项卡，在"计时"选项组中取消选中"单击鼠标时"复选框，选中"设置自动换片时间"复选框，在"设置自动换片时间"微调框中，将数值设置为准备应用的时间，在播放演示文稿切换到所设置的页面时，可以看到刚刚设置的幻灯片的换片方式已改变。

> **注意：**
>
> 在放映幻灯片时，如果需要同时应用两种换片方式，可以同时选中"单击鼠标时"和"设置自动换片时间"复选框，然后为自动换片的时间间隔设置一个较为合理的数值。

5. 删除幻灯片的切换效果

在 PowerPoint 2010 中，如果对设置的幻灯片切换效果不满意，或该演示文稿并不需要设置幻灯片切换效果，可以将其删除。下面介绍删除幻灯片切换效果的操作方法。

（1）选中准备删除切换效果的幻灯片，切换到"切换"选项卡，单击"切换到此幻灯片"选项组中的"其他"按钮 ，在展开的切换效果样式库中选择样式"无"。

（2）在"切换"选项卡中的"计时"选项组，单击"声音"下拉按钮，在弹出的声音效果列表中选择"无声音"。

注意：

如果需要设置演示文稿中的所有幻灯片应用相同的幻灯片切换效果，则执行以上步骤后在"切换"选项卡的"计时"选项组中单击"全部应用"按钮，如图 6-53 所示。

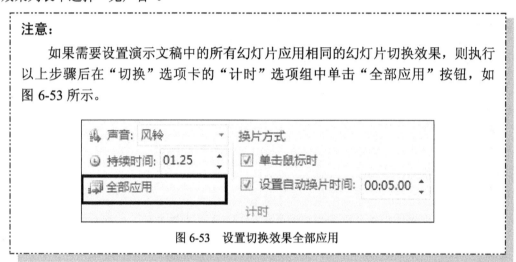

图 6-53　设置切换效果全部应用

6.5.2　设置幻灯片动画

在 PowerPoint 2010 中，除可以为演示文稿设计幻灯片的切换方案外，还可以将演示文稿中的文本、图片、形状、表格及其他对象制作成动画，赋予它们进入、退出、大小或颜色变化，甚至移动等视觉效果，这些动画效果增强了幻灯片的演示效果。

1. 应用动画方案

在实际编排演示文稿中的幻灯片时，可以根据放映时的需要为每张幻灯片中的文字或图片等对象添加动画效果，下面介绍具体的操作方法。

选中准备设置动画效果的图片或文字等对象，切换到"动画"选项卡，在"动画"选项组中单击"动画样式"按钮，在弹出的动画效果库中选择准备使用的动画方案，如图 6-54 所示，通过以上步骤，即可完成为幻灯片添加动画效果的操作。

从图 6-54 中可以看出，在 PowerPoint 2010 中可以对对象进行 4 种动画设置：进入、强调、退出和动作路径。"进入"是指对象"从无到有"；"强调"是指对象直接显示后再出现的动画效果；"退出"是指对象"从有到无"，"动作路径"是指对象沿着已有的或者自己绘制的路径运动。

为对象添加动画，也可以使用"添加动画"按钮来完成，操作方法为：选中要制作成

图 6-54　动画效果面板

动画的对象，切换到"动画"选项卡，单击"高级动画"选项组中的"添加动画"按钮，为该对象添加相应的动画效果。用户使用这种方法可以为幻灯片上的每个对象设置多个动画效果。

2. 删除动画方案

在 PowerPoint 2010 中，如果对设置的幻灯片动画效果不满意，或者在实际放映中，发觉该页幻灯片并不需要设置动画效果，此时可以将动画删除。下面介绍删除幻灯片中动画方案的操作方法。

选中准备删除动画效果的对象，切换到"动画"选项卡，在"动画"选项组中单击"动画样式"按钮，在弹出的动画效果库中选择动画方案"无"。返回至幻灯片页面，可以预览到设置的幻灯片动画效果已被删除。

3. 设置自定义动画

在 PowerPoint 2010 中可以根据实际需求，通过自定义动画的方法设置出符合需求的动画效果。在自定义动画中，可以选择更多的动画方案，还可以对动画的切换方式、播放速度以及动画的顺序和路径等进行设置。下面将介绍设置自定义动画的操作方法。

幻灯片上的任何对象只要设置了动画效果，就可以再次选中该对象对其动画效果做更进一步的设置。

（1）开始时间设置。

选中已设置动画效果的对象，切换到"动画"选项卡，单击"计时"选项组中的"开始"按钮，默认为"单击时"，如果单击"开始"后的下拉列表框，则会出现"与上一动画同时"和"上一动画之后"，如图 6-55 所示。顾名思义，如果选择"单击时"，那么动画效果在播放者单击鼠标时开始；如果选择"与上一动画同时"，那么此动画就会和同一张幻灯片中的前一个动画同时出现（包括过渡效果在内），如果选择"上一动画之后"就表示上一动画结束后再立即出现。如果有多个动画，建议选择后两种开始方式，这样对于幻灯片的总体时间比较好把握。

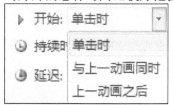

图 6-55　开始时间设置

（2）动画速度设置。

选中已设置动画效果的对象，切换到"动画"选项卡，在"计时"选项组中调整"持续时间"微调框中的数值，可以改变动画出现的快慢。

（3）延迟时间的设置。

选中已设置动画效果的对象，切换到"动画"选项卡，在"计时"选项组调整"延迟"微调框中的数值，可以让动画在"延迟"设置的时间到达后才开始出现，对于动画之间的衔接特别重要，便于观众看清楚前一个动画的内容。

（4）调整动画顺序。

如果需要调整一张幻灯片里多个动画的播放顺序，则选中要调整动画播放顺序的一个对象，切换到"动画"选项卡，在"计时"选项组中的"对动画重新排序"下面选择"向前移动"或"向后移动"。

更为直接的办法是切换到"动画"选项卡，在"高级动画"选项组中单击"动画窗格"按钮，在右边框旁边出现"动画窗格"，如图 6-56 所示。拖动每个动画改变其上下位置可以调整出现顺序，也可以右击将动画删除。

（5）设置相同动画。

如果希望在多个对象上使用同一个动画，则先在已有动画的对象上单击左键，再切换到"动画"选项卡，单击"高级动画"选项组中的"动画刷"按钮，此时鼠标指针旁边会多一个小刷子图标。用这种格式的鼠标单击另一个对象（文字、图片均可），则两个对象的动画完全相同，这样可以节约很多时间。但动画重复太多会显得单调，需要有一定的变化。

（6）添加路径动画。

路径动画可以让对象沿着一定的路径运动，PowerPoint 提供了几十种路径。如果没有自己需要的，可以选择自定义路径。操作方法：切换到"动画"选项卡，在"高级动画"选项组单击"添加动画"的下拉按钮，在弹出的动画效果库中的"动作路径"区选择"自定义路径"，此时鼠标指针变成一支铅笔，我们可以用这支铅笔绘制自己想要的动画路径。如果想要让绘制的路径更加完善，可以在路径的任一点上右击，选择"编辑顶点"选项，可以通过拖动线条上的每个顶点或线段上的任一点来调节曲线的弯曲程度。

图 6-56　动画窗格

（7）测试动画效果。

要在添加一个或多个动画效果后验证它们是否起作用，可以进行以下操作：切换到"动画"选项卡，单击"预览"选项组中的"预览"按钮，完成动画效果的预览。

6.5.3 设置超链接和动作按钮

在 PowerPoint 中，超链接是控制演示文稿播放的一种重要手段。用户可以为幻灯片的文本、图片等对象添加超链接，并将链接的目的位置指向演示文稿内指定的幻灯片、另一个演示文稿、某个应用程序，甚至是某个网络资源地址。当放映幻灯片时，将鼠标放在添加了超链接的文本或图片上单击，程序将自动跳转到指定的对象。这使演示文稿不再只是从头到尾播放的单一线性模式，而是具有了一定的交互性。

1. 超链接

（1）链接到同一演示文稿中的幻灯片。

①在普通视图中选择要用作超链接的文本或对象。

②切换到"插入"选项卡，在"链接"选项组中单击"超链接"按钮，弹出"插入超链接"对话框，如图 6-57 所示。

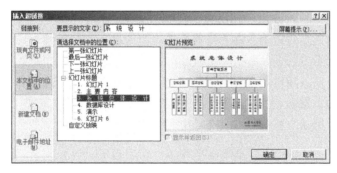

图 6-57　"插入超链接"对话框

③在弹出的"插入超链接"对话框中，切换到"本文档中的位置"选项界面，在"请选择文档中的位置"列表框中选择准备链接到的位置，确认选择后，单击"确定"按钮。

（2）链接到其他演示文稿的幻灯片。

在 PowerPoint 2010 中，可以根据需要引用其他演示文稿中的幻灯片。下面介绍链接到其他演示文稿中的幻灯片的操作方法。

①在普通视图中选择要用作超链接的文本或对象。

②切换到"插入"选项卡，在"链接"选项组中单击"超链接"按钮，弹出"插入超链接"对话框。

③在弹出的"插入超链接"对话框中，切换到"现有文件或网页"选项界面，在"查找范围"选项组中选择"当前文件夹"选项，在"查找范围"下拉列表框中选择准备链接的演示文稿所在的路径，选择准备应用的文件。

④单击"书签"按钮，弹出如图 6-58 所示的"在文档中选择位置"对话框，单击要链接到的幻灯片的标题，单击"确定"按钮，返回到"插入超链接"对话框，再单击"确定"按钮。

图 6-58　　"在文档中选择位置"对话框

（3）链接到新建文档。

在 PowerPoint 2010 窗口中，还可以在设置超链接项的同时新建一个文档作为超链接的对象。下面详细介绍在演示文稿中链接到新建文档的操作方法。

①在普通视图中选择要用作超链接的文本或对象。

②切换到"插入"选项卡，在"链接"选项组中单击"超链接"按钮，弹出"插入超链接"对话框。

③在弹出的"插入超链接"对话框中，切换到"新建文档"选项界面，在"新建文档名称"文本框中输入准备使用的名称，在"何时编辑"选项组中选择"开始编辑新文档"单选按钮，单击"确定"按钮，如图 6-59 所示。

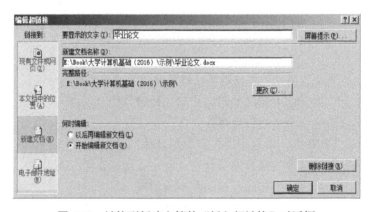

图 6-59　链接到新建文档的"插入超链接"对话框

（4）删除超链接。

如果对设置的超链接不满意，或是该演示文稿并不需要为文本对象设置超链接，可以删除超链接。下面详细介绍删除超链接的操作方法。

选中准备删除的超链接对象，右击鼠标，在弹出的快捷菜单中，选择"取消超链接"命令，可以看到当前页面中的文字已经不再以超链接的样式显示。通过以上步骤即可完成在演示文稿中删除超链接的操作。

2. 动作按钮

在播放演示文稿时，为了更加方便地控制幻灯片的播放，可以在演示文稿中插入动作按钮。通过单击动作按钮，可以实现在播放幻灯片时切换到其他幻灯片、返回目录幻灯片或是直接退出演示文稿播放状态等操作。下面详细介绍在演示文稿中插入动作按钮的操作方法。

（1）选中准备插入动作按钮的幻灯片，切换到"插入"选项卡，在"插图"选项组中单击"形状"按钮，在弹出的形状库中选择动作按钮组中准备应用的动作按钮，如选择"动作按钮：前进或下一项"选项▷。

（2）当鼠标指针变为十字形状"十"时，将光标定位在幻灯片的合适位置，按住鼠标左键，绘制动作按钮图标，松开鼠标左键的同时弹出"动作设置"对话框，如图 6-60 所示。

图 6-60　"动画设置"对话框

（3）在弹出"动作设置"对话框，切换到"单击鼠标"选项卡，选择"超链接到"单选按钮，在"超链接到"下拉列表框中根据需要选择相应的选项，如插入"动作按钮：前进或下一项"▷，则选择"下一张幻灯片"选项，单击"确定"按钮，当幻灯片放映时，单击此按钮可实现超链接。

在"超链接到"下拉列表框中选择链接的位置可以是某一张幻灯片，或者是某个网址、某个 PowerPoint 演示文稿，甚至其他文件。如果需要，还可以单击"播放声音"按钮，添加伴随的声音。

如果动作按钮不准备应用了，可以将其删除。选中准备删除的动作按钮，在键盘上按下 Delete 键，即可完成删除动作按钮的操作。

6.6　演示文稿的放映与输出

6.6.1　演示文稿的放映

使用 PowerPoint 2010 将演示文稿的内容编辑完成后，就可以将其放映出来供观众欣赏了。为了能够达到良好的效果，在放映前还需要在电脑中对演示文稿进行一些设置，如对幻灯片的放映方式和时间进行设置等。

1. 设置放映方式

不同的放映场合对演示文稿放映的要求是不同的，如果在一个学术报告中，演示者应该能够控制演示文稿的放映并能添加备注等；如果在一个展览上，需要演示文稿自动放映，同时在放映过程中不响应观众的键盘或鼠标操作。在 PowerPoint 2010 中可以根据需要选择演讲者放映、观众自行浏览、在展台浏览 3 种不同的方式来放映幻灯片。

演讲者放映（全屏幕）：可运行全屏显示的演示文稿，这是最常用的方式，通常用于演讲者播放演示文稿。在演讲者放映方式下，演讲者对演示文稿的放映具有完全的控制权，可以采用自动或人工方式运行放映，可以将演示文稿暂停、添加会议细节或即席反应，还可以在放映过程中录下旁白。需要将幻灯片投射到大屏幕上或用于演示文稿会议时，也可以使用此方式。

观众自行浏览（窗口）：可运行小规模的演示。例如，个人通过公司的网络浏览。在观众自行浏览方式下，演示文稿会显示在小型的窗口内，观众可以使用命令在放映时移动、编辑、复制和打印幻灯片。在此方式中，可以使用滚动条从一张幻灯片移到另一张幻灯片，同时打开其他程序。也可以显示 Web 工具栏，以便浏览其他的演示文稿和 Office 文档。

在展台浏览（全屏幕）：可以自动运行的演示文稿。例如，在展览会场或会议中，如果摊位、展台或其他地点需要运行无人管理的幻灯片放映，可以将演示文稿设置为该种放映方式。在这种放映方式下，演示文稿放映时大多数的菜单和命令都不可用，计算机不响应键盘（Esc 键除外）和鼠标，并且在每次放映完毕后重新播放。

下面介绍设置放映方式的操作方法。

（1）打开需要设置放映方式的演示文稿，切换到"幻灯片放映"选项卡，在"设置"选项组中，单击"设置幻灯片放映"按钮，打开如图 6-61 所示的"设置放映方式"对话框。

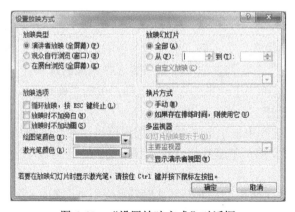

图 6-61　"设置放映方式"对话框

（2）在弹出"设置放映方式"对话框中，在"放映类型"选项组中选择适当的放映类型；在"放映幻灯片"选项组中设置要放映的幻灯片；在"放映选项"选项组中设定放映时的一些设置，如"循环放映，按 Esc 键终止"；在"换片方式"选项组中指定幻灯片放映时是采用人工换片，还是采用排练时间定时自动换片。最后单击"确定"按钮，完成放映设置。

2. 启动与退出幻灯片放映

如果准备观看幻灯片，首先应掌握启动与退出幻灯片放映的方法。具体操作方法如下。

打开要放映的演示文稿，切换到"幻灯片放映"选项卡，在"开始放映幻灯片"选项组中单击"从头开始"按钮或"从当前幻灯片开始"按钮，这样即可开始幻灯片的放映。

如果想停止幻灯片放映，右击鼠标，在弹出的快捷菜单中选择"结束放映"命令。

> **注意：**
> 　　按下键盘上的快捷键 F5 可以直接开始播放幻灯片，按下键盘上的快捷键 Esc 即可快速退出幻灯片放映模式。

3. 幻灯片放映控制

在播放演示文稿时可以根据具体情况的不同，对幻灯片的放映进行控制，如播放上一张或下一张幻灯片、直接定位准备播放的幻灯片、暂停或继续播放幻灯片等操作。下面介绍控制幻灯片放映的具体操作方法。

（1）转到下一张幻灯片。

可以采用下面方法中的任意一种。

①单击鼠标。

②按 Enter 键。

③按键盘上的向下方向键。

④右击鼠标，在弹出的快捷菜单中选择"下一张"命令。

（2）转到上一张幻灯片。

可以采用下面方法中的任意一种。

①按 Backspace 键。

②按键盘上的向上方向键。

③右击鼠标，从弹出的快捷菜单中选择"上一张"命令。

（3）观看指定的幻灯片。

右击鼠标，在弹出的快捷菜单中选择"定位至幻灯片"命令，然后选择所需的幻灯片即可。

（4）观看以前查看过的幻灯片。

右击鼠标，在弹出的快捷菜单中选择"上次查看过的"命令即可。

4. 隐藏幻灯片

在制作演示文稿时，可能会做几张备用的幻灯片，放映时再根据需要决定是否放映这几张，这时就可以利用幻灯片隐藏功能。若要隐藏幻灯片，具体操作方法如下。

（1）在大纲区中，选择要隐藏的幻灯片。

（2）切换到"幻灯片放映"选项卡，单击"设置"选项组中的"隐藏幻灯片"按钮，则在幻灯片的编号上出现了"划去"的符号，表示这一张幻灯片已被隐藏了，在放映幻灯片时则看不到该幻灯片了。

如果要显示隐藏的幻灯片。单击需要去掉隐藏的幻灯片，切换到"幻灯片放映"选项卡，单击"设置"选项组中的"隐藏幻灯片"按钮，这样在放映幻灯片时就可以看到刚刚被隐藏的幻灯片。

要隐藏幻灯片，也可以通过在普通视图的幻灯片区右击鼠标，选择"隐藏幻灯片"命令来完成。

5. 添加墨迹注释

放映演示文稿时，如果需要对幻灯片进行讲解或标注，可以直接在幻灯片中添加墨迹注释，如圆圈、下划线、箭头或说明文字等，用以强调要点或阐明关系。下面介绍添加墨迹注释的相关操作方法。

（1）播放的演示文稿，在幻灯片放映页面单击鼠标右键，在弹出的快捷菜单中选择"指针选项"命令，在弹出的子菜单中选择准备使用的墨迹注释的笔形，如选择"笔"命令，如图 6-62 所示。

（2）在幻灯片页面拖动鼠标指针绘制准备使用的标注或文字说明等内容，可以看到幻灯片页面上已经被添加了墨迹注释。

（3）演示文稿标记完成后，可继续放映幻灯片，结束放映时会弹出如图 6-63 所示 Microsoft PowerPoint 对话框，询问用户是否保留墨迹注释，如果准备保留墨迹注释可以单击"保留"按钮，否则单击"放弃"按钮。

图 6-62　"标记笔"快捷菜单　　　　　　图 6-63　"保存墨迹注释"对话框

6. 排练计时

前面已经讲到了可以指定以人工单击鼠标或键盘的方式开始下一张幻灯片的放映，如果在幻灯片放映时不想人工控制幻灯片的切换，可以指定幻灯片在屏幕上显示时间的长短，过了指定的时间间隔会自动放映下一张幻灯片。

在放映每一张幻灯片的时候，必须有适当的时间供演示者充分表达自己的思想，供观众领会该幻灯片所要表达的内容。利用 PowerPoint 排练计时的功能，演示者可以在准备演示文稿的同时，通过排练为每张幻灯片确定适当的时间。为每张幻灯片指定放映时间也是自动放映的要求。

指定幻灯片放映时间的方法有两种：一种是人工为每张幻灯片设置时间，然后运行幻灯片放映并查看所设置的时间；另一种是使用排练功能，在排练时由 PowerPoint 自动记录时间，或者调整已设置的时间，然后再排练新的时间。

人工设置幻灯片放映时间间隔的操作方法我们已经在 6.5.1 节中进行了介绍，下面介绍使用排练放映的方法。

（1）打开演示文稿，切换到"幻灯片放映"选项卡，在"设置"选项组中，单击"排练计时"按钮。

（2）进入幻灯片放映视图，弹出"录制"对话框，如图 6-64 所示，在"幻灯片放映"时间文本框中显示时间，当前幻灯片放映时间完成后，单击"下一项"按钮，放映下一张幻灯片。

图 6-64　　"录制"对话框

（3）依次为每一张幻灯片设定放映时间，所有幻灯片的放映时间都录制完成后，单击"关闭"按钮，弹出图 6-65 所示的 Microsoft PowerPoint 对话框，提示是否保留新的幻灯片排练时间，单击"是"按钮，保留排练时间。

图 6-65　　"幻灯片排练时间保存"对话框

（4）自动进入"幻灯片浏览"视图，在每张幻灯片的下方都显示该幻灯片的放映时间，这样即可为幻灯片设置排练计时。

（5）切换到"幻灯片放映"选项卡，在"设置"选项组中选择"使用排练计时"复选框，可以在放映幻灯片时使用用户自己录制的时间。

7. 自定义放映

在 PowerPoint 2010 中，用户可以根据实际编排、放映演示文稿的具体需求，创建一个自定义放映模式来使一个演示文稿适合不同观众的要求，这样就可以根据需要选择准备放映的幻灯片，可跳跃选择，也可以对幻灯片的放映顺序重新进行排列。下面介绍设置自定义放映的操作方法。

（1）打开演示文稿，切换到"幻灯片放映"选项卡，在"开始放映幻灯片"选项组中单击"自定义幻灯片放映"按钮，在弹出的下拉菜单中选择"自定义放映"命令。

（2）弹出"自定义放映"对话框，单击"新建"按钮，如图 6-66 所示。

（3）在弹出的"定义自定义放映"对话框，在"幻灯片放映名称"文本框中输入所需放映幻灯片的名称，默认的是"自定义放映 1"，在"在演示文稿中的幻灯片"列表框中选择准备添加到自定义放映的幻灯片，单击"添加"按钮，如图 6-67 所示。

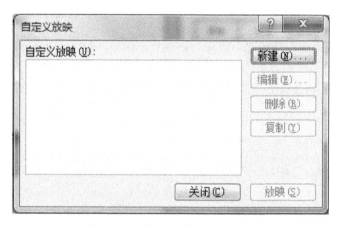

图 6-66　"自定义放映"对话框

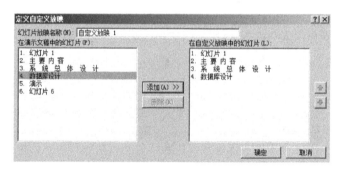

图 6-67　"定义自定义放映"对话框

（4）返回到"自定义放映"对话框，"自定义放映"列表框中新添加了刚刚设置好的自定义放映幻灯片，单击"关闭"按钮。

（5）返回到幻灯片页面，再次切换到"幻灯片放映"选项卡，在"开始放映幻灯片"选项组中单击"自定义幻灯片放映"按钮，弹出的下拉菜单中新增加了一个名为刚刚命名好的自定义放映命令项，选择该命令即可开始放映刚刚设置好的自定义放映的幻灯片。

6.6.2　打包演示文稿

在实际工作中，经常需要将制作的演示文稿放到他人的计算机中放映，如果准备使用的电脑中没有安装 PowerPoint 2010，则需要在制作演示文稿的电脑中将幻灯片打包，准备播放时，将压缩包解压后即可正常播放。本节将介绍打包演示文稿的相关操作方法。

1. 将演示文稿打包到文件夹

在制作好一个演示文稿后，如果要将其放到另外一台计算机上进行演示，则可以利用 PowerPoint 的打包功能将演示文稿及其所链接的图片、声音和影片等进行打包，然后在其他计算机上运行，即使其他计算机上没有安装 PowerPoint 软件。将打包的演示文稿复制到 CD 时，需要 Microsoft Windows XP 或更高版本。如果有较早版本的操作系统，可使用"打包成 CD"功能将打包的演示文稿复制到计算机上的文件夹或某个网络位置。打包文件之后可使用 CD 刻录软件将文件复制到 CD 中。下面介绍将演示文稿打包的操作方法。

（1）打开演示文稿，切换到"文件"选项卡，选择"保存并发送"命令，选择"将演示文稿打包成 CD"选项，单击"打包成 CD"按钮，如图 6-68 所示。

图 6-68　将演示文稿打包成 CD

（2）在弹出"打包成 CD"对话框中，在"将 CD 命名为"文本框中输入打包的名称；在"要复制的文件"列表框中选择准备打包的演示文稿；单击"复制到文件夹"按钮，如图 6-69 所示。

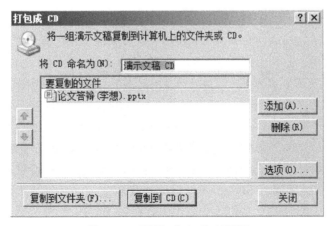

图 6-69　"打包成 CD"对话框

（3）在弹出"复制到文件夹"对话框，在"文件夹名称"文本框中输入打包文件准备使用的文件夹名，单击"浏览"按钮选择打包文件准备保存的位置，如图 6-70 所示。

图 6-70　"复制到文件夹"对话框

（4）弹出"选择位置"对话框，选择打包文件准备保存的位置，如"本地磁盘（E:）"，单击"选择"按钮。

（5）返回到"复制到文件夹"对话框，选中"完成后打开文件夹"复选框，单击"确定"按钮。

（6）弹出 Microsoft PowerPoint 对话框，单击"是"按钮，如图 6-71 所示。

图 6-71　"选择打包演示文稿的所有链接文件"对话框

（7）返回到"打包成 CD"对话框，确认演示文稿打包完成，单击"关闭"按钮。这时自动打开打包的演示文稿所在的文件夹，这样即可看到打包好的演示文稿文件。

在"打包成 CD"对话框中单击"复制到 CD"按钮，可以将演示文稿中的内容刻录到 CD 光盘中。

2. 创建演示文稿视频

使用 PowerPoint 2010，用户可以将演示文稿创建为一个视频文件，从而通过光盘、网络和电子邮件分发。下面介绍创建演示文稿视频的操作方法。

（1）打开演示文稿，切换到"文件"选项卡，在 Backstage 视图中选择"保存并发送"命令，在"文件类型"选项组中选择"创建视频"选项，单击"创建视频"按钮，如图 6-68 所示。

（2）弹出"另存为"对话框，选择视频准备保存的位置，如"本地磁盘（E:）"，在"文件名"下拉列表框中输入视频准备保存的名字，单击"保存"按钮开始创建视频。

（3）返回到演示文稿，此时在状态栏中出现提示"正在制作视频论文答辩（李想）.wmv"，并同时显示创建视频的进度，如图 6-72 所示，打开新创建的演示文稿视频所保存的文件夹，显示已创建的视频文件。

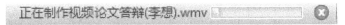

图 6-72　"制作视频"进度条

6.6.3　打印演示文稿

使用 PowerPoint 2010 完成幻灯片的制作后，用户可以将演示文稿打印到纸张上，从而方便幻灯片的保存和查看。本节将介绍打印演示文稿的相关操作方法。

1. 演示文稿的页面设置

在准备打印之前，用户可以根据具体工作要求对幻灯片的页面进行设置，包括设置幻灯片的大小和方向等。下面介绍设置幻灯片页面属性的操作方法。

（1）打开准备进行设置幻灯片页面的演示文稿，切换到"设计"选项卡，在"页面设置"选项组中单击"页面设置"按钮。

（2）在弹出如图 6-73 所示的"页面设置"对话框，单击"幻灯片大小"下拉列表框右侧的下拉按钮，在弹出的下拉列表中选择准备打印幻灯片的纸张大小，如选择"A4 纸张（210×297mm）"。

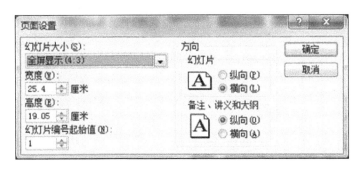

图 6-73　"页面设置"对话框

（3）在"方向"选项组中，设置幻灯片、讲义、备注和大纲的打印方向。

（4）在"幻灯片编号起始值"数值框中设置打印文稿的编号起始页。

（5）单击"确定"按钮，幻灯片页面属性设置完成。

2. 演示文稿的页面打印

通过打印设备可以输出多种形式的演示文稿。打印前应先进行打印的相关设置。

在幻灯片视图、大纲视图、备注页视图和幻灯片浏览视图中都可以进行打印操作，下面介绍打印演示文稿的操作方法。

（1）打开准备打印的演示文稿，切换到"文件"选项卡，选择"打印"命令，如图 6-74 所示。

（2）在"打印"下的"份数"框中输入要打印的份数。

（3）在"打印机"下选择要使用的打印机。

（4）在"设置"下执行以下操作之一。

①若要打印所有幻灯片，则单击"打印全部幻灯片"按钮。

②若要打印所选的一张或多张幻灯片，则单击"打印所选幻灯片"按钮。

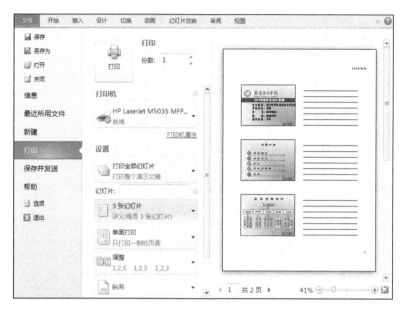

图 6-74　"打印"界面

③若要仅打印当前显示的幻灯片，则单击"当前幻灯片"按钮。

④若要按编号打印特定幻灯片，则单击"幻灯片的自定义范围"按钮，然后输入各幻灯片的列表和/或范围。请使用无空格的逗号将各个编号隔开，例如 1，3，5-12。

（5）单击"单面打印"右侧的下拉按钮，然后选择在纸张的单面还是双面打印。

（6）单击"整页幻灯片"右侧的下拉按钮，然后执行下列操作。

①若要在一整页上打印一张幻灯片，则在"打印版式"下单击"整页幻灯片"按钮。

②若要以讲义格式在一页上打印一张或多张幻灯片，则在"讲义"下单击每页所需的幻灯片数，以及希望按垂直还是水平顺序显示这些幻灯片。

③若要在幻灯片周围打印一个细边框，则选择"幻灯片加框"。

④若要在为打印机选择的纸张上打印幻灯片，则单击"根据纸张调整大小"按钮。

⑤要若增大分辨率、混合透明图形以及在打印作业上打印柔和阴影，则单击"高质量"按钮。

（7）单击"颜色"右侧的下拉按钮，然后单击一种颜色。

（8）若要包括或更改页眉和页脚，则单击"编辑页眉和页脚"链接，然后在弹出的"页眉和页脚"对话框中进行设置。

（9）单击"打印"按钮开始打印。

6.7　本 章 小 结

PowerPoint 2010 是 Microsoft 公司 Office 桌面办公套件中的重要组件之一，是一个非常优秀的演示文稿制作工具。使用 PowerPoint 可以制作幻灯片，如果在作计划、报告和产品演示时将其制作成幻灯片，可以在向观众播放幻灯片的同时，配以丰富翔实的讲解，使之更加生动形象。

通过本章的学习，掌握 PowerPoint 的基本操作，演示文稿的创建，背景和配色方案的使用，幻灯片母版应用，图表、艺术字、SmartArt 图形、多媒体对象等的插入，添加幻灯片切换效果，设置幻灯片动画和超链接，以及幻灯片放映及控制等。

课 后 练 习

一、单选题

1. PowerPoint 2010 演示文稿的扩展名是（　　　）。
   A. .pps
   B. .pot
   C. .ppt
   D. .pptx
2. 在 PowerPoint 2010 工作窗口最顶部的是（　　　）。
   A. 标题栏
   B. 菜单栏
   C. 工具栏
   D. 状态栏
3. PowerPoint 是用于制作（　　）的工具软件。
   A. 演示文稿
   B. 文档文件
   C. 模板
   D. 动画
4. 下列说法正确的是（　　　）。
   A. 通过背景命令只能为一张幻灯片添加背景
   B. 通过背景命令只能为所有幻灯片添加背景
   C. 通过背景命令既可以为一张幻灯片添加背景也可以为所有添加背景
   D. 以上说法都不对
5. 绘制矩形时按（　　　）键图形为正方形。
   A. Shift
   B. Ctrl
   C. Delete
   D. Alt
6. Power Point 中实现自动播放，下列说法正确的是（　　　）。
   A. 选择"观看放映"方式
   B. 选择"排练计时"方式
   C. 选择"自动播放"方式
   D. 选择"录制旁白"方式
7. 幻灯片之间的切换效果，通过（　　　）选项卡中的命令来设置。
   A. 设计
   B. 动画
   C. 幻灯片放映
   D. 切换
8. PowerPoint 中，在（　　　）视图中，可以设置绘图笔，加入屏幕注释，或者指定切换到特定的幻灯片。
   A. 备注页视图
   B. 浏览视图
   C. 放映视图
   D. 黑白视图

9. PowerPoint 2010 中，执行了插入新幻灯片的操作，被插入的幻灯片将出现在（　　）。

    A. 当前幻灯片之前　　　　　　　　　B. 当前幻灯片之后

    C. 最前　　　　　　　　　　　　　　D. 最后

10. 若想将演示文稿放在另一台没有安装 Power Point 软件的计算机上放映，那么应该对演示文稿进行（　　）。

    A. 复制　　　　　　　　　　　　　　B. 打包

    C. 移动　　　　　　　　　　　　　　D. 打印

11. 在 PowerPoint 中，超链接只有在下列（　　）中才能被激活。

    A. 幻灯片视图　　　　　　　　　　　B. 大纲视图

    C. 幻灯片浏览视图　　　　　　　　　D. 幻灯片放映视图

12. 在 Power Point 2010 中，激活超链接的动作是使用鼠标在超链接点（　　）。

    A. 指向　　　　　　　　　　　　　　B. 拖动

    C. 左击　　　　　　　　　　　　　　D. 右击

13. 幻灯片中占位符的作用是（　　）。

    A. 表示文本长度　　　　　　　　　　B. 限制插入对象的数量

    C. 为文本、图形预留位置　　　　　　D. 表示图形大小

14. Power Point 中，在（　　）视图中，用户可以看到画面在上下两半，上面是幻灯片，下面是文本框，可以记录演讲者讲演时所需的一些提示重点。

    A. 备注页视图　　　　　　　　　　　B. 浏览视图

    C. 幻灯片视图　　　　　　　　　　　D. 黑白视图

15. 在下列操作中，幻灯片母版上不可以完成的是（　　）。

    A. 使相同图片出现在所有幻灯片的相同位置

    B. 使所有幻灯片上新插入的文本框中的文本具有相同格式

    C. 使所有幻灯片具有相同的背景颜色及图案

    D. 使所有幻灯片上预留的文本框中的文本具有相同格式

16. 在应用了版式后，幻灯片中的占位符（　　）。

    A. 不能添加，也不能删除　　　　　　B. 不能添加，但可以删除

    C. 可以添加，也可以删除　　　　　　D. 可以添加，但不能删除

17. 在 PowerPoint 2010 的普通视图中，使用"幻灯片放映"中的"隐藏幻灯片"后，被隐藏的幻灯片将会（　　）。

    A. 从文件中删除

    B. 在幻灯片放映时不放映，但仍然保存在文件中

    C. 在幻灯片放映时仍可放映，但是幻灯片上的部分内容被隐藏

    D. 在普通视图的编辑状态中被隐藏

18. 在空白幻灯片中不可以直接插入（　　）。

    A. 文本框　　　　　　　　　　　　　B. 文字

    C. 艺术字　　　　　　　　　　　　　D. 表格

19. 按（　　　）键可以启动幻灯片放映。

　　A. F5　　　　　　　　　　　　B. F6

　　C. Enter　　　　　　　　　　　D. Backspace

20. 在 PowerPoint 2010 中，下列关于图片来源的说法，错误的是（　　　）。

　　A. 来自 Smart Art 图形　　　　　B. 剪贴画中的图片

　　C. 来自文件的图片　　　　　　　D. 来自打印机的图片

21. PowerPoint 默认的视图模式是（　　　）。

　　A. 大纲视图　　　　　　　　　　B. 放映视图

　　C. 幻灯片浏览视图　　　　　　　D. 普通视图

22. 在 Power Ponit 演示文稿中，将一张"标题和文本"幻灯片改为"标题和竖排文本"幻灯片，应更改的是（　　　）。

　　A. 对象　　　　　　　　　　　　B. 应用设计模板

　　C. 幻灯片版式　　　　　　　　　D. 背景

23. 在 Power Point 2010 中，演示文稿与幻灯片的关系（　　　）。

　　A. 同一概念　　　　　　　　　　B. 相互包含

　　C. 演示文稿中包含幻灯片　　　　D. 幻灯片中包含演示文稿

24. 在 PowerPoint 中，可以创建某些（　　　），在幻灯片放映时单击它们，就可以跳转到特定幻灯片或运行另一个演示文稿。

　　A. 按钮　　　　　　　　　　　　B. 过程

　　C. 文本框　　　　　　　　　　　D. 菜单

25. 演示文稿中每张幻灯片都是基于某种（　　　）创建的，它预定义了新建幻灯片的各种占位符布局情况。

　　A. 模板　　　　　　　　　　　　B. 母版

　　C. 版式　　　　　　　　　　　　D. 格式

26. 在 PowerPoint 中，有关删除幻灯片的说法中错误的是（　　　）。

　　A. 在大纲视图下，右击要删除幻灯片，在弹出的快捷菜单中选择"删除幻灯片"

　　B. 如果要删除多张幻灯片，请切换到幻灯片浏览视图。按下 Ctrl 键并单击各张幻灯片，然后单击"删除幻灯片"

　　C. 在大纲视图下，单击选定幻灯片，单击 Del 键

　　D. 如果要删除多张不连续幻灯片，请切换到幻灯片浏览视图。按下 Shift 键并单击各张幻灯片，然后单击"删除幻灯片"

27. 在 PowerPoint 2010 幻灯片浏览视图模式下，不允许进行的操作是（　　　）。

　　A. 幻灯片的移动和复制　　　　　B. 自定义动画

　　C. 幻灯片删除　　　　　　　　　D. 幻灯片切换

28. 在 PowerPoint 2010 中，停止幻灯片播放的快捷键是（　　　）。

　　A. Enter　　　　　　　　　　　B. Shift

　　C. Ctrl　　　　　　　　　　　　D. Esc

29. 在 PowerPoint 2003 中，下列有关幻灯片叙述错误的是（　　）。
　　A. 它是演示文稿的基本组成单位　　　B. 可以插入图片、文字
　　C. 可以插入各种超链接　　　　　　　D. 单独一张幻灯片不能形成放映文件

30. 下列不属于 Power Point 2003 视图的是（　　）。
　　A. 备注页视图　　　　　　　　　　　B. 普通视图
　　C. 幻灯片浏览视图　　　　　　　　　D. 详细资料视图

二、操作题

1. 制作演示文稿，要求

（1）演示页数量：2 页；"背景"取两种渐变色填充效果，底纹样式为斜下；幻灯片切换采用：慢速、盒装展开。

（2）第一页：主标题为"计算机网络的基础知识"，字体为隶书，大小为 80，字体颜色为红色；副标题为两行，在每行前加项目符号为 Times New Roman 中的@，两行内容分别是"计算机网络的主要功能"和"计算机网络的分类"，字体为新宋体，大小为 24，字体颜色蓝色。

（3）第二页：两段文字（自定，不少于 20 个汉字）和两个剪贴画（或图片），文本框采用跨越式棋盘，文字为蓝色；第一个剪贴画用自底部切入，第二个剪贴画用十字向内展开。演播顺序：自动延时 2s 显示第一个剪贴画；单击鼠标，连续显示两段文字；再次单击鼠标，显示第二个剪贴画。

2. 制作演示文稿，要求

（1）演示页数量：2 页；幻灯片使用"应用设计模版"中的"Layers"作背景；在幻灯片母版中插入一幅剪贴画作校徽。

（2）第一页：主标题字体为黑体，字号为 88，颜色为红色，内容为"……大学"；副标题为"我的母校"，字号为 40。

（3）第二页：三段文字（自定，不少于 50 个汉字）和两个剪贴画（或图片），文字为蓝色，均带有动画效果，均设置成自底部飞入。演播顺序：自动显示第一个剪贴画；单击鼠标，3s 后显示文字；再次单击鼠标，显示第二个剪贴画。添加"动作按钮"中的"开始"按钮，鼠标点击返回到第一页。

3. 制作演示文稿，要求

（1）建立一个空白演示文稿，并以"北京名胜古迹"为文件名保存到 E：\。

（2）幻灯片数量：2 页；"背景"为预设颜色"茵茵绿原"。

（3）第 1 张幻灯片为"标题"版式，主标题内容为"北京名胜古迹"，字体格式为华文琥珀、52 号、加粗、标准色红色；副标题内容为"长城"，右对齐，字体格式为华文隶书、40 号、加粗、黑色。

（4）插入第二张幻灯片，其版式为"两栏内容"版式；在标题中插入文本"长城"，设置字体格式为华文彩云、42 号、加粗、标准色绿色；文字动画效果设置：放大/缩小；

在幻灯片左侧栏输入内容"长城又称'万里长城',是古代中国在不同时期为抵御塞北游牧部落联盟侵袭而修筑的规模浩大的军事工程的统称。长城始建于春秋战国时期,历史达2000 多年,今天所指的万里长城多指明代修建的长城。雄伟的万里长城是中国古代人民创造的世界奇迹之一,也是人类文明史上的一座丰碑。";在幻灯片右侧栏中插入素材库中的"长城.jpg",调整图片到合适大小。

（5）幻灯片的切换方式设置为"分割",效果为"中央向左右展开"声音为"鼓掌"。

4. 自主设计一个以介绍"感恩"为主题的演示文稿,具体要求如下

（1）至少有 6 张幻灯片。

（2）要使用图片、表格、声音、视频等多种手段美化你的幻灯片。

（3）幻灯片中要有超链接和动作按钮。

（4）幻灯片要使用不同的幻灯片切换方式。

第7章　多媒体技术

多媒体技术是在 20 世纪末迅速崛起和发展起来的新兴技术，它基于传统计算机技术，结合现代电子信息技术，使计算机具有综合处理声音、文字、图形、图像和视频信息的能力，从而为计算机进入人类生活和生产的各个领域打开方便之门，给人们的工作、生活带来较大的变化。

本章内容主要包括：

（1）多媒体技术基础知识。

（2）多媒体计算机系统的组成。

（3）多媒体信息的数字化。

（4）多媒体数据压缩技术。

（5）常用多媒体工具软件。

7.1　多媒体技术基础

7.1.1　多媒体的基本概念

所谓"媒体"，在计算机领域有两个含义：一是指存储信息的实体，如磁盘、光盘、半导体存储器等；二是指传递信息的载体，如声音、文字、图形、图像、动画、视频等。而多媒体技术中的"媒体"则主要指的是后者。

多媒体的英文单词是 Multimedia，它由 media 和 multi 两部分组成。文本、图形、图像、声音、动画和视频等都是媒体，其中两个或两个以上的媒体有机组合就构成了多媒体。在这个定义中，需要明确以下几点。

（1）多媒体是信息交流和传播的媒体。从这个意义上说，多媒体和电视、报纸、杂志等媒体的功能是一样的。

（2）多媒体是各种媒体的有机组合。这意味着媒体和媒体之间有内在的逻辑联系，并不是说任何几种媒体组合在一起就可以称为多媒体。

（3）多媒体是以计算机为中心构成的人机交互式媒体。

（4）多媒体信息都是以数字的形式而不是以模拟信号的形式存储和传输的。

7.1.2　多媒体技术的特性

所谓多媒体技术是指能够同时获取、处理、编辑、存储和展示两个或两个以上不同类型信息媒体的技术。综合来说，多媒体技术的特性可分为下列几点。

1. 集成性

多媒体技术具有多种技术的系统集成性，囊括了如硬件、软件、人工智能、模式识别，通信、图像、数字信号处理、音频、视频、超文本、光存储等技术，并将不同性质的设备和信息媒体集成为一体，以计算机为中心综合处理各种信息，其应用领域也比传统媒体更加广阔。

2. 交互性

是指可以与使用者进行交互性沟通的特性，这也正是它和传统媒体最大的不同。这种改变，除使用者可以按照自己的意愿来解决问题外，更可借助于这种交互沟通来帮助学习、思考，进行系统的查询或统计，以达到增进知识及解决问题的目的。

3. 非循序性

以往在查询信息时，要把大部分时间花在寻找资料及接收重复信息上。多媒体系统克服了这个缺点，使得人们过去依照章、节、页阶梯式的结构，循序渐进地获取知识的方式得以改善，借助"超文本"的观念来呈现一种新的风貌。而所谓"超文本"，简单地说就是非循序性文字，它可以简化使用者查询资料的过程，这也是多媒体强调的功能之一。

4. 非纸张输出形式

多媒体应用有别于传统的出版模式。传统出版模式以纸张为主要输出载体，通过记录在纸张上的文字及图形来传递和保存知识。多媒体出版模式强调无纸输出形式，以光盘（CD-ROM 或 DVD-ROM 等）为主要输出载体。这不但使存储容量大增，而且提高了它保存的方便性。

5. 实时性

多媒体技术中声音及活动的视频图像是和时间密切相关的，这就决定了多媒体技术必须支持实时处理，如播放时声音和图像都不能出现停顿现象等。

6. 数字化

早期的媒体技术在处理音像信息时，采用模拟方式进行媒体信息的存储和演播。但由于衰减和噪声干扰较大，且传播中存在着积累误差等，模拟信号的质量较差。而多媒体技术以数字化方式加工和处理多媒体信息，精确度高，播放效果好。

7.1.3　多媒体的关键技术

促进多媒体技术趋于成熟的技术有很多，其中关键技术有以下几种。

1. 多媒体数据压缩技术

一个多媒体作品含有丰富的多媒体信息，其中数字化音频、数字化视频、数字化静态图像等都包含很大数据量。如果不做处理，将严重影响这些数据的传输、保存和运行，甚至使多媒体系统根本无法运行。为此，必须采用一定的技术对多媒体数据进行压缩处理。多少年来，人们一直在不断地探讨研究这个问题，虽然今天已经取得重大进展，但这项技术仍然受到人们的极大关注。

多媒体信息中包含大量冗余的信息，把这些冗余信息去掉就实现了压缩。压缩有两种基本类型：有损压缩法和无损压缩法。

无论哪种压缩算法，其基本方法一种是将相同的或相似的数据归类，使用较少的数据量来描述原始数据，以达到减少数据量的目的；另一种是有针对性地简化一些不重要的数据，从而加大压缩力度。

2. 多媒体专用芯片技术

数据的软件压缩、解压缩将占用 CPU 的大量资源，给 CPU 带来沉重负担。多媒体计算机要想快速、实时地完成视频和音频信息的压缩与解压缩、图像特技效果、图形处理及语音信息处理等任务，集成电路专用芯片是必不可少的。目前具有强大数据压缩处理功能的专用集成电路已经问世，这无疑是压缩技术的又一重大进展。

多媒体集成电路专用芯片可归纳为两种：一种是固定功能的芯片；另一种是带有处理器的可编程芯片。

3. 多媒体输入/输出技术

多媒体输入/输出技术包括媒体变换技术、识别技术、媒体理解技术和综合技术。

（1）媒体变换技术是指改变媒体的表现形式。如当前广泛使用的视频卡、音频卡（声卡）都属媒体变换设备。

（2）媒体识别技术是对信息进行一对一的映像过程。例如，语音识别技术和触摸屏技术等。

（3）媒体理解技术是对信息进行更进一步地分析处理和理解信息内容。如自然语言理解、图像理解、模式识别等技术。

（4）媒体综合技术是把低维信息表示映像成高维的模式空间的过程。例如，语音合成器就可以把语音的内部表示综合为声音输出。

输入/输出技术进一步发展的趋势是：①人工智能输入/输出技术；②外围设备控制技术；③多媒体网络传输技术。

4. 多媒体数据存储技术

多媒体信息的特点就是信息量大，实时性强。尤其是声音与运动的图像更为明显，即使对其进行了压缩，其存储容量也是十分惊人的。因此大容量、高速的存储器也是关键技术之一。

对于大型服务器，为了改进磁盘的性能、可靠性，引入廉价磁盘冗余阵列（redundant array of inexpensive disk，RAID）技术。工业界将 I 重定义为独立（Independent），即独立磁盘冗余阵列。RAID 的基本思想是将一个装满了磁盘的盒子安装到计算机（通常是一个大型服务器）上，用 RAID 控制器替换磁盘控制器卡，将数据复制到整个 RAID 上，然后继续常规的操作。

对于存储光盘，目前比较流行的有 CD-ROM 光盘（约 700MB）、数字通用光盘（digital versatile disc，DVD 光盘，单层面的 DVD 为 4.7GB，双层面的可达 17GB）、闪盘（最大的达 64GB）和蓝光。

蓝光（Blu-ray），或称蓝光盘（Blu-ray Disc，BD），利用波长较短（405nm）的蓝色激光读取和写入数据。通常波长越短的激光，能够在单位面积上记录或读取更多的信息。因此，蓝光极大地提高了光盘的存储容量。对于光存储产品来说，蓝光提供了一个跳跃式发展的机会。到目前为止，蓝光是最先进的大容量光碟格式。BD 激光技术的巨大进步，使得能够在一张单碟上存储 25GB 的文档文件。这是现有（单碟）DVDs 的 5 倍。在速度上，蓝光允许 1～2 倍或者说每秒 4.5～9MB 的记录速度。

云存储，是一个以数据存储和管理为核心的云计算系统。通过云计算技术，网络服务提供者可以在数秒之内，处理数以千万计甚至亿计的信息，达到和"超级计算机"同样强大的网络服务。

5. 多媒体系统软件技术

多媒体系统软件技术主要包括多媒体操作系统、多媒体素材采集与制作技术、多媒体编辑与创作工具、多媒体数据库管理技术、超文本/超媒体、多媒体应用开发技术。

（1）多媒体操作系统是多媒体软件的核心。它负责多媒体环境下多任务的调度、保证音频、视频同步控制以及信息处理的实时性，提供多媒体信息的各种基本操作和管理；具有对设备的相对独立性与可扩展性。现在的操作系统，如 Windows、UNIX、Linux、OS/2 和 Macintosh 等都支持多媒体，但是都是在原来操作系统内核基础上修改的，且基于 CD-ROM 的单机多媒体，不支持分布式多媒体。支持分布式多媒体的操作系统是正在研究的热点。

（2）多媒体素材采集与制作主要包括采集并编辑多种媒体数据，如声音信号的录制、编辑和播放；图像扫描及预处理；全动态视频采集及编辑；动画生成编辑；音/视频信号的混合和同步等。

（3）多媒体编辑创作软件又称多媒体创作工具，是多媒体专业人员在多媒体操作系统之上开发的，供特定应用领域的专业人员组织编排多媒体数据，并把它们连接成完整的多媒体应用系统的工具。

高档的创作工具用于影视系统的动画制作及特技效果，中档的用于培训、教育和娱乐节目制作，低档的用于商业简介、家庭学习材料的编辑。

（4）多媒体数据库管理技术，由于多媒体信息是结构型的，传统的关系数据库已不适用于多媒体的信息管理，需要从以下几个方面研究数据库：多媒体数据模型、媒体数据压缩和解压缩的模式、多媒体数据管理及存取方法、用户界面。

（5）超文本/超媒体技术。

超文本是一种新颖的文本信息管理技术，它提供的方法是建立各种媒体信息之间的网状链接结构，这种结构由节点组成。

对超文本进行管理使用的系统称为超文本系统。也即浏览器，或称为导航图。

若超文本中的节点的数据不仅可以是文本，还可以是图像、动画、音频、视频，则称为超媒体。

（6）多媒体应用开发技术。

多媒体应用的开发会使一些采用不同问题解决方法的人集中到一起，包括计算机开发人员、音乐创作人员，图像艺术家等，他们的工作方法以及思考问题的方法都将是完全不同的。对于项目管理者来说，研究和推出一个多媒体应用开发方法将是极为重要的。

6. 多媒体通信技术

多媒体通信技术包含语音压缩、图像压缩及多媒体的混合传输技术。宽带综合业务数字网（B-ISDN）是解决多媒体数据的传输问题的一个比较完整的方法，其中 ATM（异步传送模式）是近年来在研究和开发上的一个重要成果。

7. 虚拟现实技术

所谓虚拟现实是指利用计算机生成的一种模拟环境（如飞机驾驶、分子结构世界等），通过多种传感设备使用户"投入"到该环境中，实现用户与该环境直接进行自然交互的技术。

虚拟现实技术是在众多相关技术上发展起来的一个高度集成的技术，是计算机软硬件技术、传感技术、机器人技术、人工智能及心理学等飞速发展的结晶。

为实现真正的多媒体，虽然还必须突破许多技术难点，但人们普遍认为在 21 世纪多媒体将发展成处理各种形式信息的基础，它将为企业创造巨大的商业机会，还将使信息通信发生巨大变革，人们必须从不同角度理解、紧跟多媒体技术的巨大潮流。

7.1.4　多媒体技术的发展

1. 多媒体技术的启蒙发展阶段

1984 年美国 Apple 公司推出了 Macintosh 机，引入 BitMap（位映射）概念来对图进行处理，引入图形用户界面（GUI），引入鼠标（Mouse）。大胆使用窗口和图形符号（Icon）作为用户接口，改善人们使用计算机的方式。过去，人们必须通过从键盘敲入字符给计算机下命令，计算机才按要求完成相应的操作，而 Macintosh 则把一切都摆在桌面上，用鼠标单击，通过对图标和位图的操作来使用计算机。

1985 年，Microsoft 公司也迅速推出其大名鼎鼎的多任务图形操作系统 Windows。同年美国 Commodore 公司推出世界上第一台多媒体计算机 Amiga，配备图形、音频和视频三个专用处理芯片。

1986 年 3 月，荷兰 Philips 公司和日本 Sony 公司联合推出了交互式紧凑光盘系统 CD-I（compact disc interactive），并公布了 CD-ROM 光盘数据格式。该系统把各种多媒体信息以数字化的形式存放在容量为 650MB 的只读光盘上，用户可以通过读取光盘中的内容来进行播放。大容量的光存储介质从此问世。

2. 多媒体技术的标准化阶段

20 世纪 90 年代，多媒体技术从以研发为中心转移到以应用为中心。为促进多媒体计算机的标准化，为建立相应标准，1990 年 11 月由 Philips 等 14 家厂商组成的多媒体市场协会应运而生，今后使用 MPC（multimedia personal computer）这个标志，就要遵循这个协会所定的技术规格。随后 IBM、Microsoft、Philips 等公司组成了多媒体 PC 工作组（the multimedia PC working group），先后发布了 4 个 MPC 标准：MPC1.0 标准、MPC2.0 标准、MPC3.0 标准、MPC4.0 标准。按照 MPC 联盟的标准，一台标准的多媒体计算机应包括 5 个基本单元：主机、CD-ROM 驱动器、声卡、音箱和图形化操作系统。特别是 MPC4.0，它将 PC 升级为 MPC 提供了一个指导原则，MPC4.0 要求在普通微机的基础上增加四类软、硬件设备。

（1）输入设备：扫描仪、光驱、摄像头、MIC 和手写笔等。

（2）输出设备：刻录机、打印机和投影仪等。

（3）功能卡：网卡、电视卡、视频采集卡和视频输出卡等。

（4）软件支持：音频、视频和通信信息以及实时、多任务处理软件。

MPC 标准是一个不断更新的平台，用户可在此基础上任意添加需要的功能硬件，完善系统的多媒体功能，其对多媒体技术的发展和普及还是起到了重要的推动作用。随着计算机性能不断提高和 IT 技术飞速发展，MPC 标准的规定难以包含更新的内容，MPC 标准成为历史，也不再发布。

在 MPC 标准产生的同时，还伴随着其他一些标准的出现，如数据压缩标准。在多媒体系统中，要使系统产生流畅逼真的视听效果、声音和图像，所需的数据量是非常巨大的。因此，如何在保证音视频质量的情况下，尽可能减少存储和传输的数据量，就成为多媒体技术一个关键问题，这就是数据压缩问题。数据压缩经过几十年的发展，其经典编码方法趋于成熟。为使数据压缩走向实用化和产业化，近年来一些国际标准组织成立了数据压缩和通信方面的专家组，制定了几种数据压缩编码标准，并且很快得到了产业界的认可。目前已公布的数据压缩标准主要有 4 个。

（1）用于静止图像压缩的 JPEG（联合图像专家组的简称）标准。

（2）用于视频和音频编码的 MPEG（运动图像专家组的简称）系列标准。

（3）用于视频和音频通信的 H.26X 标准。

（4）用于二值图像编码的 JBIG 标准。

3. 多媒体技术的蓬勃发展阶段

多媒体各种标准的制定和应用极大地推动了多媒体产业的发展。很多多媒体标准和实现方法（如 JPEG、MPEG 等）已做到芯片级，并作为成熟的商品投入市场。与此同时，涉及多媒体领域的各种软件系统及工具，也如雨后春笋，层出不穷。这些既解决了多媒体发展过程必须解决的难题，又对多媒体的普及和应用提供了可靠的技术保障，促进多媒体成为一个产业而迅猛发展。目前，多媒体技术的发展已进入高潮，多媒体产品正进入千家万户。

7.1.5　多媒体技术的应用

多媒体技术集声、文、图、像于一体，将复杂的事物变得简单，抽象的事物变为具体，是更自然更丰富的计算机技术，它正在给人类的工作、学习和生活带来日益显著的变化。

下面就多媒体技术的一些主要应用领域做简单介绍。

1. 多媒体教育

教育领域是应用多媒体技术最早、发展最快、受益面最广的领域。区别于传统的授课模式,以多媒体技术为核心的现代教育技术使教学手段和授课方法变得丰富多彩,扩大了信息量,提高了学习知识过程中的趣味性。多媒体教育对于促进教学思想、教学内容和教学手段的改革,实现学习的多元化、主体化和社会化,全面提高教学质量有重大意义。

2. 办公自动化

在办公自动化系统中,主要采用语音自动识别系统,可以将语言转换成相应的文字,同时又可以将文字翻译成语音。通过 OCR 系统可以将手写文字自动输入并以文字的格式存储。

另外,多媒体在办公自动化方面还有许多方面的应用,如多媒体监控与监测系统。

3. 多媒体电子出版物

多媒体技术对出版业产生了巨大的影响。与传统出版物相比,电子出版物具有集成性、交互性,且种类多、表现力强和信息检索灵活方便等特点,它以数字代码方式将图、文、声、像等信息存储在磁、光、电介质上,是计算机技术与文化、教育等多学科完美结合的产物。

4. 信息管理与咨询

信息管理与咨询系统在引入计算机多媒体技术后,使人们的查询更加方便快捷,能够获得更加生动、丰富的信息资源,并且便于人们管理如图片、声音、视频等多媒体信息资源。

5. 多媒体通信

通信技术与计算机技术的结合发展成就了计算机网络技术。随着网络的发展和完善,多媒体计算机技术也在通信工程中发挥着重要的作用,人们足不出户便能在多媒体计算机前办公、上学、购物、打可视电话、观看电影以及开视频会议。

6. 多媒体声光艺术品的创作

专业的声光艺术作品包括影片剪接、文本编排、音响、画面等特殊效果的制作等。

专业艺术家可以通过多媒体系统的帮助增进其作品的品质。电视工作者可以用多媒体系统制作电视节目。美术工作者可以制作卡通和动画的特殊效果。

随着多媒体应用领域的扩展及多媒体技术的进一步发展,必将加速计算机互联网、公共通信网以及广播电视网三网合一的进程,从而形成快速、高效的多媒体信息综合网络,提供更为人性化的综合多媒体信息服务。宽带多媒体综合网络、高性能的 MPC 以及交互式电视技术的融合,标志着多媒体网络时代的到来。

7.2　多媒体计算机系统的组成

7.2.1　多媒体计算机系统的层次结构

多媒体计算机系统是指能综合处理多种媒体信息，使信息之间能建立联系，并具有交互性的计算机系统。多媒体计算机系统的层次结构如图 7-1 所示。

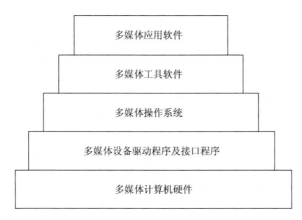

图 7-1　多媒体计算机系统的层次结构

第一层为多媒体计算机硬件系统。构成多媒体计算机硬件系统除需要较高性能的计算机主机硬件外，通常还需要增加很多与多媒体信息有关的多媒体设备，包括音频接口卡、音频输入/输出设备，如话筒、扬声器等；视频接口卡、视频输入/输出设备，如摄像机、录像机、显示器、投影机等；其他输入/输出设备，如数码相机、扫描仪、触摸屏、光笔、CD-ROM、图像打印机等。计算机网络，尤其是国际互联网的出现，使 MPC 还要配置相应的网络设备。随着科学技术的发展，各种技术指标更高、形式更多样化的输入输出设备也在不断诞生，给 MPC 提供了持续发展的空间。

第二层为多媒体设备驱动程序及接口程序。它直接与多媒体的硬件设备打交道，驱动、控制多媒体信息处理设备，并提供软件接口，方便更高层次的软件调用。

第三层为多媒体操作系统。负责多媒体计算机软硬件资源的管理以及图形用户界面管理。

第四层为多媒体工具软件，是多媒体开发人员用于获取、编辑和处理多媒体信息，编制多媒体应用软件的一系列工具软件的统称。它可以对文本、图形、图像、动画、音频和视频等多媒体信息进行控制和管理，并将它们按要求连接成完整的多媒体应用软件。该层软件大致可以分为多媒体素材处理软件、多媒体创作工具软件、多媒体编程语言、多媒体播放工具软件。

第五层为多媒体应用软件，又称多媒体应用系统或多媒体产品，它是由各种应用领域的专家或开发人员利用多媒体创作工具或多媒体编程语言编制的最终多媒体产品，是直接面向用户的。多媒体计算机系统就是通过多媒体应用软件向用户展现其强大的、丰富多彩的视听功能的。

7.2.2　多媒体计算机硬件系统

多媒体计算机系统需要交互式地综合处理声音、文字、图形、图像等媒体信息，因为反应速度要求比较高，所以需要有功能强、速度快的主机，有足够大的存储空间（内存和外存），有高分辨率的显示接口和设备。如图 7-2 所示的为具有基本功能的多媒体计算机硬件系统。

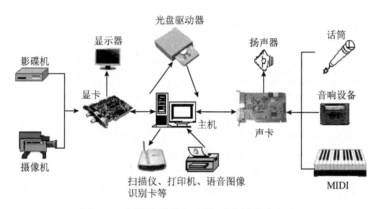

图 7-2　多媒体计算机硬件系统的基本组成

1. 主机

主机是多媒体计算机的核心，可以是大/中型计算机、工作站等，用得最多的还是多媒体个人计算机。为提高计算机处理多媒体信息的能力，应尽可能地采用多媒体信息处理器。目前具备多媒体信息处理功能的芯片可分为三类：第一类为采用超大规模集成电路实现的通用和专用数字信号处理芯片（DSP）；第二类则是在现有 CPU 芯片中增加多媒体数据处理指令和数据类型；第三类为专用媒体处理器，以多媒体和通信功能为主，具有可编程性，通过软件可增加新的功能，不过此类芯片功能简单，无法取代通用处理器，只能与其配合组成高性能多媒体计算机系统。

2. 多媒体接口卡

多媒体接口卡是根据多媒体系统获取、编辑音频或视频的需要，插接在计算机上以解决各种媒体数据的输入输出要求的接口电路板。多媒体接口卡将计算机与各种外部设备相连，构成一个制作和播出多媒体应用系统的工作环境。常用的接口卡有声卡、显卡、视频采集卡、电视卡和 IEEE 1394 卡等。

（1）声卡。

声卡是处理音频信号的硬件，又称音频卡，其典型构成包括功率放大器芯片、合成器芯片、处理器芯片和各种输入/输出接口等。其基本功能包括以下几个方面。

①A/D（模/数）转换。

将模拟的声音转换成数字化的声音。数字化的声音以文件的形式保存在计算机中，可以利用声音处理软件对其进行加工和处理。

②D/A（数/模）转换。

把数字化声音转换成模拟的自然声音，通过声卡的输出端，输出到声音还原设备，如耳机、有源音箱、音响设备等，这样就可以聆听到声音了。

③实时动态地处理数字化声音信号。

声音合成器将来自不同声源的声音组合在一起再输出。数字信号处理器对声音进行实时压缩和解压缩功能，从而减轻 CPU 的负担，提高实时效果。高档声卡都带有音效处理器，可以对数字化声音信号进行音效处理（混响、延时及合唱等），以获得所需要的音响效果。

④输入/输出功能。

利用声卡的输入端子和输出端子，可以将模拟信号引入声卡，然后转换成数字量；还可以将数字信号转换成模拟信号送到输出端子，驱动音响设备。

（2）显卡。

最初的显卡主要功能就是将 CPU 提供的显示内容输出到显示器上显示，相当于一种转递的作用。随着计算机应用领域的不断扩大，越来越多的复杂图形和高质量的图形处理需要完成，因此不得不占用更多的 CPU 时间，使得计算机的性能下降。为此，具有图形处理功能的显卡自然而然的问世了。在显卡中放入专用的图形处理芯片和显存，使之拥有图形函数加速器，专门用来执行图形加速任务，大大减少 CPU 处理图形的负担，从而提高了计算机的多媒体性能。

显卡的质量取决于所集成的图形处理芯片组、显存类型、容量大小以及相配套的驱动程序的版本。有些实力雄厚的硬件生产商，如华硕等，在其生产的显卡上，会提供电视输出及视频输入/输出的功能，可以将电脑的内容输出到电视机或录像机上，或是通过显卡进行视频图像的捕捉和截取等。

显卡通常以附加卡的形式安装在计算机主板的扩展槽上，目前也有把显卡集成在主机板上的产品，目的是为了进一步降低成本。

（3）视频卡。

视频卡，即视频采集卡，主要完成视频信号的 A/D 和 D/A 转换及数字视频的压缩和解压缩功能。视频卡可以获取数字化视频信息，能将视频图像显示在大小不同的视频界面中；另外还可以产生出许多特殊效果，如冻结、淡出、旋转、镜像以及透明色处理。许多视频卡还能在捕捉视频图像信息的同时捕捉到伴音信息，使音频部分和视频部分在从模拟向数字转化的过程中保持同步。有些好的视频卡还提供了硬件压缩功能。

目前 PC 级视频卡多采用 32 位的 PCI 总线接口，可安装在 PC 主板的 PCI 扩展槽上。在正确安装了驱动程序后，视频卡就可以完成与 PC 的数据传输。为了更好地控制采集过程，还需安装视频卡自带的采集应用程序。一般的视频卡把数字化的视频存储成 AVI 文件，高档的视频卡能直接把采集到的数字视频数据实时压缩成 MPEG-1 格式的文件。

（4）电视卡。

视频卡一般不具备电视天线接口和音频输入接口，不能用视频卡直接采集电视射频信号，这一功能可由电视卡完成。电视卡的工作原理是通过高频头接收标准的电视信号，然后将模拟电视信号转换为数字信号，交由计算机进行识别和播放。电视卡功能很多，除具有传统的电视接收功能外，还可以实现录像、编辑、压缩、效果处理和视频采集等功能。

电视卡按其连接方式可分为外置式的电视接收盒和内置式的电视卡。

外置式的电视接收盒的优点为安装很方便，不用打开机箱直接把电视盒插到相应的接口上就可以使用了，同时附有遥控器，操作起来和普通的家用电视机一样很方便。另外受外界因素干扰的可能性较少，所以性能比起内置式的电视卡来说会稳定一些。随着 USB 接口标准的普及，很多外置式电视接收盒采用了 USB2.0 的接口，使得在视频采集过程中的大量数据的传输问题得到了解决，现在 USB 的外置电视盒比较流行。

内置式电视卡价格比同档次外置的电视接收盒要便宜一些，它不会占用外部桌面空间。内置式电视卡的缺点是安装不是很方便，需要用户打开机箱操作；容易受到机箱内部元器件的电磁干扰，直接造成其播放质量下降。

（5）IEEE 1394 卡。

IEEE1394（又称为火线）作为一种数据传输的开放式技术标准，目前被应用在众多的领域，包括数码摄像机、高速外接移动硬盘、打印机和扫描仪等多种设备上。标准的 IEEE 1394 接口可以同时传送数字视频信号以及数字音频信号，相对于模拟视频接口，IEEE 1394 技术在采集和回访过程中没有任何的信号损失。基于这个优势，IEEE 1394 卡更多地被当作视频采集卡来使用。现在的 IEEE 1394 卡多为 PCI 接口，只要插入到相应插槽中即可提供视频采集功能。

目前流行的 IEEE 1394 卡基本上可分为两类：一类是带有硬件实时编码功能的 IEEE 1394 卡；另一类是用软件实现压缩编码的 IEEE 1394 卡。带硬件编码的 1394 卡不仅能将电视机或者录像机的视频信号输入计算机，还具备了硬件压缩视频流的功能，可以将视频数据实时压缩成 MPEG-1 格式的视频数据流并保存为 MPEG 文件或者 DAT 文件，从而可以方便地制作视频光盘。用软件实现压缩编码的 IEEE 1394 卡则只起传输的作用，需要通过软件来最后生成 AVI 文件，并进行后期的编辑加工。通常 IEEE 1394 卡上的接口为六针槽口，可连接至 IEEE 1394 缆线。目前许多个人计算机都内建有 1394 接口，提供 6 针槽口和 4 针槽口，其中 4 针槽口是专门用来连接 DV 或 D8 摄像机的。

3. 多媒体外部设备

多媒体计算机必须配置必要的外部设备，目前的多媒体外部设备十分丰富，工作方式一般分为输入和输出。按其功能又可分为如下 4 类。

（1）视频、音频输入设备，如数码相机、摄像机、录像机、影碟机、话筒、录音机、激光唱盘和 MIDI 合成器等。

（2）视频、音频输出设备，如显示器、电视机、投影仪、立体声耳机、音箱等。

（3）人机交互设备，如键盘、鼠标、触摸屏、光笔、手写板、扫描仪、绘图板、打印机等。

（4）存储设备，如磁盘、光盘等。

7.2.3　多媒体计算机软件系统

多媒体计算机软件系统按功能分为系统软件和应用软件。

1. 系统软件

多媒体计算机系统的系统软件主要有以下几个方面。

（1）多媒体设备驱动程序：是最底层硬件的软件支撑环境，直接与计算机硬件相关的，完成设备初始化、各种设备操作、基于硬件的压缩/解压缩、图像快速变换及功能调用等。通常驱动程序有视频子系统、音频子系统及视频/音频信号获取子系统。

（2）多媒体设备接口程序：是高层软件与驱动程序之间的接口软件，为高层软件建立虚拟设备。

（3）多媒体操作系统：多媒体各种其他系统软件都要运行于多媒体操作系统平台上，是多媒体系统软件的核心，负责对多媒体计算机的硬件、软件的控制与管理，以及图形用户界面管理等。

（4）多媒体素材制作软件及多媒体库函数：为多媒体应用程序进行数据准备的程序，主要为多媒体数据采集软件，作为开发环境的工具库，供设计者调用。

（5）多媒体创作工具、开发环境：是在多媒体操作系统上进行开发的软件工具。主要用于编辑生成特定领域的多媒体应用软件。

（6）多媒体播放工具软件：即多媒体播放器，其功能主要包括在线播放媒体和流式媒体、音轨抓取和刻录光盘。

2. 应用软件

多媒体应用软件是运用多媒体创作工具或开发环境设计开发的面向应用领域的软件系统。多媒体应用系统开发设计不仅要求利用计算机技术将文字、声音、图形、图像、动画及视频等有机地融合为图、文、声并茂的系统，而且要进行精心地创意和组织，使其变得更加人性化和自然化。

7.3　多媒体信息的数字化

7.3.1　声音的数字化

1. 基本概念

声音来自机械振动，并通过周围的弹性介质以波的形式向周围传播。最简单的声音表现为正弦波。表述一个正弦波需要三个参数。

（1）频率：振动的快慢，它决定声音的高低。人耳能听到的频率范围为 20Hz～20kHz。

（2）振幅：振动的大小，它决定声音的强弱。振幅越大，声音越强，传播越远。

（3）相位：振动开始的时间。一个正弦波相位不能对听觉产生影响。

复杂的声波由许多具有不同振幅和频率、相位的正弦波组成。声波具有周期性和一定的幅度，波形中两个相邻的波峰（或波谷）之间的距离称为振动周期，波形相对基线的最大位移称为振幅。周期的倒数即为频率。声波在时间上和幅度上都是连续变化的模拟信号，可以用模拟波形来表示。

声音既具有物理属性也具有心理属性，两者有较大的差别，这就造成了听觉系统的复杂性。

声音的物理属性有高低、强弱、长短和音色。音的高低取决于声波振动的频率，发声体每秒钟振动次数越多，其频率越高，相反则频率低。音的强弱取决于声波的振幅，此外声强与空气密度、传播速度、频率等多种因素相关，与振幅的平方、频率的平方呈正比。音的长短取决于声波振动延续的时间，延续时间长，音的时值就长，反之声音就短。音色取决于声波振动的成分，人的发声器官、乐器的质地、构造、发声状态等都直接影响音色。

声音还有一个心理属性，它是由人的主观感受决定的，在很大程度上取决于接受者的主观反应——爱好、习惯、听辨能力。对于同一个声音，不同的人可能会造成不同的心理反应，它与人耳的生理特征及收听者个人的经验好恶有关，无法用数字描述。

2. 声音媒体在计算机中的表示

在计算机中声音是以数字形式存在的。数字声音是将一段声音以固定的时间间隔对声音波形进行采样、量化和编码而得到的。模拟声音数字化的过程如图 7-3 所示。

图 7-3　模拟音频的数字化过程

声音波形信息采样是每隔一定时间间隔对模拟波形取一个幅度值，把时间上的连续信号变成时间上的离散信号。该时间间隔为采样周期，其倒数为采样频率。采样频率即每秒钟的采样次数。采样频率越高，数字化的音频质量也越高，但数据量也越大。

声音波形信息量化是将每个采样点得到的幅度值以数字存储。量化位数（也称为采样精度，分辨率）表示存放采样点振幅的二进制位数，它决定了模拟信号数字化以后的动态范围。所谓动态范围是波形的基线与波形上限间的单位。简单地说，位数越多，采样精度越高，音质越细腻，但信息的存储量也越大。量化位数主要有 8 位和 16 位两种。8 位的声音从最低到最高只有 2 的 8 次方（即 256）个级别，16 位声音有 2 的 16 次方（即 65 536）个级别。专业级别使用 24 位甚至 32 位。

经过采样、量化后得到的声音数据量十分巨大。我们平时听的 CD 的质量是 44.1kHz、16 位的立体声音乐，一分钟这种质量的声音就需要大约 10MB 的存储空间。

文件大小（B）＝采样频率（Hz）×录音时间（s）×（分辨率/8）×通道数（单声道为 1，立体声为 2）

$$44.1 \times 10^3 \times 60 \times (16/8) \times 2 = 10584000B \approx 10MB$$

　　因此，必须采用压缩技术来对采样、量化后得到的声音数据进行编码，才能方便地进行声音的存储和传输。目前有很多种对声音进行压缩的方法，各有不同的应用范围。如程控交换电话中用的是 ADPCM（差分脉冲编码调制），手机中用的是 GSM，而对于音乐，用的就是 MP3 了。

　　3. 声音数字化的技术指标

　　影响数字声音质量的主要因素有 3 个：采样频率、量化位数以及声道数。量化位数上面已经介绍过，这里主要介绍其他两个。

　　采样频率决定的是声音的保真度。具体说来就是一秒钟的声音分成多少个数据去表示。可以想象，这个频率当然是越高越好。频率以 kHz（千赫兹）去衡量。44.1kHz 表示将一秒钟的声音用 44100 个采样样本数据去表示。目前最常用的三种采样频率分别为：11kHz（电话效果）、22kHz（FM 电台效果）和 44.1kHz（CD 效果）。市场上的非专业声卡的最高采样频率为 48kHz，专业声卡可高达 96kHz 或以上。

　　一般人的耳朵能听到的频率范围是从 20Hz～20kHz。在实际采样中，为什么把采取 44.1kHz 作为高质量声音的采样标准呢？这是因为根据 Harry Nyquist 采样定律，采样频率至少是播放频率的两倍才足以在播放时正确还原。再考虑有些乐器发出的高于 20kHz 的声音对人也有一定的作用，所以将采样频率定在 44.1kHz。

　　声音是有方向的，而且通过反射产生特殊的效果。声音到达左右两耳的相对时差和不同的方向感觉不同的强度，就产生立体声的效果。

　　声道数指声音通道的个数，表明在同一时刻声音是只产生一个波形（单声道）还是产生两个波形（立体声双声道）。顾名思义，立体声听起来比单声道具有空间感，其存储空间是单声道的两倍。

　　4. 数字音频的文件格式

　　随着多媒体技术的发展，不同的生产厂家建立了多种声音媒体的数据格式标准。每种标准的编码格式是不同的，因此同样长度的声音用不同的声音格式表示，所得到的文件大小也是不同的，当然播放后的效果也有一些差异。这也决定了不同的声音格式文件应用场合是不同的。常见的声音格式有 CD、WAV、MID、RMI、MP3、RA、RM、RMX、ASF、ASX、WMA、WAX 等。

　　（1）CD 格式。

　　CD 格式是目前音质最好的音频文件格式，被誉为天籁之音。标准的 CD 格式采用 44.1kHz 采样频率和位采样精度，88KB/秒速率。CD 音轨近似无损，CD 的声音也基本上是原声。

　　（2）WAV 格式。

　　WAV 格式是微软公司开发的一种音频文件格式，又称为波形文件格式。标准的 WAV 格式音频文件质量和 CD 相差无几，也是采用 44.1kHz 采样频率，16 位采样精度和 88KB/秒速率，并且 WAV 格式还支持多种采用频率、采样精度和声道。几乎所有的音频编辑软件都支持 WAV 格式，WAV 是目前计算机上广为流行的音频文件格式。

　　此种格式的声音是由采样数据组成的，所以它需要的存储容量很大（1min 的 CD 音质需要 10MB），不适于在网络上传播。

（3）MID、RMI 格式。

MID 为 MIDI 文件存储格式，MIDI 是 Musical Instrument Digital Interface 的首写字母组合词，可译成"电子乐器数字接口"，是用于在音乐合成器（music synthesizers）、乐器（musical instruments）和计算机之间交换音乐信息的一种标准协议。MIDI 是乐器和计算机使用的标准语言，是一套指令（即命令的约定），它指示乐器即 MIDI 设备要做什么、怎么做，如演奏音符、加大音量、生成音响效果等。

记录 MIDI 信息的标准格式文件称为 MIDI 文件，其中包含音符、定时和多达 16 个通道的乐器定义及键号、通道号、持续时间、音量和击键力度等各个音符的有关信息。当信息通过音乐或声音合成器进行播放时，该合成器对系列的 MIDI 信息进行解释，然后产生出相应的音乐或声音。

由于 MIDI 文件是一系列指令而不是波形数据的集合，所以其要求的存储空间较小。一个 6 分多钟、有 16 个乐器的文件大小也只有 80KB。

RMI 是 Microsoft 公司的 MIDI 文件格式，它可以包括图片标记和文本。

（4）MP3 格式。

MP3 这个扩展名表示的是 MP3 压缩格式文件。MP3 的全称实际上是 MPEG-1 Audio Layer-3，而不是 MPEG-3。由于 MP3 具有压缩程度高（将音乐以 10∶1 甚至 12∶1 的压缩率，压缩成容量较小的文件，1min CD 音质音乐一般需要 1MB）、音质好的特点，所以 MP3 是目前最为流行的一种音乐文件。在网上有很多可以下载 MP3 的站点。播放 MP3 最出名的软件是 WinAMP。

（5）RA、RM、RMX 格式。

这些扩展名表示的是 Real 公司开发的主要适用于网络上实时数字音频流技术的文件格式。由于它的面向目标是实时的网上传播，所以在高保真方面远远不如 MP3，但在只需要低保真的网络传播方面却无人能及。要播放 RA，需要使用 Real Player。

（6）ASF、ASX、WMA、WAX 等格式。

ASF 和 WMA 都是微软公司针对 Real 公司开发的新一代网上流式数字音频压缩技术。这种压缩技术的特点是同时兼顾了保真度和网络传输需求，所以具有一定的先进性。也是由于微软的影响力，这种音频格式现在正获得越来越多的支持，如既可以使用前面说的WinAMP 播放器播放，也可以使用 Windows 的媒体播放机播放。

7.3.2　图像的数字化

1. 基本概念

凡是具有视觉效果的画面都可以称为图像，例如，记录在纸上或拍摄在照片上或显示在屏幕上的画面都认为是图像。根据记录方式的不同，图像可以分为两大类：模拟图像和数字图像，前者是通过某种物理量（如光和电）的强弱变化来记录图像上各点的颜色（或灰度）信息，后者是使用数字来记录图像上各点的颜色（或灰度）信息。具体地说，数字图像是一种可以在计算机中显示、编辑、保存和输出的图像。

一般来说，数字图像目前大致分为两类：一类为矢量图形（Graphics）；另一类为位图图像（Image）。对计算机而言，尽管它们都是一幅图，但图的产生、处理和存储方式不同。矢量图形是指由外部轮廓线条构成的矢量图。即由计算机绘制的直线、圆、矩形、曲线和图表等。矢量图文件中存储的是一组描述各个图元的大小、位置、形状、颜色和维数等属性的指令集合，通过相应的绘图软件读取这些指令，即可将其转换为输出设备上显示的图形。因此，矢量图文件的最大优点是对图形中的各个图元进行缩放、移动、旋转而不失真，而且它占用的存储空间小。例如，图 7-4 所示的为作为图形存储在计算机中的一幅图。而位图图像是以矩形点阵形式描述图像的，上面的每一个点称为像素（Pixel）。位图文件中存储的是构成图像的每个像素点的颜色信息，位图文件的大小与图像分辨率和图像颜色有关，放大和缩小要失真，所描述对象在缩放过程中会损失细节或产生锯齿。占用空间比矢量文件大。例如，图 7-5 所示的为作为图像存储在计算机中的一幅图。

图 7-4　图形存储

图 7-5　图像存储

图像分辨率是指数字位图图像中像素点的总数目，由水平方向的像素总数和垂直方向的像素总数构成，如某图像的分辨率为 640×512 像素。

自然界中的图像具有丰富多彩的颜色，那么在计算机中，数字位图图像是如何表示色彩的呢？用于表示数字位图图像中每个像素颜色的二进制数字位数称为图像深度（也称图像灰度、颜色深度）。对于黑白图像（也称为二值图像），图像的每个像素只能是黑或白，没有中间的过渡，图像的像素值为 0 和 1，颜色深度为 1。对于灰度图像，图像的每个像素的信息由一个量化的灰度等级来描述，没有彩色信息，只有 256 级的明暗变化，这 256 个灰度级别分别均匀地分布在由全黑（0）到全白（255）的整个明暗带中，颜色深度为 8。对于彩色图像，图像的每个像素的信息由 RGB（红、绿、蓝）三原色构成，其中 RGB 是由不同的灰度级来描述，颜色深度为 24。

矢量图形和位图图像都是静止的，与时序无关。那么矢量图形与位图图像之间又有什么区别呢？

（1）图形是用一组指令来描述画面的直线、圆、曲线等，而图像则是用画面中每个像素的颜色来描述的。所以图形很容易分解成不同单元，分解后的成分有明显的界限；而图像分解较难，各成分之间的分界往往有模糊之处，有些区间很难区分属于哪部分，彼此平滑的连接在一起。图形可以随意缩小放大不会失真，而图像则不能。

（2）位图占用的存储器空间比较大。影响位图大小的因素主要有两个：图像分辨率和图像深度。分辨率越高，就是组成一幅图像的像素越多，则图像文件越大；图像深度越深，就是表达单个像素的颜色亮度的位数越多，图像文件就越大。而矢量图文件的大小则主要取决图形的复杂程度。

（3）矢量图与位图相比，显示位图文件比显示矢量图文件要快。尤其对于复杂图形，使用矢量图形计算机要花费很长的时间去计算每个对象的大小、位置、颜色等特性。矢量图侧重于绘制、创造，而位图偏重于获取、复制。

矢量图和位图之间可以用软件进行转换，由矢量图转换成位图采用光栅化（rasterizing）技术，这种转换也相对容易；由位图转换成矢量图用跟踪（tracing）技术，这种技术在理论上说是容易的，但在实际中很难实现，对复杂的彩色图像尤其如此。

2. 图像的数字化

图形是使用专门绘图软件将描述图形的指令转换成屏幕上的矢量图形，主要参数是描述图元的大小、位置、形状、颜色和维数的指令，因此不必对图形中的每一点进行数字化处理。而现实中的图像是一种模拟信号，不能直接用电脑进行处理，还需要进一步转化成用一系列的数据所表示的数字图像。和前面介绍的模拟声音的数字化过程类似，模拟图像的数字化过程也要经过采样、量化和编码这几步。

所谓图像采样就是计算机按照一定的规律，对模拟图像的位点所呈现出的表象特性，用数据的方式记录下来的过程。即把连续的图像转化成离散点的过程，实质是用若干个像素点来描述一幅图像。采样需要决定图像的分辨率。分辨率越高，图像越清晰，存储量也越大。

图像量化则是在图像离散化后，将表示图像颜色明暗（亮度）的连续变化值离散化为整数值的过程。表示图像颜色明暗（亮度）所需的二进制位数称为量化字长，而量化时可取整数值的个数称为量化级数，一般有 8 位、16 位、24 位、32 位等。如记录某个点的亮度用一个字节（8bit）来表示，那么这个亮度可以有 256 个灰度级别。当然每个一定的灰度级别将由一定的数值（0～255）来表示。

经过采样、量化后得到的图像数据量十分巨大。若要表示一个分辨率为 800×600 的画面，则共有 480 000 个像素；一个像素用三个字节表示，则这样一幅图像需要 480 000×3= 1 440 000 个字节，约为 1.38MB。对于这些信息必须采用压缩技术来进行编码，这是图像传输和存储的关键。

3. 图像文件格式

常见图像文件的格式有以下几种。

（1）BMP 格式。

最典型应用 BMP 格式的程序就是 Windows 系统的画图。文件不压缩，占用磁盘空间较大，它的颜色存储格式有 1 位、4 位、8 位及 24 位，该格式是当今应用比较广泛的一种格式。缺点是该格式文件比较大，所以只能应用在单机上，不受网络欢迎。

（2）DIF 格式。

DIF（drawing interchange format）格式文件是在 AutoCAD 软件中使用的图形文件格式。它以 ASCII 方式存储图形，表现图形在尺寸大小方面十分精确，可以被 CorelDraw、3DS 等大型软件调用编辑。

（3）WMF 格式。

WMF（windows metafile format）格式的文件是 Windows 系统中使用的图元文件，具有文件短小、图案造型化的特点。但该类图形比较粗糙，并只能在 Microsoft Office 系列软件中调用和编辑。

（4）GIF 格式。

GIF 格式是美国 Compu Serve 公司于 1987 年制定的格式，目的是能够在不同的平台上交流使用，是 Internet 上 WWW 的重要文件格式之一，原因主要是 256 种颜色已经较能满足主页图像需要，而且文件较小，适合网络环境传输和使用。

（5）JPEG 格式。

JPEG 格式是采用 JPEG 压缩技术压缩生成的，其压缩比高，并可在压缩比与图像质量之间平衡，用最经济的存储空间得到较好的图像质量。对于同一幅画面，JPEG 格式存储的文件是其他类型图形文件的 1/10～1/20，而且色彩数最高可达到 24 位。由于它优异的性能，所以应用非常广泛，而在 Internet 上，它更是主流图像格式。

（6）PNG 格式。

PNG（portable network graphics）是一种新兴的网络图像格式，结合了 GIF 和 JPEG 的优点，具有存储形式丰富的特点。PNG 最大图像深度为 48 位，采用无损压缩方案存储。著名的 Macromedia 公司的 Fireworks 的默认格式就是 PNG 格式。

（7）PSD 格式（Photoshop 格式）。

Adobe 公司开发的图像处理软件 Photoshop 中自建的标准文件格式就是 PSD 格式。在该软件所支持的各种格式中，PSD 格式存取速度比其他格式快很多，功能也很强大。由于 Photoshop 软件越来越广泛地被应用，所以这个格式也逐步流行起来。PSD 格式是 Photoshop 的专用格式，里面可以存放图层、通道、遮罩等多种设计草稿。

（8）TIFF 格式。

缩写为 TIF（tagged image file format），由原 Aldus 和微软公司合作开发的用于扫描仪和桌面出版系统的文件格式。TIF 格式的文件虽然体积庞大，但存储信息量亦巨大，细微层次的信息较多，有利于原稿阶调与色彩的复制。该格式有压缩和非压缩两种形式，TIFF 最大图像深度为 32 位，多数应用程序都支持这种格式。

7.3.3　视频信号的数字化

1. 基本概念

视频文件是由一系列的静态图像按一定的顺序排列组成的，每一幅图像画面称为一帧（Frame）。电影、电视通过快速播放每帧画面，再加上人眼的视觉滞留效应便产生了连续运动的效果。当帧速率达到 12 帧/秒（12fps）以上时，就可以产生连续的视频显示效果。如果再把音频信号也加进来，便可以实现视频、音频信号的同时播放。

视频有两类：模拟视频和数字视频。早期的电视、电影等视频信号的纪录、存储和传输都是采用模拟方式，现在出现的 VCD、DVD、数码摄像机等都是数字视频。

在模拟视频中，常用的两种视频标准：NTSC 制式（30 帧/秒，525 行/帧）和 PAL 制式（25 帧/秒，625 行/帧），我国采用的是 PAL 制式。

2. 视频信号的数字化

视频信号数字化的目的是为了将模拟视频信号经模数转换和彩色空间变换转换成数字计算机可以显示和处理的数字信号。

视频模拟信号的数字化过程同音频相似，在一定的时间内以一定的速度对单帧视频信号进行采样、量化、编码等过程，实现模数转换、彩色空间变换和编码压缩等。

3. 视频文件的格式

视频文件可分为两大类：一类是本地影像文件；另一类是网络流媒体文件。

1）本地影像视频文件格式

（1）AVI 格式。

AVI 是音频视频交错（audio video inter leaved）的英文缩写，它是 Microsoft 公司开发的一种符合 RIFF 文件规范的数字音频与视频文件格式。AVI 格式允许视频和音频交错在一起同步播放，支持 256 色和游程编码（run-length encode，RLE）压缩，但 AVI 文件并未限定压缩标准，因此，AVI 文件格式只是作为控制界面上的标准，不具有兼容性，用不同压缩算法生成的 AVI 文件，必须使用相应的解压缩算法才能播放出来。

AVI 文件目前主要应用在多媒体光盘上，用来保存电影、电视等各种影像信息；有时也用在 Internet 上，供用户下载、欣赏新影片的精彩片断。

（2）MPEG 格式。

MPEG 的英文全称为 Moving Picture Expert Group，即运动图像专家组格式，家庭里常看的 VCD、SVCD、DVD 就是这种格式。MPEG 文件格式是运动图像压缩算法的国际标准，它采用了有损压缩方法减少运动图像中的冗余信息。目前 MPEG 格式有三个压缩标准，分别是 MPEG-1，MPEG-2 和 MPEG-4，另外，MPEG-7 与 MPEG-21 仍处在研发阶段。

（3）MOV 格式。

MOV 即 QuickTime 影片格式，是 Apple 公司开发的一种音频、视频文件格式，支持 25 位彩色，支持 RLE、JPEG 等领先的集成压缩技术，提供 150 多种视频效果，默认的播放器是 Apple 的 QuickTime Player。QuickTime 以其领先的多媒体技术和跨平台特性、较小的存储空间要求、技术细节的独立性以及系统的高度开放性，得到业界的广泛认可，目前已成为数字媒体软件技术领域的事实上的工业标准。国际标准化组织（ISO）也选择 MOV 格式作为开发 MPEG-4 规范的统一数字媒体存储格式。

（4）DivX 格式。

这是由 MPEG-4 衍生出的另一种视频编码（压缩）标准，也即通常所说的 DVDrip 格式，它使用 DivX 压缩技术对 DVD 盘片的视频图像进行高质量压缩，同时用 MP3 或 AC3 对音频进行压缩，然后再将视频与音频合成并加上相应的外挂字幕文件而形成的视频格式。其画质直逼 DVD 并且体积只有 DVD 的数分之一。这种编码对机器的要求也不高，所以 DivX 视频编码技术可以说是一种对 DVD 造成威胁最大的新生视频压缩技术，号称为 DVD 杀手或 DVD 终结者。

（5）DAT 格式。

DAT 是支持 VCD 的 MPEG 格式，是数据流格式，是 VCD 刻录软件将符合 VCD 标准的 MPEG-1 文件自动转换生成的。用电脑打开 VCD 光盘，可以看到有个 MPEGAV 目录，里面便是类似 MUSIC01.DAT 或 AVSEQ01.DAT 命名的文件。

2）网络流媒体视频文件格式

网络影像考虑网络传输的带宽限制，通常都采用文件体积比较小的格式，因此和本地格式的文件相比，其图像质量会相对较低。

（1）RM 格式。

Real Networks 公司所制定的音频视频压缩规范称为 Real Media（RM），用户可以使用 Real Player 或 RealOne Player 对符合 Real Media 技术规范的网络音频/视频资源进行实况转播，并且 Real Media 可以根据不同的网络传输速率制定出不同的压缩比率，从而实现在低速率的网络上进行影像数据实时传送和播放。这种格式的另一个特点是用户使用 Real Player 或 RealOne Player 播放器可以在不下载音频/视频内容的条件下实现在线播放。另外，RM 作为目前主流网络视频格式，它还可以通过其 Real Server 服务器将其他格式的视频转换成 RM 视频并由 Real Server 服务器负责对外发布和播放。

（2）ASF 格式。

ASF（advanced streaming format）是微软为了和现在的 Real Player 竞争而推出的一种视频格式，用户可以直接使用 Windows 自带的 Windows Media Player 对其进行播放。由于它使用了 MPEG-4 的压缩算法，所以压缩率和图像的质量都很不错（高压缩率有利于视频流的传输，但图像质量肯定会受损失，所以有时候 ASF 格式的画面质量不如 VCD 是正常的）。

RM 和 ASF 格式可以说各有千秋，通常 RM 视频更柔和一些，而 ASF 视频则相对清晰一些。

（3）WMV 格式。

WMV（windows media video）也是微软推出的一种采用独立编码方式并且可以直接在网上实时观看视频节目的文件压缩格式。WMV 格式的主要优点包括：本地或网络回放、可伸缩的媒体类型、部件下载、流的优先级化、多语言支持、环境独立性、丰富的流间关系以及扩展性等。

（4）RMVB 格式。

这是一种由 RM 视频格式升级延伸出的新视频格式，它的先进之处在于 RMVB 视频格式打破了原先 RM 格式那种平均压缩采样的方式，在保证平均压缩比的基础上合理利用比特率资源，就是说静止和动作场面少的画面场景采用较低的编码速率，这样可以留出更多的带宽空间，而这些带宽会在出现快速运动的画面场景时被利用。这样在保证了静止画面质量的前提下，大幅地提高了运动图像的画面质量，从而图像质量和文件大小之间就达到了微妙的平衡。另外，相对于 DVDrip 格式，RMVB 视频也是有着较明显的优势，一部大小为 700MB 左右的 DVD 影片，如果将其转录成同样视听品质的 RMVB 格式，文件体积最多也就 400MB 左右。不仅如此，这种视频格式还具有内置字幕和无需外挂插件支持等独特优点。要想播放这种视频格式，可以使用 RealOne Player 2.0 或 Real Player 8.0 加 Real Video 9.0 以上版本的解码器进行播放。

（5）3GP 格式。

3GP 格式是一种 3G 流媒体的视频编码格式，主要是为了配合 3G 网络的高传输速度而开发的一种媒体格式。这种格式的文件具有很高的压缩比，特别适合于手机上观看电影，也是目前手机中最为常见的一种视频格式。

7.4 多媒体数据压缩技术

经过数字化处理的多媒体信息数据量巨大，如果直接存储这些信息，所占有的存储空间开销很大，同时也不利于这些信息的交换，而且就目前的网络速度而言，传输数据量非常大的信息也是非常困难的，因此几乎所有的多媒体信息都要进行数据压缩处理。数据压缩技术是多媒体技术中一项十分关键的技术。

7.4.1 多媒体数据压缩方法

所谓数据压缩就是用最少的数码来表示信号。图像、音频和视频这些媒体具有很大的压缩潜力。因为在多媒体数据中，存在着空间冗余、时间冗余、结构冗余、知识冗余、视觉冗余、图像区域的相同性冗余、纹理的统计冗余等，它们为数据压缩技术的应用提供了可能的条件。数据压缩方法种类繁多，大致上可以分为两大类：无损压缩法和有损压缩法。

1. 无损压缩

无损压缩方法利用数据的统计冗余进行压缩，可完全恢复原始数据而不引入任何失真，但压缩率受到数据统计冗余度的理论限制，一般为 2：1～5：1。这类方法广泛用于文本数据、程序和特殊应用场合的图像数据（如指纹图像、医学图像等）的压缩。由于压缩比的限制，仅使用无损压缩方法不可能解决图像和数字视频的存储和传输问题。

无损压缩中经常采用的方法有游程编码（run-length encode）、Huffman 编码、LZW（Lempel Ziv Welch）编码和算术编码等。

2. 有损压缩

有损压缩方法利用了人类视觉对图像中的某些频率成分不敏感的特性，允许压缩过程中损失一定的信息；虽然不能完全恢复原始数据，但是所损失的部分对理解原始图像的影响较小，却换来了大得多的压缩比。有损压缩广泛应用于语音、图像和视频数据的压缩。

常用的有损压缩方法有 PCM（脉冲编码调制）、预测编码、变换编码（离散余弦变换、小波变换等）、插值和外推（空域亚采样、时域亚采样、自适应）等。

在新一代的数据压缩方法中，许多都是有损压缩，如矢量量化、子带编码、基于模型的压缩。

7.4.2 多媒体数据压缩国际标准

目前，被国际社会广泛认可和应用的多媒体数据压缩编码标准有：JPEG、MPEG、H.26X。

1. JPEG——静态图像压缩标准

JPEG 的全称是联合图像专家组（joint photographic experts group），由国际标准化组织（International Standardization Organization，ISO）和国际电报电话咨询委员会（Consultative Committee on International Telegraphs and Telephones，CCITT）于 1986 年联合成立，该组织开发研制出连续色调、多级灰度、静态图像的数字图像压缩编码标准，称为 JPEG 标准，并在 1992 年后被广泛采纳后成为国际标准。

JPEG 标准有两大分类：第一类方式以 DCT（离散余弦变换）为基础；第二类方式以二维空间 DPCM（差分脉冲编码调制）为基础。前者进行图像压缩时信息虽有损失，但压缩比可以很大，如压缩 20 倍左右时，人眼基本上看不出失真，如果在图像质量上稍微牺牲一点的话，可以达到 40∶1 或更高的压缩比；后一种不会产生失真，但压缩比很小。

目前网站上绝大部分的图像都采用 JPEG 的压缩标准。然而，随着多媒体应用领域的激增，传统 JPEG 压缩技术已无法满足人们的要求。2002 年 12 月公布了 JPEG2000，其目标就在于如何在高压缩率情况下，保证图像的传输质量。

与传统的 JPEG 压缩算法不同，JPEG2000 放弃了以 DCT 为主的区块编码方式，采用以小波变换（wavelet transform）为主的多分辨率编码方式。

JPEG 2000 的特点：高压缩（低比特速率），与 JPEG 相比，可修复约 30% 的速率失真特性；同时支持有损和无损压缩，集成了预测编码方法；渐进传输，JPEG 2000 可以实现先传输图像的轮廓，然后逐步传输数据，不断提高图像质量，让图像由朦胧到清晰显示，而不必是像 JPEG 那样由上到下慢慢显示；支持"感兴趣区域"压缩特性，可以任意指定影像上我们感兴趣区域的压缩质量。

目前 JPEG 2000 的应用领域可概略分成两部分：一为传统 JPEG 的市场，如扫描仪、数码相机等；一为新兴应用领域，如无线通讯、医疗影像等。

2. MPEG——运动图像压缩标准

MPEG 的全称是运动图像专家组（moving picture experts group），由 ISO 和国际电子学委员会（International Electronics Committee，IEC）于 1988 年联合成立，由全世界大约 300 名多媒体技术专家组成，致力于运动图像（MPEG 视频）及其伴音（MPEG 音频）的标准化工作。这个专家组开发的标准称为 MPEG 标准，目前该组织已提出 MPEG-1、MPEG-2、MPEG-4、MPEG-7 和 MPEG-21 标准，各个标准都有不同的目标和应用。

MPEG-1 制定于 1992 年，是针对 1.5Mb/s 以下数据传输率制定的运动图像及其伴音编码的国际标准。MPEG-2 制定于 1994 年，是针对 3~10Mb/s 的数据传输率制定的运动图像及其伴音编码的国际标准。MPEG-4 于 1998 年 11 月公布，它针对一定比特率下的视频、音频编码，而且更加注重多媒体的交互性和灵活性，MPEG-4 标准的三个最显著优点就是兼容性好、压缩比高（最高可达 200∶1）、数据失真小。MPEG-1 的出现使 VCD 取代了录像带，MPEG-2 的出现使数字电视逐步取代模拟电视，MPEG-4 的出现使多媒体系统的交互性和灵活性大为增强。

继 MPEG-4 之后，要解决的问题是对日渐庞大的图像和声音信息的管理和迅速搜索。

1998 年 10 月基于这种设想的 MPEG-7 标准被提出，它的正式名称是"多媒体内容描述接口"，它对各种不同类型的多媒体信息进行标准化的描述，并将该描述与所描述的内容相联系，以实现快速有效地搜索。MPEG-7 的出现带我们进入一个互动多媒体的网络时代。

MPEG-21 标准的正式名称是多媒体框架，其制定工作于 2000 年 6 月开始。MPEG-21 将创建一个开放的多媒体传输和消费的框架，通过将不同的协议、标准和技术结合在一起，使用户可以通过现有的各种网络和设备透明地使用网络上的多媒体资源。MPEG-21 中的用户可以是任何个人、团体、组织、公司、政府和其他主体，在 MPEG-21 中，用户在数字项的使用上拥有自己的权力，包括用户出版/发行内容的保护、用户的使用权和用户隐私权等。

3. H.26X——视频图像压缩编码国际标准

H.26X 系列包括：H.261、H.262、H.263、H264，H.26X 与 MPEG 的区别是：H.26X 只是视频编码标准，而 MPEG 是视频及其伴音编码标准。

国际上有两个负责数字视频编码技术的标准化组织。一个是 ISO/IEC 下属的 MPEG；另一个是国际电信联盟电报电话通信部门（International Telecommunications Union for Telegraphs and Telephones Sector，ITU-T）下属的视频编码专家组（video code expert group，VCEG）。以上两个标准化组织制定的相关编码标准都获得了广泛的应用。MPEG 制定的标准有 MPEG-1、MPEG-2、MPEG-4、MPEG-7 和 MPEG-21。VCEG 制定的标准有 H.261、H.262、H.263、H.264。这两个组织也共同制定了一些标准，如 H.262 和 H.264。

H.261 标准的出发点是为了实现在综合服务数字网（integrated serbices digital network，ISDN）上进行电视电话和电视会议，主要针对实时编码和解码而设计，压缩和解压缩的信号延时不超过 150ms，考虑 ISDN 的传输码率为 64Kbps，因此 H.261 以 $p \times 64\text{kbps}$（$p=1 \sim 30$）作为标准码率。H.261 是最早的运动图像编码标准。

ITU-T 于 1990 年成立了"ATM 视频编码专家组"，负责制定适用于宽带综合服务数字网信道 ATM 编码传输标准。该专家组于 1993 年 11 月与 ISO 下属的 MPEG 专家组联合提出了 H.262 建设草案，这一草案最终发展成为 H.262 标准，它也是 MPEG-2 的视频部分。

H.263 标准是甚低码率的图像编码国际标准，它一方面以 H.261 为基础，以混合编码为核心，其基本原理框图和 H.261 十分相似，原始数据和码流组织也相似；另一方面，H.263 也吸收了 MPEG 等其他一些国际标准中有效、合理的部分，使它性能优于 H.261。

H.264 是由 ITU-T 下属的 VCEG 和 ISO/IEC 下属的 MPEG 联合组成的联合视频组（joint video team，JVT）共同制定的新一代数字视频编码标准，ITU-T 称它为 H.264，ISO/IEC 称它为 MPEG-4 高级视频编码，（MPEG-4 advanced video coding，MPEG-4 AVC），是 MPEG-4 标准的第 10 部分（MPEG Part10）。H.264 最大的优势是具有很高的数据压缩比率，在同等图像质量的条件下，H.264 的压缩比是 MPEG-2 的 2 倍以上，是 MPEG-4 的 1.5～2 倍。尤其值得一提的是，H.264 在具有高压缩比的同时还拥有高质量流畅的图像。

7.5　常用多媒体工具软件

在多媒体应用系统的开发及使用过程中，需要涉及各种单媒体元素的采集、编辑、存储、显示及播放等操作。然而，各种单媒体元素的特性、组成及结构等是完全不同的，因此，需要针对不同媒体创作的需要，使用相应的工具软件。

针对操作媒体的不同，功能的不同，可以将多媒体工具软件分为：文本工具软件、图形工具软件、图像工具软件、动画工具软件、音频工具软件、视频工具软件、创作工具软件、播放工具软件和辅助工具软件。需要注意的是，这个分类不是绝对的，实际上，目前一些多媒体工具软件，已经出现将多种媒体创作功能进行融合，因此就可能同时属于几类工具软件，但这一点对下面的介绍影响不大。

7.5.1　多媒体素材处理软件

1. 文本工具软件

制作文本文件的工具比较多，如 Microsoft Windows 系统自带的"记事本"、"写字板"；Microsoft Office Word；金山 WPS；OCR（光学字符识别）软件，它可以将印刷的文字资料识别出来，并转换成文本文件，最常见的 OCR 软件有清华紫光 OCR 和尚书 OCR；PDF 制作软件，如 Adobe Acrobat。

2. 图形工具软件

目前常用的矢量图形制作工具软件有 Autodesk 发布的 AutoCAD、Corel 发布的 CorelDraw、Adobe 发布的 Freehand 等。

AutoCAD 是美国 Autodesk 公司开发的一个交互式绘图软件，可用于二维、三维图形绘制，目前在城市规划、建筑、测绘、机械、电子、造船、汽车等许多行业得到了广泛的应用。

CorelDraw 是加拿大 Corel 公司开发的一套屡获殊荣的图形、图像编辑软件，它包含两个绘图应用程序：一个用于矢量图及页面设计，一个用于图像编辑。其非凡的设计能力广泛地应用于商标设计、标志制作、模型绘制、插图描画、排版及分色输出等诸多领域。用于商业设计和美术设计的 PC 上几乎都安装了 CorelDraw。

Freehand 是世界顶级软件厂商美国 Adobe 公司软件中的一员，简称 FH，是一个功能强大的平面矢量图形设计软件，无论要做广告创意、做书籍海报、机械制图、还是要绘制建筑蓝图，Freehand 都是一件强大、实用而又灵活的利器。

3. 图像工具软件

目前，市场上的图像处理软件也比较多，如 Microsoft Windows 系统自带的"画图"；Adobe 发布的 Photoshop；Corel 发布的 CorelDraw；360 度全景制作软件 PanoramaStudio Pro、造影师等。

Photoshop 是美国 Adobe 公司的王牌产品，它集绘图、图像编辑、图像合成、图像扫描等多种图像处理功能于一体，同时支持多种图像文件格式，并提供多种图像处理效果，是一款功能十分强大的图像处理工具。无论在平面设计、室内装潢，还是处理个人照片，Photoshop 都已经成为不可或缺的工具。Adobe Photoshop CS6 工作环境如图 7-6 所示。

图 7-6　Adobe Photoshop CS6 工作环境

　　图像编辑是图像处理的基础，Photoshop 可以对图像做各种变换，如放大、缩小、旋转、倾斜、镜像、透视等。也可进行复制、去除斑点、修补、修饰图像的残损等。这在婚纱摄影、人像处理制作中有非常大的用场，去除人像上不满意的部分，进行美化加工，得到让人非常满意的效果。

　　图像合成则是将几幅图像通过图层操作、工具应用合成完整的、传达明确意义的图像，这是美术设计的必经之路。Photoshop 提供的绘图工具让外来图像与创意很好地融合成为可能，使图像的合成天衣无缝。

　　校色调色是 Photoshop 中深具威力的功能之一，可方便快捷地对图像进行色彩平衡、亮度/对比度、色相→饱和度的调整，也可在不同颜色模式（黑白模式、灰度模式、RGB 彩色和 CMYK 彩色）间进行转换，以满足图像在不同领域如网页设计、印刷、多媒体等方面的应用。

　　特效制作在 Photoshop 中主要由滤镜、通道及工具综合应用完成。包括图像的特效创意和特效字的制作，如油画、浮雕、石膏画、素描等常用的传统美术技巧都可由 Photoshop 特效完成。而各种特效字的制作更是很多美术设计师热衷于 Photoshop 研究的原因。

　　4. 动画工具软件

　　动画工具软件通常具备大量的用于绘制和加工动画素材的编辑工具和效果工具。不同的动画制作软件用于不同形式的动画制作。目前，常用的二维动画制作软件有：Toon Boom Animation 发布的 Toon Boom Harmony、Cambridge Animation 发布的 ANIMO、Avid 发布的 TOONZ、e frontier 公司美国分公司发布的 Anime Studio、Adobe 发布的 Flash 等。常用的三维动画制作软件有：Autodesk 发布的 Softimage 3D、3D Studio Max 和 Maya、Corel 发布的 MotionStudio 3D、NewTek 发布的 Lightwave 3D 等。

　　Adobe Flash CS6 是 Adobe 公司收购 Macromedia 公司后将享誉盛名的 Macromedia Flash 更名为 Adobe Flash 后的最新一款用于动画制作和多媒体创作以及交互式设计网站的强大的顶级创作平台。软件内含强大的工具集，具有丰富的动画编辑功能。Adobe Flash CS6 工作环境如图 7-7 所示。

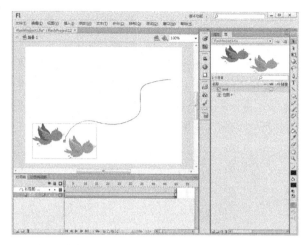

图 7-7　Adobe Flash CS6 工作环境

利用 Adobe Flash 软件可以制作电子多媒体贺卡、音乐盒、海报招贴画、动画短片、MTV、影视片头、个性化的 Flash 网站等。它适合于网站动画制作人员、网页编程和开发人员、多媒体开发人员、高等美术院校电脑美术专业师生、社会网站动画设计人员等。

Flash 的发展与网络紧密相连，其大量的特性是与网络相关的。可以说，没有与网络的结合，Flash 绝对不能取得现在的成功。正因为 Flash 产品的播放支持"数据流"技术，即不必等待数据完全下载完即可播放，目前很多网站提供的视频均采用 flv 格式。

5. 音频工具软件

常用音频工具软件有 Windows 7 的录音机、GoldWave、Adobe Audition 等。

Adobe Audition 是一个专业音频编辑和混合环境，原名为 Cool Edit Pro，被 Adobe 公司收购后，改名为 Adobe Audition。它专为在照相室、广播设备和后期制作设备方面工作的音频和视频专业人员设计，可提供先进的音频混合、编辑、控制和效果处理功能。最多混合 128 个声道，可编辑单个音频文件，创建回路并可使用 45 种以上的数字信号处理效果。Adobe Audition CS6 工作环境如图 7-8 所示。

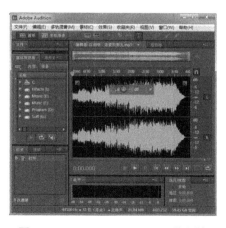

图 7-8　Adobe Audition CS6 工作环境

6. 视频工具软件

常用视频工具软件有 Adobe Premiere、Corel 发布的会声会影等。

Adobe Premiere 是 Adobe 公司基于 QuickTime 系统推出的一个非常优秀的视频编辑软件,有"电影制作大师"之称。利用该软件,可轻松地对视频文件进行多种编辑和处理。Adobe Premiere CS6 工作环境如图 7-9 所示。

图 7-9　Adobe Premiere CS6 工作环境

Adobe Premiere 软件以其优异的性能和广阔的发展前景,能够满足各种用户的不同需求,成为了一把打开视频创作之门的金钥匙。用户可以使用它随心所欲地对各种视频图像、动画进行编辑;对音频进行进一步的处理;轻而易举地创建网页上的视频动画;对视频格式进行转换。

7.5.2　多媒体创作工具软件

常用的多媒体创作工具软件有 PowerPoint、Dreamweaver、FrontPage、ToolBook、Hypercard(超卡)、Drector、Action、Flash、Visual C++、Visual Basic 和 Delphi 等。

Adobe Dreamweaver CS6 是 Adobe 公司推出的一套拥有可视化编辑界面,用于制作并编辑网站和移动应用程序的网页设计软件。对于 Web 开发初级人员,可以无需编写任何代码就能快速创建 Web 页面。但其成熟的代码编辑工具更适用于 Web 开发高级人员的创作。Adobe Dreamweaver CS6 工作环境如图 7-10 所示。

Visual C++、Visual Basic 和 Delphi 是多媒体编程语言,可用来直接开发多媒体应用软件,不过对开发人员的编程能力要求较高。但它们有较大的灵活性,适用于开发各种类型的多媒体应用软件。

图 7-10　Adobe Dreamweaver CS6 工作环境

7.5.3　多媒体播放工具软件

多媒体播放工具软件主要是显示、浏览或播放图像、音频和视频等多媒体数据，一般不具有编辑功能，这就是为什么不把上述具有这些功能的其他工具软件纳入播放工具软件类的原因。但是，近些年出现一种融合现象，软件开发商为了争夺市场，将其他工具软件所具有的功能纳入其中，在播放工具软件中增加多媒体文件格式转换、简单编辑等功能。常见多媒体播放工具如：图像浏览工具——ACDSee、Windows 照片查看器；音乐播放工具百度音乐；影音播放工具 Windows Media Player、Real Player、KMPlayer、暴风影音、豪杰超级解霸等。

百度音乐（原千千静听）是一款完全免费的音乐播放软件，集播放、音效、转换、歌词等众多功能于一身。其小巧精致、操作简捷、功能强大的特点，深得用户喜爱，被网友评为中国十大优秀软件之一，并且成为目前国内最受欢迎的音乐播放软件。百度音乐 V9.2.13 播放器界面如图 7-11 所示。

图 7-11　百度音乐 V9.2.13 播放器界面

暴风影音功能很强大，Windows Media Player 和 Real Player 能播放的媒体文件它都能播放，但是它能播放的，Windows Media Player 和 Real Player 却不能播放。它也可以截屏，在播放过程中按 F5 功能键，当前屏幕图像自动保存到 Windows 系统的"图片收藏"文件夹中。暴风影音中集成了 MPC 最新的汉化版及常用的解码组件，这些是我们看电影、听音乐所必需的。除此之外，暴风影音中还有众多的实用工具，可让 MPC 工作得更好。作为对 Windows Media Player 的补充和完善，暴风影音提供和升级了系统对常见大多数影音文件和流的支持。配合 Windows Media Player 可完成当前绝大多数流行影音文件、流媒体、影碟等的播放而无需其他任何专用软件。暴风影音的最大特点就是兼容，但是一个不可回避的问题就是不同视频格式对于硬件要求不同，而暴风影音还不能完全做到智能判断。暴风影音 5 软件界面如图 7-12 所示。

图 7-12　暴风影音 5 软件界面

7.5.4　辅助工具软件

1. 格式转换软件

常用的格式转换软件有格式工厂、魔影工厂等。

格式工厂是套万能的多媒体格式转换软件，提供以下功能：所有类型视频转到 MP4、3GP、MPG、AVI、WMV、FLV、SWF。所有类型音频转到 MP3、WMA、AMR、OGG、AAC、WAV。所有类型图片转到 JPG、BMP、PNG、TIF、ICO、GIF、TGA。抓取 DVD 到视频文件，抓取音乐 CD 到音频文件。格式工厂 3.7.5 工作环境如图 7-13 所示。

魔影工厂是一款性能卓越的免费视频格式转换器，是全世界享有盛誉的 WINAVI 视频转换器升级版，支持几乎所有流行的视频格式，如 AVI、MPEG、RM、RMVB、WMV 等。

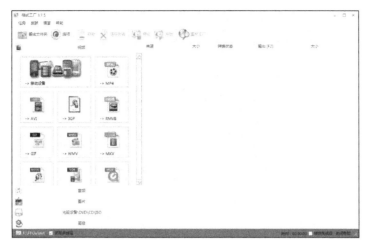

图 7-13　格式工厂 3.7.5 工作环境

2. 截图软件

常用的截图软件有 HyperSnap、SnagIt、Camtasia Studio、Fraps、Wink 等。

HyperSnap 截图软件是专业屏幕截图软件，支持屏幕截图、视频截图、游戏截图、文本捕捉等抓图操作，支持图像编辑、图片特效调整、截图自动保存。

3. 光盘刻录软件

常用的刻盘软件有 Windows DVD Maker、Nero、ONES 等。

Nero 是全球最为著名的一款光盘刻录软件，也有不少人称为最强的刻录软件。具有光盘翻录、刻录、自动备份及复制功能。

7.6　本 章 小 结

本章介绍了多媒体的概念、多媒体技术的主要特性、多媒体计算机系统的组成、多媒体信息的数字化处理、多媒体数据压缩技术、常用多媒体工具软件等。通过本章的学习，了解多媒体技术相关基础知识，需要时再进行深入研究。

课 后 练 习

一、单选题

1. 下面关于多媒体技术的描述中，正确的是（　　　）。
   A. 多媒体技术只能处理声音和文字
   B. 多媒体技术不能处理动画
   C. 多媒体技术就是计算机综合处理声音、文本、图像等信息的技术
   D. 多媒体技术就是制作视频

2. 多媒体技术的主要特性有（　　　）。

①多样性　　②集成性　　③交互性　　④实时性

A. 仅①　　　　　B. ①②　　　　　C. ①②③　　　　D. 全部

3. 在网上浏览故宫博物院,如同身临其境一般感知其内部的方位和物品,这是（　　　）技术在多媒体技术中的应用。

A. 视频压缩　　B. 虚拟现实　　　　C. 智能化　　　　D. 图像压缩

4. 多媒体技术发展的基础是（　　　）。

A. 通信技术　　B. 数字化技术　　　C. 计算机技术　　D. 以上三者都是

5. 以下属于多媒体技术应用的是（　　　）。

①远程教育　　　　　　　　②美容院在计算机上模拟美容后的效果

③电脑设计的建筑外观效果图　　④房地产开发商制作的小区微缩景观模型

A. ①②　　　　　B. ①②③　　　　C. ②③④　　　　D. 全部

6. 下列关于多媒体计算机的描述,正确的是（　　　）。

A. 多媒体计算机不是 PC

B. 多媒体计算机是增加了声音、图像等多媒体处理的 PC

C. 多媒体计算机只能进行多媒体处理工作,而无法实现以往 PC 所具有的功能

D. 多媒体计算机由多台 PC 组成,每台机处理一种媒体

7. 下列配置中哪些是 MPC（多媒体计算机）必不可少的硬件设备（　　　）?

①光盘驱动器　　　　　　　　②高质量的音频卡

③高分辨率的图形图像显示卡　　④高质量的视频采集卡

A. ①　　　　　　B. ①②　　　　　C. ①②③　　　　D. 全部

8. 下述声音分类中质量最好的是（　　　）。

A. 数字激光唱盘　　　　　　B. 调频无线电广播

C. 调幅无线电广播　　　　　D. 电话

9. MIDI 音频文件是（　　　）。

A. 一种波形文件　　　　　　B. 一种采用 PCM 压缩的波形文件

C. 是 MP3 的一种格式　　　　D. 是一种符号化的音频信号,记录的是一种指令序列

10. 张军同学用麦克风录制了一段 WAV 格式的音乐,由于文件容量太大,不方便携带。在正常播放音乐的前提下,要把文件容量变小,张军使用的最好办法是（　　　）。

A. 应用压缩软件,使音乐容量变小

B. 应用音频工具软件将文件转换成 MP3 格式

C. 应用音乐编辑软件剪掉其中的一部分

D. 应用音频编辑工具将音乐的音量变小

11. 对位图和矢量图描述不正确的是（　　　）。

A. 位图叫图像,矢量图叫图形。

B. 一般说位图存储容量较大,矢量图存储容量较小。

C. 位图缩放效果没有矢量图的缩放效果好。

D. 位图和矢量图在计算机处理过程中是一样的。

12. 要将模拟图像转换为数字图像，正确的做法是（　　　）。

①屏幕抓图　　②用 Photoshop 加工　　③用数码相机拍摄　　④用扫描仪扫描

A. ①②　　　　　　B. ①②③　　　　　C. ③④　　　　　D. 全部

13. 广泛用于 Web 和图像预览，应用较广的图像压缩格式是（　　　）。

A. JPEG 文件　　　B. GIF 文件　　　　C. BMP 文件　　　D. PSD 文件

14. 采用工具软件不同，计算机动画文件的存储格式也就不同。以下几种文件的格式哪一种不是计算机动画格式（　　　）。

A. GIF 格式　　　B. MIDI 格式　　　C. SWF 格式　　　D. MOV 格式

15. 以下列文件格式存储的图像，在图像缩放过程中不易失真的是（　　　）。

A. BMP　　　　　B. WMF　　　　　C. JPG　　　　　D. GIF

16. 下列哪个文件格式既可以存储静态图像，又可以存储动画（　　　）。

A. BMP　　　　　B. JPG　　　　　C. TIF　　　　　D. GIF

17. 下列不属于文本编辑软件的是（　　　）。

A. Word 2010　　B. WPS 2010　　　C. 写字板　　　　D. Flash

18. 下列不属于视频文件格式的是（　　　）。

A. RM　　　　　B. MPEG　　　　　C. JPG　　　　　D. AVI

19. 关于文件的压缩，以下说法正确的是（　　　）。

A. 文本文件与图形图像都可以采用有损压缩

B. 文本文件与图形图像都不可以采用有损压缩

C. 文本文件可以采用有损压缩，图形图像不可以

D. 图形图像可以采用有损压缩，文本文件不可以

20. 下面关于多媒体数据压缩技术的描述，说法不正确的是（　　　）。

A. 数据压缩的目的是为了减少数据存储量，便于传输和回放

B. 图像压缩就是在没有明显失真的前提下，将图像的位图信息转变成另外一种能将数据量缩减的表达形式

C. 数据压缩算法分为有损压缩和无损压缩

D. 只有图像数据需要压缩

二、简单题

1. 什么是多媒体技术？多媒体技术研究的内容包括哪些？

2. 声音的数字化过程是怎样的？什么是声音的符号化？

3. 简述图形和图像的区别和联系。

4. 计算两分钟 PAL 制式 120×90 分辨率 24 位真彩色数字视频不压缩的数据量是多少字节（请写明计算过程）。

5. 为什么需要多媒体创作工具？列举几个典型的多媒体创作工具软件。

附录　常用字符与 ASCII 代码对照表

码值	字符	码值	字符	码值	字符	码值	字符	码值	字符	码值	字符	码值	字符	码值	字符
0	NUL	16	DLE	32	SP	48	0	64	@	80	P	96	'	112	p
1	SOH	17	DC1	33	!	49	1	65	A	81	Q	97	a	113	q
2	STX	18	DC2	34	″	50	2	66	B	82	R	98	b	114	r
3	ETX	19	DC3	35	#	51	3	67	C	83	S	99	c	115	s
4	EOT	20	DC4	36	$	52	4	68	D	84	T	100	d	116	t
5	ENQ	21	NAK	37	%	53	5	69	E	85	U	101	e	117	u
6	ACK	22	SYN	38	&	54	6	70	F	86	V	102	f	118	v
7	BEL	23	ETB	39	`	55	7	71	G	87	W	103	g	119	w
8	BS	24	CAN	40	(	56	8	72	H	88	X	104	h	120	x
9	HT	25	EM	41	)	57	9	73	I	89	Y	105	i	121	y
10	LF	26	SUB	42	*	58	:	74	J	90	Z	106	j	122	z
11	VT	27	ESC	43	+	59	;	75	K	91	[	107	k	123	{
12	FF	28	FS	44	,	60	<	76	L	92	\	108	l	124	|
13	CR	29	GS	45	-	61	=	77	M	93	]	109	m	125	}
14	SO	30	RS	46	.	62	>	78	N	94	^	110	n	126	~
15	SI	31	US	47	/	63	?	79	O	95	-	111	o	127	DEL

参 考 文 献

前沿文化. 2013. Windows 7 操作系统应用从入门到精通. 北京：科学出版社

秦洪英. 2013. 计算机应用技能基础. 北京：中国水利水电出版社

文杰书院. 2012. Office 2010 电脑办公基础教程. 北京：清华大学出版社

羊四清. 2013. 大学计算机基础（Windows 7+Office2010 版）. 北京：中国水利水电出版社

叶丽珠. 2013. 大学计算机基础项目式教程. 北京：北京邮电大学出版社

周苏. 2013. 多媒体技术与应用. 北京：清华大学出版社